"十二五"职业教育国家规划教材
经全国职业教育教材审定委员会审定

计算机录入技术

（第2版）

卢华东　周海峰　主　编
唐雪涛　白　冰
陈　浩　王玉玉　副主编

電子工業出版社
Publishing House of Electronics Industry
北京·BEIJING

内 容 简 介

本书根据教育部颁发的《中等职业学校专业教学标准（试行）信息技术类（第一辑）》中的相关教学内容和要求编写。

本书内容包括键盘操作及训练指导，训练软件操作指导，英文录入训练指导，五笔字型输入法基础，汉字拆分训练指导，键名字根、成字字根汉字训练指导，一、二、三级简码和四级全码训练指导，多字词组训练指导，中文文章录入训练指导，搜狗输入法训练指导，听打训练指导，语音与手写输入训练指导，外文输入法指导，数字录入训练指导，以及汉字录入补充实训材料等。

本书是计算机应用专业的专业核心课程教材，除可供中等职业学校计算机应用专业使用外，还可以作为从事或练习排版录入人员的自学教材。本书配有教学指南、电子教案和案例素材，详见前言。

图书在版编目（CIP）数据

计算机录入技术 / 卢华东，周海峰主编. —2 版. —北京：电子工业出版社，2019.11

ISBN 978-7-121-29501-0

Ⅰ. ①计… Ⅱ. ①卢… ②周… Ⅲ. ①文字处理—职业教育—教材 Ⅳ. ①TP391.1

中国版本图书馆 CIP 数据核字（2019）第 268352 号

责任编辑：罗美娜　　文字编辑：徐　萍
印　　刷：三河市良远印务有限公司
装　　订：三河市良远印务有限公司
出版发行：电子工业出版社
　　　　　北京市海淀区万寿路 173 信箱　邮编　100036
开　　本：787×1 092　1/16　印张：14.5　字数：371.2 千字
版　　次：2016 年 8 月第 1 版
　　　　　2019 年 11 月第 2 版
印　　次：2024 年 8 月第 11 次印刷
定　　价：35.00 元

凡所购买电子工业出版社图书有缺损问题，请向购买书店调换。若书店售缺，请与本社发行部联系，联系及邮购电话：（010）88254888，88258888。

质量投诉请发邮件至 zlts@phei.com.cn，盗版侵权举报请发邮件至 dbqq@phei.com.cn。

本书咨询联系方式：（010）88254617，luomn@phei.com.cn。

前言 Preface

为建立健全教育质量保障体系，提高职业教育质量，教育部于 2014 年颁布了中等职业学校专业教学标准（以下简称专业教学标准）。专业教学标准是指导和管理中等职业学校教学工作的主要依据，是保证教育教学质量和人才培养规格的纲领性教学文件。在“教育部办公厅关于公布首批《中等职业学校专业教学标准（试行）》目录的通知”（教职成厅[2014]11 号文）中，强调“专业教学标准是开展专业教学的基本文件，是明确培养目标和规格、组织实施教学、规范教学管理、加强专业建设、开发教材和学习资源的基本依据，是评估教育教学质量的主要标尺，同时也是社会用人单位选用中等职业学校毕业生的重要参考。”

本书特色

本书根据教育部颁发的《中等职业学校专业教学标准（试行）信息技术类（第一辑）》中的相关教学内容和要求编写。

本教材适用于没有文字录入基础但希望练好这项技能的同学，以及有一定基础但希望进一步提高录入速度的同学。经过短时间、多课时的训练后，同学们能较快地提高录入速度，达到中级以上水平。

本书按照“任务驱动”的编写模式，以课程改革中的新的教育思想和教学方法为指导，综合作者多年的教学实践经验，展现了教材结构改革的特色。本书以知识目标和能力目标为教学导向，使“教”与“学”的目标一致，加强了师生的互动性。教材注重对学生学习兴趣的培养，通过科学的训练方法，使课程内容与行业要求顺利对接。另外，作者还提供了汉字拆分表等有利于学生掌握五笔字型输入方法的资料，使原本令学生掌握起来感到困难的五笔字型输入法变得直观、有趣。

教学资源

为了提高学习效率和教学效果，方便教师教学，作者为本书配备包括电子教案、教学指南、素材文件、微课，以及习题参考答案等配套的教学资源。请有此需要的读者登录华信教育资源网（http://www.hxedu.com.cn）免费注册后进行下载，有问题时请在网站留言板留言或与电子工业出版社联系（E-mail：hxedu@phei.com.cn）。

本书作者

本书由卢华东、周海峰主编，唐雪涛、白冰、陈浩、王玉玉副主编，黄璇、胡秀娟、李江鹏等参编。由于作者水平有限，书中难免有错误和不妥之处，恳请广大师生和读者批评指正。

编　者

目录 Contents

键盘操作及训练指导

1.1 键盘使用

知识目标

了解键盘的布局。

知识要点

计算机键盘中的全部键按基本功能可分成四个分区：主键盘区、功能键区、编辑键区和小键盘区，如图 1-1 所示。

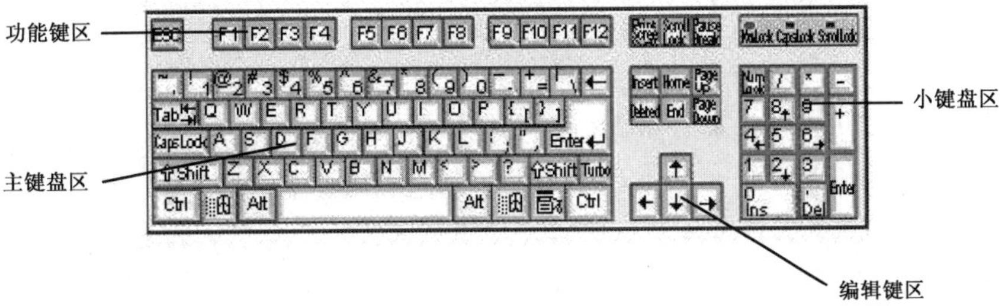

图 1-1 键盘排列示意图

1. 主键盘区

主键盘区也称标准打字键盘，此键区除包含 26 个英文字母、10 个数字符号、各种标点符号、数学符号、特殊符号等 47 个字符键外，还有若干个基本功能控制键。

2. 功能键区

功能键区也称专用键区，包含 F1～F12 共 12 个功能键，主要用于扩展键盘的输入控制功能。各个功能键的作用在不同的软件中通常有不同的定义。

3. 编辑键区

编辑键区也称光标控制键区，主要用于控制或移动光标。

4. 数字键盘

数字键盘也称小键盘、副键盘或数字/光标移动键盘，主要用于数字符号的快速输入。在数字键盘中，各个数字符号键的分布紧凑、合理，适于单手操作。在录入内容为纯数字符号的文本时，使用数字键盘比使用主键盘更方便，更有利于提高录入速度。

知识链接

键盘是计算机的基本输入设备，其中 101 键键盘是 PC 的标准键盘，104 键键盘增设了 3 个用于 Windows 系统的控制键，是目前的主流键盘。

键盘各键位介绍如下。

① 字母键：所有字母键在键面上均刻印有英文字母，可直接敲击输入该字母。

② 数字键（0～9）：主键盘第 1 行的一部分，键面上刻印有数字，可直接敲击输入阿拉伯数字。

③ 换档键（Shift）：主键盘左、右下方各有一个换档键，其功能是大、小写字母的转换及上档符号的输入。例如，要输入“A”，按 Shift 键的同时按 A 键；要输入“+”，按 Shift 键的同时按 = 键。

④ 大写字母转换键（Caps Lock）：用于大、小写字母输入状态的转换。通常（开机状态下）系统默认输入小写字母，敲击此键后，键盘右上方“Caps Lock”指示灯亮，表示此时默认状态为输入大写字母。再敲击此键，“Caps Lock”灯灭，表示此时状态为输入小写字母。

⑤ 空格键：整个键盘上最长的一个键。敲击此键，将输入一个空白字符，光标向右移动一格。

⑥ 回车键（Enter）：大部分键盘的这个键较大（因用得多，故制作大些便于击中）。在文字处理中，此键具有换行功能。当本段的内容输完，按回车键，在当前光标处插入一个回车符，光标带着后面部分一起移至下一行之首。

⑦ 跳格键（Tab）：在主键盘左边，用于快速移动光标。在制作表格时，敲击该键可使光标移到下一个制表位置。

⑧ 控制键（Ctrl）：在主键盘下方左、右各一个，此键不能单独使用，与其他键配合使用可产生一些特定的功能。为了便于书写，往往把“Ctrl”写为“^”。如 Ctrl+F9 可写为^F9，其功能为实现全角与半角的转换。

⑨ 转换键（又叫变换键）（Alt）：在主键盘下方靠近空格键处左、右各一个，不能单独使用，用来与其他键配合完成一些特定功能。

⑩ 退格键（Backspace）：按下此键将删除光标左侧的一个字符，光标位置向前移动一格。

⑪ 插入键（Insert）：在编辑状态时，用做插入和改写状态的切换键。在插入状态下，输入的字符插入到光标处，同时光标右侧的字符依次后移一个字符位置；此时，按Insert键后系统将变为改写状态，这时在光标处输入的字符会覆盖原来的字符。系统默认为插入状态。

⑫ 删除键（Delete）：删除当前光标所在位置的字符，同时光标后面的字符依次前移一个字符位置。

⑬ 光标归首键（Home）：快速移动光标至当前编辑行的行首。

⑭ 光标归尾键（End）：快速移动光标至当前编辑行的行尾。

⑮ 上翻页键（Page Up）：光标快速上移一页，所在列不变。

⑯ 下翻页键（Page Down）：光标快速下移一页，所在列不变。

Page Up和Page Down这两个键被统称为翻页键。

⑰ 光标左移键（←）：光标左移一个字符位置。

⑱ 光标右移键（→）：光标右移一个字符位置。

⑲ 光标上移键（↑）：光标上移一行，所在列不变。

⑳ 光标下移键（↓）：光标下移一行，所在列不变。

←、↑、↓和→这四个键，被统称为方向键或光标移动键。

㉑ 屏幕硬复制键（Print Screen）：当和Shift键配合使用时是把屏幕当前的显示信息输出到打印机。

㉒ 屏幕锁定键（Scroll Lock）：其功能是使屏幕暂停（锁定）或继续显示信息。当锁定有效时，键盘中的“Scroll Lock”指示灯亮，否则此指示灯灭。

㉓ 暂停键/中断键（Pause/Break）：单独使用时是暂停键（Pause），其功能是暂停屏幕显示输出；当和Ctrl键配合使用时是中断键（Break），其功能是强制中止当前程序运行。

㉔ 数字锁定键（NumLock）：按下该键，键盘上的“Num Lock”指示灯亮，此时小键盘上的数字键可用于输入数字；再按一次NumLock键，该指示灯灭，数字键作为光标移动键使用。故数字锁定键又称“数字/光标移动”转换键。

㉕ 常用组合控制键。

组合控制键由控制键（Ctrl或Alt）与其他键组合而成，其功能是对计算机产生特定的作用。例如：

- Ctrl+Alt+Del——重新启动系统（常称为热启动）；
- Shift+Print Screen——打印屏幕显示的全部内容；
- Ctrl+Print Screen——同时显示并打印屏幕的内容。

体验与探索

（1）通过上档键 Shift 输入大写英文字母和通过大写字母转换键 Caps Lock 输入大写英文字母有什么不同？

（2）如何分别输入某一按键的上、下两个符号？

1.2 指法练习

知识目标

了解打字的正确姿势及指法。

知识要点

当通过键盘向计算机输入文稿时，影响录入速度的关键在于录入员采用的操作姿势和指法。录入指法是指操作人员的各手指定位、控制全部键位的方法和击键规则。即使对同一键盘的不同区域（主键盘区和数字键盘区），通常也会因为键位布局的差异而需要采用不同的指法，才能达到最佳的输入效果。但在录入绝大多数普通文稿时，通常只需要使用主键盘，因此这里只介绍主键盘的录入指法。对于小键盘（数字键盘）的介绍，将在第 16 章中进行。

盲打输入法又称触觉输入法，是一种速度最快的键盘输入方式。其特点是利用事先制定的手指分工和击键规则，仅根据自己指尖的触觉判断手指所在键位，然后准确无误地击键，而录入人员的眼睛只扫描被录入的文稿。由于这种输入法的手、眼分工明确，使录入员能够把注意力集中于文稿，录入速度大大提高，错误率也大大降低。为提高计算机操作速度和操作质量，要求熟练掌握盲打录入的基本方法和技巧，养成良好的键盘操作习惯。

1．姿势

（1）坐姿

坐姿端正，重心落在座椅上，全身自然放松，腰挺直，头稍低，上身略前倾，胸部距键盘约 20cm（约两拳头宽），双腿平行，小腿和大腿成直角，两脚自然踏地。

（2）手臂、肘和腕的姿势

手臂自然下垂，肘部距身体约 10cm，手腕自然伸直，腕部禁止撑靠在工作台或键盘上。

（3）注意力

将录入的原稿放在键盘左侧或键盘后的正前方，注意力集中在原稿。此时，凭借手指触觉和指法规则击键，不要偷看键盘或屏幕，在练习时要用稿件录入，一般情况下禁止用“打字高手”等需看屏幕的练习软件练习。

2．盲打指法

各手指必须各司其职，任何手指间的“互相帮助”都是在帮倒忙。

（1）基本键位和定位键

基本键位是指键盘中的 A、S、D、F、J、K、L 和；8 个键。将左手的小指、无名指、中指、食指和右手的食指、中指、无名指、小指的指端按顺序停留在这 8 个键位上，用以确定两手在键盘的位置和击键时相应手指的出发位置，如图 1-2 所示。

F 和 J 这两个键叫盲打定位键，键面上都有一个凸起的短横条，可用食指触摸相应的横条标记以使各手指归位。

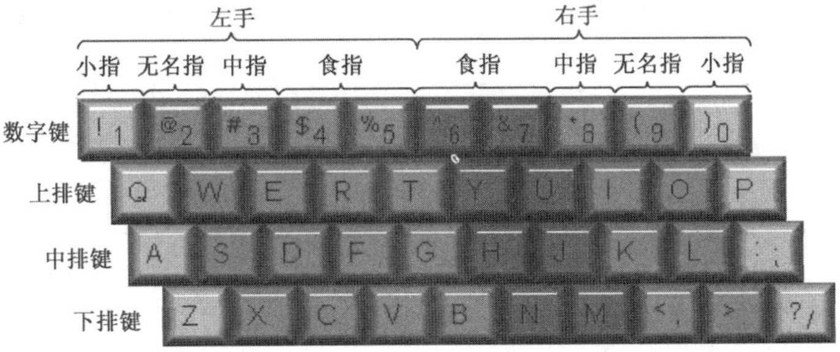

图 1-2　基准键与手指对应关系

（2）击键要求

击键前，两手放松，食指、中指、无名指和小指均自然弯曲，依次轻放于各基本键位，两个大拇指停留在空格键上方，手掌与键面平行。

击键时，对应手指从基本键位出发迅速移向目标键（当目标键较远时允许小臂带动手掌作适度的轻微移动），当指尖在目标键面上方 2cm 左右时，指关节瞬间发力，以第一指关节的指肚前端（切忌用指甲）击键，力度适中。击键后，击键的手指立即回归到基本键位，恢复击键前的手形。

动作要领

击键要果断、迅速、有弹性（不能按键或摸键），全部过程要连贯；击键时由指关节发力，切忌用腕关节或肘关节发力；连续击键时要有节奏，注意保持均匀的击键速度，不能时断时续，忽快忽慢。

指法训练的难点主要有以下几个方面。

① 无名指与小指的控制（尤其无名指）

常见的毛病是无名指做动作时其他手指会跟着动。解决这个问题的唯一办法就是多练，哪根手指不灵活就重点练哪根，一个一个地攻破，每根手指都灵活后，再进行综合性练习，使十根手指分工明确，灵活协调。只要坚持练习，手指就会越来越听话。

② 打字姿势

常见许多同学将手腕直接放在桌面上或键盘边上打字，这种姿势对录入速度影响很大，而且，时间一长易使腕部疲劳。正确的姿势应该是腕部悬空。

③ 手指回位

手指必须放在基准键上，击键后一定要及时回位。

3. 如何培养触觉打字意识

触觉打字就是看到需要输入的汉字或词组，手指就会凭感觉自然地、不需要任何思考地快速输入汉字。进一步讲，这时的键盘字母既不是英文字母，也不是字根，而是手指自动感触的东西，手指会凭意识去敲击对应的键盘字键。要达到这种程度就必须做到：

① 反复精练，绝不能贪多；

② 锐意进取，每次练习都作时间统计，不断向高一级进发。

经常操练，日积月累，手指的触觉就会越来越灵敏，触觉打字意识就会自然产生和不断增强。

知识链接

识稿能力也是影响录入员工作效率的一个因素。由于在工作岗位上，送到录入员手中的往往是各种手写稿，字体潦草或专业名词较多等情况均可能遇到，因此常会因对一个字词的辨识而极大地影响录入员的工作效率。同学们在日常学习中应该有意识地多看、多辨识各种稿件，拓宽知识面，加强识稿能力。识稿能力强了，从业能力也就提高了。

体验与探索

（1）将十个手指依照指法示意图放好，闭眼感受一下，两个食指是否都触到了定位键上的横条标记？以后就要凭这个感觉来给手指定位。

（2）从左手小指、无名指、中指、食指，再到右手食指、中指、无名指、小指，依次击打键位后，观察一下自己当前的手指状态，是否还在它应该在的位置？反方向再试试，观察一下来回打几次之后的状态，如果发现手指占位乱了，想一想怎样能快速回位？

训练软件操作指导

知识目标

学会使用“金山打字通 2010”选择测试文章进行训练。

训练指导

实际录入时，都是看着文稿而不是看着屏幕操作的，在使用诸如“打字高手”等软件进行基础的辅助训练后，就要转到看文稿录入的练习形式。

本教材准备了进行测试用的包含数字、英文、中文等数十篇不同难度的文稿（大多数为中等难度文稿），把它们预先存放在每台计算机上，按照顺序给文件名编号，以便查询选取并进行测试。

经过筛选比较，这里选取“金山打字通 2010”作为测试软件，按照教材上指定的文稿录入，“金山打字通 2010”会自动记录成绩。

录入测试分英文录入、中文录入、数字键盘录入三种，成绩评价参考标准如下（测试时间以 10 分钟为一段）。

英文：100 字符/分钟

中文离散文本：20 字/分钟

中文连续文本：30 字/分钟

数字：120 位/分钟

体验与探索

使用“金山打字通 2010”软件的具体操作如下。

① 在桌面上双击“金山打字通 2010”图标，如图 2-1 所示，打开“金山打字通 2010”文字录入练习、测试软件。

② 在如图 2-2 所示的操作界面上选择用户名或新建一个用户，单击“加载”按钮。

图 2-1 “金山打字通 2010”图标

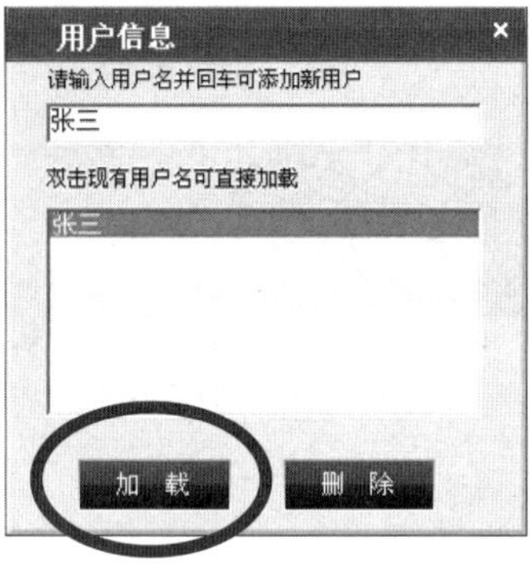

图 2-2 “金山打字通 2010”用户登录界面

③ 在出现的“学前测试”对话框中选择“否”，如图 2-3 所示。

④ 在“金山打字通 2010”窗口中选择“速度测试”选项，如图 2-4 所示。

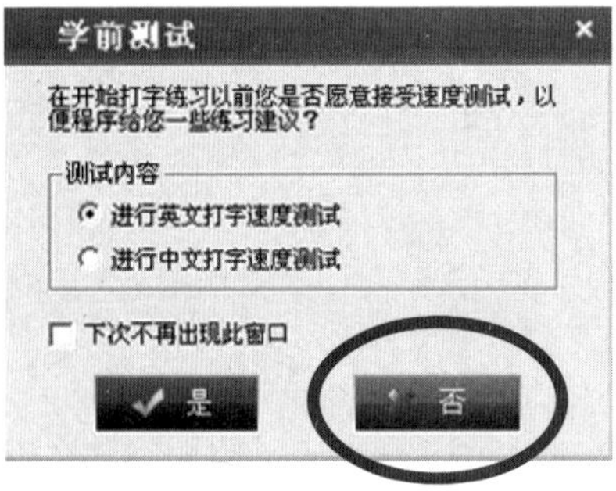

图 2-3 “学前测试”对话框

图 2-4 选择“速度测试”选项

⑤ 在“速度测试”对话框中选择“书本对照”选项卡，如图 2-5 所示。

图 2-5 选择“书本对照”选项卡

⑥ 在该选项卡中单击“课程选择”按钮，如图 2-6 所示。

图 2-6 单击“课程选择”按钮

⑦ 在“测试课程设置”对话框中（如图 2-7 所示），选择“自选评测参考文章”，然后单击“浏览”按钮，选择要测试的文章。

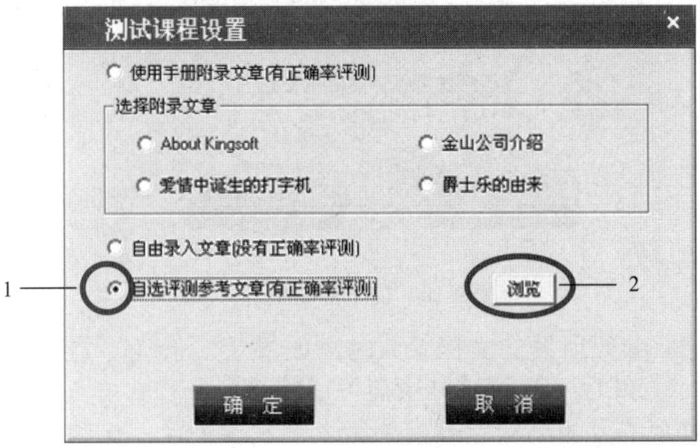

图 2-7　“测试课程设置”对话框

⑧ 在“打开”对话框的地址栏中，找到测试文章存放的位置，选择所需的测试文章，单击“打开”按钮，如图 2-8 所示。

图 2-8　选择测试文章

⑨ 回到“测试课程设置”对话框后，单击“确定”按钮，如图 2-9 所示。

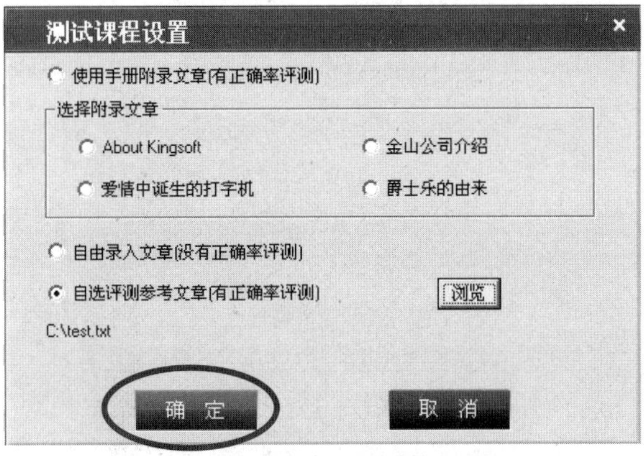

图 2-9　选项设置后的“测试课程设置”对话框

⑩ 在出现的提示是否要打印文章的对话框中选择“否”，如图 2-10 所示。

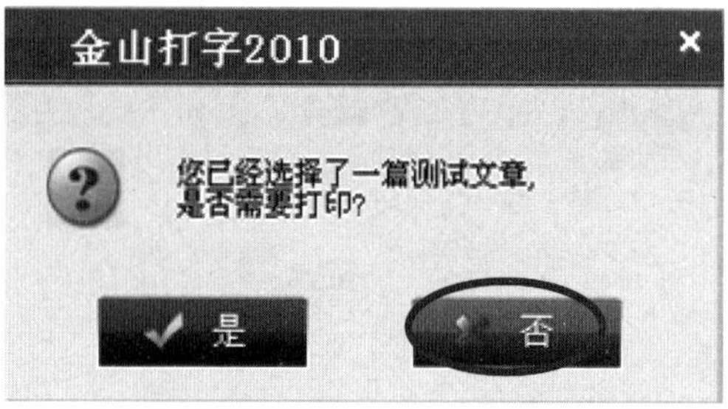

图 2-10　提示对话框

⑪ 此时，测试开始。参照所发的文档录入时，如果录入正确，文字将显示为灰白色，如果录入错误，文字将显示为红色（在测试结束前可以修改）。

⑫ 输入完成后，单击下方的“完成测试”按钮，结束测试，如图 2-11 所示。此时，会弹出成绩统计对话框，如图 2-12 所示。

图 2-11　单击“完成测试”按钮

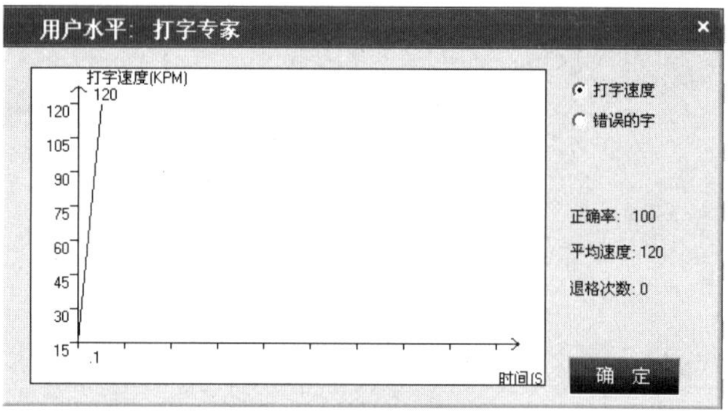

图 2-12　成绩统计对话框

温馨提示

选择“完成测试”后，将不能再对录入的文字进行修改，所以在确定要提交评测之前，不要单击该按钮。

英文录入训练指导

知识目标

录入速度标准：100 字符/分钟。

训练指导

1．指法要求

严格按照第 1 章的指法要求，要盲打。

2．训练难点

在训练的初期，会觉得盲打很不习惯，经常打错字符，不如看键盘打得快。在这种情况下，一定要坚持盲打，在对键盘熟悉后，速度将很快得到提高。

体验与探索

本章给出 6 篇中等难度且有代表性的英文文章，每篇字符数约为 1 500 个，录入时间以 10 分钟计。

英文录入测试文章 1

I was very late for school that morning, and I was terribly afraid of being scolded, especially as Monsieur Hamel had told us that he should examine us on participles, and I did not know the first thing about them. For a moment I thought of staying away from school and wandering about the fields. It was such a warm, lovely day. I could hear the blackbirds whistling on the edge of the wood, and in the Rippert field, behind the sawmill, the Prussians going through their drill. All that was much more tempting to me than the rules concerning participles, but I had the strength to resist, and I ran as fast as I could to school.

As I passed the mayor’s office, I saw that there were people gathered about the little board on which notices were posted. For two years all our bad news had come from that board—battles lost, conscriptions, orders from headquarters; and I thought without stopping: What can it be now?

Then, as I ran across the square, Wachter the blacksmith, who stood there with his apprentice, reading the placard, called out to me: Don’t hurry so, my boy; you’ll get to your school soon enough! I thought that he was making fun of me, and I ran into Monsieur Hamel’s little yard all out of breath.

Usually, at the beginning of school, there was a great uproar which could be heard in the street, desks opening and closing, lessons repeated aloud in unison, with our ears stuffed in order to learn quicker, and the teacher’s stout ruler beating on the desk: A little more quiet!

英文录入测试文章 2

The Internet is a giant network of computers located all over the world that communicate with each other.

The Internet is an international collection of computer networks that all understand a standard system of addresses and commands, connected together through backbone systems. It was started in 1969, when the U.S. Department of Defence established a nationwide network to connect a handful of universities and contractors. The original idea was to increase computing capacity that could be shared by users in many locations and to find out what it would take for computer networks to survive a nuclear war or other disaster by providing multiple path between users. People on the ARPNET（as this nationwide network was originally called）quickly discovered that they could exchange messages and conduct electronic “conferences” with distant colleagues for purposes that had nothing to do with the military industrial complex. If somebody else had something interesting stored on their computer, it was a simple matter to obtain a copy (assuming the owner did not protect it).

Over the years, additional networks joined which added access to more and more computers. The first international connections, to Norway and England, were added in 1973. Today thousands of networks and millions of computers are connected to the Internet. It is growing so quickly that nobody can say exactly how many users on the net. The Internet is the largest repository of information which can provide very very large network.

英文录入测试文章 3

Several years ago, while attending a communications course, I experienced a most unusual process. The instructor asked us to list anything in our past that we felt ashamed of, guilty about, regretted, or incomplete about. The next week he invited participants to read their lists aloud. This seemed like a very private process, but there's always some brave soul in the crowd who will volunteer. As people read their lists, mine grew longer. After three weeks, I had 101 items on my list. The instructor then suggested that we find ways to make amends, apologize to people, or take some action to right any wrongdoing. I was seriously wondering how this could ever improve my communications, having visions of alienating just about everyone from my life.

The next week, the man next to me raised his hand and volunteered this story:While making my list, I remembered an incident from high school. I grew up in a small town in Iowa. There was a sheriff in town that none of us kids liked. One night, my two buddies and I decided to play a trick on Sheriff Brown. After drinking a few beers, we found a can of red paint, climbed the tall water tank in the middle of town, and wrote, on the tank, in bright red letters: Sheriff Brown is an s.o.b. The next day, the town arose to see our glorious sign. Within two hours, Sheriff Brown had my two pals and me in his office. My friends confessed and I lied, denying the truth. No one ever found out.

英文录入测试文章 4

A great tide of reform is sweeping across China, a land of one billion people. All over the world people are following its advance. Many of them would like to learn more about China and about the life and world of Deng Xiaoping, the chief leader of this reform.

A member of the Chinese Communist Party since his youth, Deng Xiaoping has rendered outstanding service to the Chinese people, throughout the revolution, during the development of the People's Republic and especially in recent years when, after the disastrous cultural revolution, he succeeded in setting the country on the road to socialist modernization. he has proved to be far-sighted and persevering, a man of quick understanding and decisive action. the contribution he has made to the revolution, his courage as an innovator have earned his the trust of the Chinese people.

In his long career as a revolutionary Deng Xiaoping has enjoyed many victories and has also been through severe tests. On more than one occasion he was subjected to unjust attack simply because he refused to abandon correct views. this, however, only increase the respect in which he was held, and ultimately he became the nation’s chief policy-maker. the collective leadership which he now head has ushered China into a new historical period. with his high prestige and profound wisdom he will continue to play a great role in making major policy decisions of the Party and the state.

Through a lifetime of service to the people, Deng Xiaoping has earned the respect and affection of millions of his compatriots.

英文录入测试文章 5

Studies serve for delight, for ornament, and for ability. Their chief use for delight, is in privateness and retiring; for ornament, is in discourse; and for ability, is in the judgment, and disposition of business. For expert men can exe-cute, and perhaps judge of particulars, one by one; but the general counsels, and the plots and marshalling of affairs, come best, from those that are learned. To spend too much time in studies is sloth; to use them too much for ornament, is affectation; to make judgment wholly by their rules, is the humor of a scholar. They perfect nature, and are perfected by experience: for natural abilities are like natural plants, that need proyning, by study; and studies themselves, do give forth directions too much at large, except they be bounded in by experience. Crafty men contemn studies, simple men admire them, and wise men use them; for they teach not their own use; but that is a wisdom without them, and above them, won by observation. Read not to contradict and confute; nor to believe and take for granted; nor to find talk and discourse;

but to weigh and consider. Some books are to be tasted, others to be swallowed, and some few to be chewed and digested; that is, some books are to be read only in parts; others to be read, but not curiously; and some few to be read wholly, and with diligence and attention. Some books also may be read by deputy, and extracts made of them bothers; but that would be only in the less important arguments, and the meaner sort of books.

英文录入测试文章 6

Virtue is like a rich stone, best plain set; and surely virtue is best, in a body that is comely, though not of delicate features; and that hath rather dignity of presence, than beauty of aspect. Neither is it almost seen, that very beautiful persons are otherwise of great virtue; as if nature were rather busy, not to err, than in labor to produce excellency. And therefore they prove accomplished, but not of great spirit; and study rather behavior, than virtue. But this holds not always: for Augustus Caesar, Titus Vespasianus, Philip le Belle of France, Edward the Fourth of England, Alcibiades of Athens, Ismael the Sophy of Persia, were all high and great spirits; and yet the most beautiful men of their times. In beauty, that of favor, is more than that of color; and that of decent and gracious motion, more than that of favor. That is the best part of beauty, which a picture cannot express; no, nor the first sight of the life. There is no excellent beauty, that hath not some strangeness in the proportion. A man cannot tell whether Apelles, or Albert Durer, were the more trifler; whereof the one, would make a personage by geometrical proportions; the other, by taking the best parts out of divers faces, to make one excellent. Such personages, I think, would please nobody, but the painter that made them. Not but I think a painter may make a better face than ever was; but he must do it by a kind of felicity（as a musician that maketh an excellent air in music）, and not by rule.

进阶提高

1．训练目标

看屏幕：中级 140 字符/分钟，高级 200 字符/分钟。

看稿：初级 70 字符/分钟，中级 100 字符/分钟，高级 160 字符/分钟。

2．训练要求

首先，看屏幕练习，在对键盘熟悉并能实现盲打、速度较快后，逐步转向看稿练习。看稿输入时，如果有怕自己打错字而看屏幕的习惯，希望尽量做到用眼睛的余光看屏幕，基本上做到只看稿打字。

测试要求

测试时从以上 6 篇文章中任选一篇进行考核，要求训练时围绕这 6 篇文章反复练习。

五笔字型输入法基础

4.1 为什么要掌握好五笔字型

知识目标

了解五笔字型输入法对提高打字速度的重要性。

知识要点

到目前为止，据不完全统计，共有上千种汉字输入方法，但“易学”和“好用”是有矛盾的，即“好学的不快、快的不好学”，易学的重码率高，重码率低的难学。可以说，到目前为止，没有一个汉字编码的方案能完全彻底解决易学与重码的矛盾。为此，不知有多少编码工作者付出了辛勤的劳动，也因此涌现了许许多多的汉字编码方案，但汉字键盘输入法归结起来有三大类。

1. 音码输入法

音码输入法的典型代表是全拼输入法。这类汉字输入法学起来确实非常简单，但重码太多，并要求用户对每个要输入的汉字能正确发音。这对那些发音不准的人来说，实在难以使用。

2. 形码输入法

形码即“拆字码”，其典型代表是“五笔字型”。它的各项技术指标为快速输入提供了可能。然而，它相对比较难学，其规则多暂且不说，仅要记住 200 多个字根与 25 个键位的对应关系，就使人们望而却步。一般来说，“拆字码”要记忆的东西都比较多，拆字取码的顺序也不能较好地满足国家语委规定的汉字书写笔顺要求，但是这类编码与能否正确读出汉字的发音没有关系。

3．音形码输入法

“二笔码”（原名“阴阳码”）就是音形码输入法的一种。这类编码是“音码”与“形码”的混合物。它试图取“音码”简单易学和“形码”重码少的优点，但同时也把“音码”与“形码”的缺点不同程度地继承下来。

无论哪一类键盘输入法，都要记住拼音或字根（部件）与键盘上每个键位的对应关系。对绝大多数键盘汉字输入法来说，只要经过比较严格的指法训练，并经常巩固练习，达到每分钟输入 100 个以上的汉字不成问题。

很多人在学习汉字录入这门课之前，都有一定的计算机使用经历，有的人已经能熟练用拼音打字而不想学五笔了。不过这里告诉大家几个关于五笔字型输入法的优势。

① 五笔字型输入法输入速度快，经过科学、认真地训练，可以达到每分钟输入 100 个汉字以上。1992 年“全国五笔字型大奖赛”上，冠军的输入速度是生稿每分钟 243 个字（错 1 罚 5）。

② 五笔字型输入法编码科学，输入单字或词组最多用四键，重码少，平均每输入 10 000 个汉字，才有 1～2 个字需要挑选。

③ 五笔字型输入法能够实现盲打，录入人员几乎不用看屏幕，只看打字稿即可。

④ 五笔字型输入法经过了十多年大规模社会实践的检验，至今已成为在国内占主流地位的汉字输入技术和行业应用规范，它是目前为止输入速度最快、编码最科学、使用率最高、普及面最广的汉字输入方法。

作为中等职业学校的学生，必须具备非常熟练的动手能力，才能在激烈的市场竞争中显示出自己的优势。五笔字型输入法作为使用最基本、最广泛的应用技术，是同学们必须熟练掌握的技术，大家一定要下苦功，“打”出一片新天地。

知识链接

“五笔字型输入法”是王永民教授发明的一种汉字型码输入法。它按照汉字的字型（笔画、部首）进行编码，可以使用户快速地输入中文，是当前使用最广泛的中文输入法，也是专业打字员必须掌握的输入法之一。

五笔字型输入法的最大特点是重码少，基本不用选字。它优选字根，精心设计键盘布局，并反复实践修改，具有较强的规律性。

五笔字型输入法分“86 版”和“98 版”两个版本。两者的原理及大部分输入方法类似，但有一些基本字根不相同，无法完全兼容。大部分用户使用的仍是“86 版”。

体验与探索

（1）音码输入法与形码输入法对比，各自的优缺点是什么？

（2）为什么说“五笔字型非学好不可”？五笔字型输入法的原理是什么？

4.2　提高五笔录入速度的要诀

知识要点

提高五笔录入速度的要诀有以下几个。

① 一定要充分重视纸面拆字练习。

这是有效提高录入速度的关键因素之一。除认真做好教材提供的常用字、难拆字拆分示例练习外，还要把常用字、次常用字（共 3 500 字）进行熟练拆分，争取做到拆分准确率达 98%以上。

② 按顺序完成对键名字根（字）、成字字根（字）、一级简码字、二级简码字、三级简码字、全码字、二字词组、三字词组、四字词组和多字词组的录入练习。在开始某项练习时一定要慢，保证首次录入的准确率在 95%以上，然后再逐步加快速度。

③ 录入时动作要果断，不要犹豫。

不要担心击错键而放慢速度，产生停顿。一旦击错即刻修改，以保持动作连贯。

④ 注意节奏，保持适度的紧张感。

清晰明快的节奏能使人心态轻松，手指收放自如。每隔一段时间要有意识地加快击键节奏，如果每次击键能加快 0.1 秒，累积起来是很可观的。

温馨提示

在录入练习过程中会产生烦燥心理，这是正常的。要有信心和毅力，要讲究方法，适当调节。注意每隔 10 分钟暂停休息一会，扭一扭手腕，揉一揉眼睛，做几下深呼吸，保证继续练习时能全神贯注，做到心无旁骛，练出实效。

4.3　学习五笔字型的注意事项

知识要点

学习五笔字型时应注意以下几个方面。

（1）必须掌握汉字的基本笔画、笔顺、书写顺序、间架结构。

（2）熟记字根表，口诀一定要背熟，不要出现把字根都拆了的现象。通过对常用字进行字根拆分来进行练习。

（3）迅速定位。凡横起笔的字迅速在一区内查找，竖起笔的在二区内查找，撇起笔的在三区内找，以此类推，区与位对应起来不要弄错。

（4）键盘指法与五笔字型汉字输入方法紧密相关，只有指法正确，能熟练地拆分汉字，才能录入得快。因此，不要小看键盘指法与练习。

（5）记清五笔字型在键盘上的基本布局。

① 以两食指为中心，即以键盘上带凸起的 F、J 两个基准键为中心。

② 以 5 个笔画的基准键为基准，在键盘上分布 5 排笔画区域（在脑海中要有这个轮廓）。

③ 以 5 个笔画的基准键为基准，按左右、上下、杂合三种字型结构分布 5 个末笔识别码区。

④ 将手指和口诀对应记忆。不能用英文字母来记字根。五笔字型其实与英文字母无关，不要让英文字母掺杂进来。让手指与口诀合二为一，做到手出字随。将 25 个键名字（25 句口诀的起首字）分配到双手的十指上，背一句口诀，即把相应的手指伸向相应的键位。

⑤ 注意末笔识别码。

五笔字型中，较难拆的字是二根码字和三根码字。除字根外，它们还需要末笔识别码。如果没等四个键输入完毕，字根却拆光了，这时就要使用末笔识别码了。脑海中要随之反应出该字的结构、最后一笔的笔画，同时判断识别码区域，而手指要直奔相应区域的键位击键。

知识链接

五笔字型输入法中规定了字型代码和笔画代码。把这两种代码（代号）合二为一，以末笔代号为区号，字型代号为位号，构成“末笔字型交叉识别代码”，有时也简称为末笔识别码或识别码。无论一个字需要的是末笔识别还是字型识别，都要为其指定末笔字型交叉识别码。

笔　画	代　码	左右型（1）	上下型（2）	杂合型（3）
横	1	11 G	12 F	13 D
竖	2	21 H	22 J	23 K
撇	3	31 T	32 R	33 E
捺	4	41 Y	42 U	43 I
折	5	51 N	52 B	53 V

体验与探索

（1）从五笔字根总表中寻找出字根分布的规律性。

（2）输入二根码和三根码时如何正确地使用末笔识别码？末笔识别码的分布规律是什么？如何巧妙地记忆末笔识别码？

4.4　五笔字型基础知识

知识目标

能够区分汉字的三种字型。

掌握汉字的四种结构。

熟练运用拆分汉字的五项规则。

掌握汉字及词汇的输入方法。

知识要点

五笔字型是通过将汉字拆分为字根来输入中文的编码方法。拆分的基本规则是：整字分解为字根，字根分解为笔画。

字根在键盘上的分布及助记词如图 4-1 所示。

1．五笔字型的五种笔画

字根是由若干笔画交叉连接而形成的，在五笔字型输入法中，将汉字的笔画分为横、竖、撇、捺、折五种。

2．汉字的三种字型

在五笔字型输入法中，根据组成汉字字根的位置关系，可以把汉字分为以下三种类型。

（1）左右型

组成汉字的各个字根是按从左至右的顺序排列的，如侧、谈、位、他、程、冰等。

（2）上下型

组成汉字的各个字根是按从上至下的顺序排列的，如花、吴、等、著、想、节等。

（3）杂合型

组成汉字的各个字根之间存在着相交、相连或包围与被包围的关系，如困、斗、这、出等。

3．汉字的四种结构

根据字根组成汉字的位置关系，可将汉字分为以下四种结构情况。

（1）单

字根本身单独就成为一个汉字。

（2）散

构成汉字的字根之间有一定的距离，例如：何、别、刚、吕、员、家等。

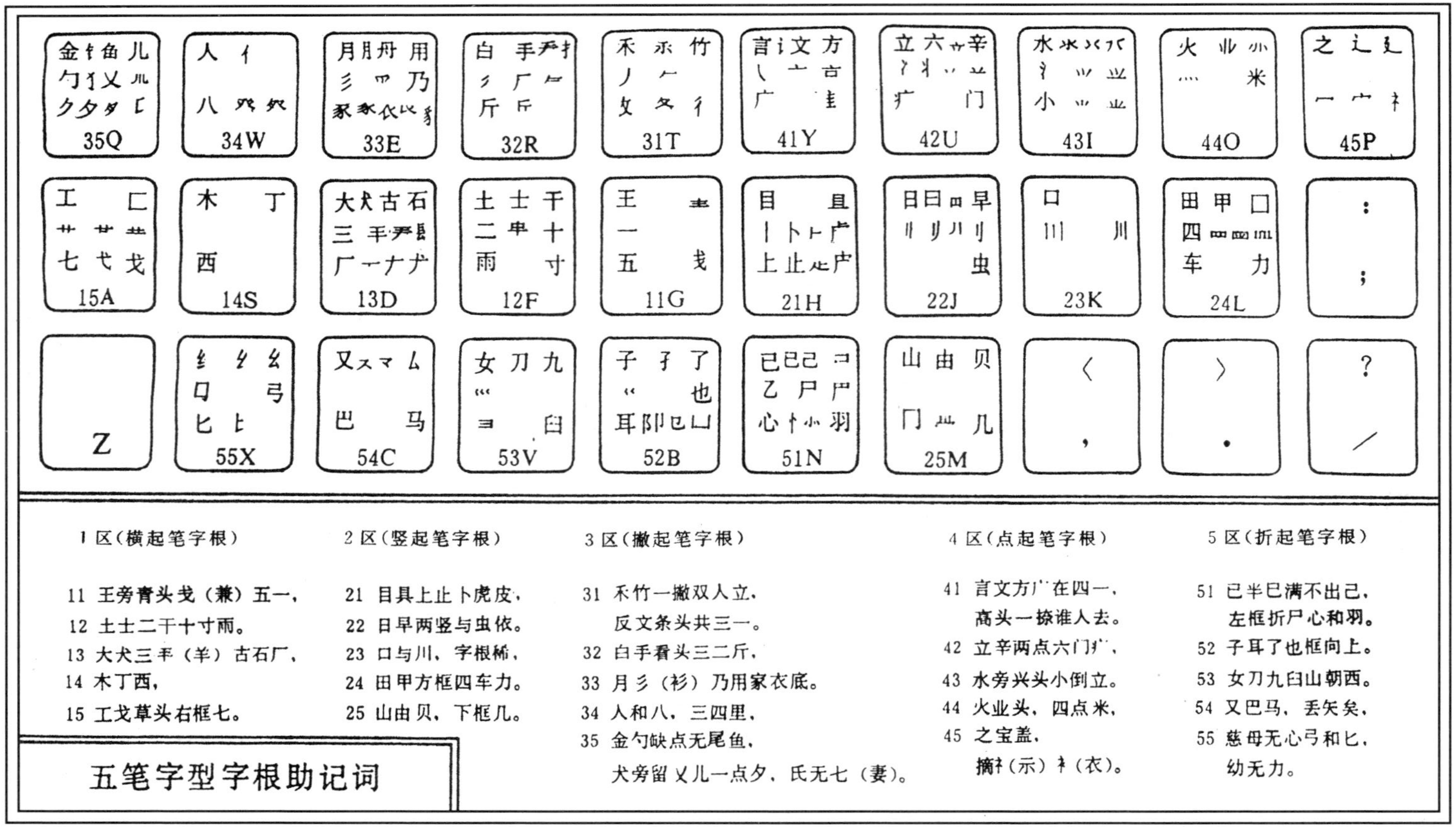

图 4-1　字根在键盘上的分布及助记词

（3）连

一个字根连一单笔画，例如：自。

（4）交

组成字根的笔画是相互交叉的，例如：农、申等。

一般来说，可以按以下方法来应用这些结构。

① 属于“散”的汉字才可以分左右、上下型。

② 属于“连”、“交”的汉字一律属于杂合型。

③ 不分上下、左右的汉字都属于杂合型。

温馨提示

四个关于汉字的重要数字：3、5、25、125。

3——汉字有三个层次：“笔画”—“字根”—“汉字”。

5——汉字有五种笔画：横、竖、撇、捺、折。

25——用“五笔字型”拼形输入汉字，只用 5×5=25 键。

125——“五笔字型”选用的字根共有 125 种（不含变形字根）。

4．拆分汉字的五项规则

（1）书写顺序

拆分“合体字”时，要按照正确的书写顺序进行——先写的先拆，后写的后拆。例如：

洲——氵　丶　丿　丶　丨　丶　丨（从左到右，左右型）

煮——土　丿　日　灬（从上到下，上下型）

酒——氵　西　一（从左到右，从外到内，左右型）

戒——戈　廾（从上到下，从外到内，杂合型）

（2）取大优先

取大优先有以下两层意思：

① 拆分汉字时，拆分出的字根数应最少；

② 当有多种拆分方法时，应取前面字根大（笔画多）的那种。

按书写顺序拆分汉字时，应当以“再添加一笔画便不能成为字根”为限度，每次都拆取一个“尽可能大”的，即“尽可能笔画多”的字根。

例 1　“世”的第一种拆法：一　凵　乙（误）

第二种拆法：廿　乙（正）

显然，前者是错误的，因为其第二个字根“凵”，完全可以“向前凑”到第一个笔画“一”上面，形成一个“更大”的已知字根“廿”。

例 2　“制”的第一种拆法：丿　二　冂　丨　刂（误）

第二种拆法：𠂉　冂　丨　刂（正）

同样，第一种拆法是错误的。因为第二码的“二”，完全可以再“向前凑”，与第一个字根“丿”凑成“更大”的字根“𠂉”，为什么不“向前挤”呢？

总之，“取大优先”，俗称“尽量向前凑”，是一个在汉字拆分中最常用到的基本原则。

至于什么才算“大”，“大”到什么程度才到“边”，答案很简单：字根表中笔画最多的字根就是“大”，就是“边”。如果能“凑”成“大”的，就不要“退”下来用其他“小”的。此事其实并不难，只要大家熟悉了字根总表，就不会出错了。

（3）兼顾直观

拆分时要注意照顾到汉字结构的直观性，如

卤：⺊ 囗 乂（正）

上 乂 凵（错）

（4）能连不交

请看以下拆分实例。

① 于　正确：一 十　错误：二 丨

② 丑　正确：乙 土　错误：刀 二

③ 午　正确：𠂉 十　错误：丿 干

④ 天　正确：乙、大　错误：二、人

当一个字既可拆成“相连”的几个部分，也可拆成“相交”的几个部分时，“相连”的拆法正确。因为一般来说，“连”比“交”更为直观。

一个单笔画与字根“连”在一起，或一个孤立的“点”处在一字根附近，这样的笔画结构叫做“连体结构”。以上“能连不交”的原则，可以指导我们正确地对“连体结构”进行拆分。

（5）能散不连

能按散结构拆分的汉字，就不按连结构拆分，如

亥　正确：亠、乙、丿、人　错误：亠、乙、𠃌、丶

综上所述，可以把拆分汉字的基本原则归纳成下列三点：

① 首先要按书写顺序拆分字根；

② 当存在多种拆分形式时，尽量遵循取大优先的原则并兼顾字型的直观性；

③ 当字根的笔画间存在多种关系时，按散优于连、连优于交的原则拆分。

5. 五笔字型输入的取码总原则——截长补短

凡是字根表中没有的汉字（“表外字”或“键外字”），在拆成单个字根之后，可以在键盘上找到这些字根，理论上依次按键，把字拼合起来，就能完成“输入”了。

不管多么复杂的字，不管拆出多少个字根，只要输入它的 4 个字根，就能够得到唯一一个“编码”。

所以，五笔字型输入法对拆分结果规定如下。

（1）超过四个码——“截”

凡是超过 4 个字根的，就截；凡是不足 4 个字根的，就补，这被叫做 “截长补短”。

将汉字拆分之后，字根总数多于 4 个的，被叫做“多根字”。对于“多根字”，只按拆分顺序，取其第一、第二、第三，以及最后一个字根，俗称“一二三末”，其余的字根全部截去。例如：

攀：木　乂　乂　手　　　戆：立　早　夂　心
爨：亻　二　冂　火　　　髓：丿　目　田　一
蔼：廿　讠　日　乙　　　瑜：王　人　一　刂

（2）等于四个码

刚好由 4 个字根构成的汉字，叫做“四根字”，其取码方法（即输入方法）是依照书写顺序把 4 个字根取完。例如：

规：二　人　冂　儿　　　书：乙　乙　丨　丶
两：一　冂　人　人　　　笔：竹　丿　二　乙
照：日　刀　口　灬　　　统：纟　亠　厶　儿

（3）不足四码 ——“补”

“五笔字型”编码的最长码是 4 码，凡是不足 4 个字根的汉字，规定在字根输入完以后，再追加一个“末笔字型识别码”，简称“识别码”。这样一来，就使两个字根的汉字由 2 码变成 3 码，三个字根的汉字由 3 码变成为 4 码。

“识别码”是由“末笔”代号加“字型”代号而构成的一个附加码。例如（带括号的那些笔画或字根即为“识别码”），

汉：氵　又　　[丶]　　　字：宀　子　　[二]
中：口　丨　　[川]　　　华：亻　七　十 [刂]
团：囗　十　丿 [彡]　　　府：广　亻　寸 [氵]

加入“识别码”后，仍然不足 4 个码时，还要加打一下空格键，以示该字编码结束。

知识链接

重码

在上机练习时，大家已经看到这种情况：有时输入某个汉字编码时，中文提示行上会出现两个或两个以上的不同汉字，这就是汉字的重码。重码太多势必影响录入速度，但目前还没有哪种汉字编码方案能做到完全无重码。在国标一级、二级的 6 763 个汉字中，五笔字型的重码字共有 246 组，约 500 个汉字，占汉字总数的 7%左右，而且其中有很多重码字存在简码输入形式，因此实际录入过程中需要选择重码字的概率很低，不影响录入速度。

1．重码的分级处理

五笔字型根据重码字的使用频度进行了分级处理，即按“高频先见”原则处理重码字。当输入重码的外码时，所有重码字将同时显示在提示行里，且按照使用频度的高低由前向后依次排列。其中，使用频率最高的那个字总被安排在全部重码字的第一个位置。当出现重码字时计算机将报警提醒我们进行选择，若直接敲空格键或者不予理睬而继续输入其他文字，则重码字中的第一个字将作为默认的输入自动出现在当前光标的位置。

温馨提示

当在提示行显示的一组重码中选择某个字后，还要继续选择这组重码中的其他字（包括已选择过的字），可首先按住 Alt 键，再用数字键选择。例如，当输入编码“tmgt”且按“2”键选择“徽”字后，若还要选择这组重码中的“微”字，可直接用 Alt+1 组合键实现。同理，此时若按 Alt+2 组合键，则可重复选择“徽”字。

2. 容错码

容错即允许犯错的意思。个别汉字因人们的书写习惯，很容易造成字根拆分顺序错误或识别码判断错误。为不至于因这种原因而影响用户输入，五笔字型编码方案专门对这类汉字定义了两个，甚至两个以上的合法编码。这样即使用户在拆分汉字或识别汉字时有错误，仍能够正常输入它。这种“额外”定义的、折中的汉字编码就称为“容错码”。

（1）拆分容错码

个别汉字因人们的书写习惯，容易造成拆分顺序错误而产生错误外码。例如：

长：正确拆分：丿、七、丶识别码 43（如图 4-1 中所示键位），全码 TAYI，简码 TA

容错拆分 1：七、丿、丶容错码 ATYI

容错拆分 2：丿、一、𠃋、丶容错码 TGNY

容错拆分 3：一、𠃋、丿、丶容错码 GNTY

因此汉字“长”有三种拆分容错编码。

（2）识别容错

个别汉字因人们书写的习惯顺序，容易造成识别码判断错误。例如：

右：𠂇、口，12，即 DKF（正确编码），简码为 DK

𠂇、口，13，即 DKD（字型容错），简码为 DK

连：车、辶、23，即 LPK（正确编码），车、辶、13，即 LPD（末笔识别容错）

占：上、口、12，即 HKF（正确编码），上、口、14，即 HKD（字型容错）

击：二、山、23，即 FMK（正确编码），二、山、22，即 FMJ（字型容错）

综上所述，由于容错码的存在，在输入某些汉字时即使没有按正确编码输入，同样能得到该汉字。但容错终究是有限的，唯有努力避免出错，才能真正提高技能。

（3）帮助键（Z 键）的使用

五笔字型的字根键盘只使用了 A～Y 这 25 个英文字母键，Z 键尚未安排任何字根，因为它被用做了五笔字型的万能学习键。具体地说，在五笔字型的汉字编码中，字母 Z 可以替代 A～Y 中的任何一个字根码或末笔字型识别码。当对某个字根的键位尚不熟悉或者对某些字根拆分有困难时，可用 Z 键代替编码中的未知代码，这时系统将自动检索出那些符合已知字根代码的汉字，同时将这些汉字及其准确代码显示在提示行中。用户通过汉字前面的编号即可选择需要的汉字，否则当前提示行中的第一个汉字将是用户的默认选择。如果具有相同已知字根的汉字超过 5 个（提示行每次最多显示 5 个汉字），则可通过“>”或“<”键向前或向后翻阅其他汉字，直到找到需要的汉字为止。

例如：假若想输入“煦”字，但记不清字根“勹”的代码，那么可输入 JZKO 编码。此时提示行将显示：

JZKO 1. 照 jvko 2. 煦 jqko

只要按数字键“2”，即可在当前光标位置得到“煦”字。

若输入“ZZZZ”这个编码，则系统将把国标一级、二级字库中全部汉字及其相应的五笔字型编码分组显示在中文提示行。

提示行显示的汉字自动按使用频度的高低次序排列，即按高频字、二级简码字、三级简码字、无简码字的顺序排列。因此，也可以通过 Z 键查阅某个汉字是否存在简码。

用“Z”键也可以查询二根字或三根字的识别码。例如，汉字“京”和“应”的字根编码（YI）相同。若想知道它们各自的末笔字型识别码，可输入“YIZ［空格］”。这时提示行将显示：

YIZ 1：就 yi 2：京 yiu 3：应 yid 4：诮 yie 5：说 yip

据此可知“京”的识别码是 U（42），“应”的识别码是 D（13）。

体验与探索

写出下列汉字的编码。

灭 轧 东 卡 北 占 业 旧 帅 归 且 旦 目 叶 甲 申 叮 电 号 田 由 史 只 央 兄 叼
叫 另 叨 叹 四 生 失 禾 丘 付 仗 代 仙 们 仪 白 仔 他 斥 瓜 乎 丛 令 用 甩 印
乐 句 匆 册 犯 外 处 冬 鸟 务 包 饥 主 市 立 闪 兰 半 汁 汇 头 汉 宁 穴 它 讨
写 让 礼 训 必 议 讯 记 永 兵 休 伍 伏 优 伐 延 件 任 伤 价 份 华 仰 仿 伙 伪
自 血 向 似 后 行 舟 全 会 杀 合 兆 企 众 爷 伞 创 肌 朵 杂 危 旬 旨 负 各 名
多 争 色 壮 冲 冰 庄 庆 亦 刘 齐 交 次 衣 产 饰 饱 饲 变 京 享 店 夜 庙 府 底
剂 郊 废 净 盲 放 刻 育 闸 闹 郑 券 卷 单 炒 炊 炕 炎 炉 沫 浅 法 泄 河 沾 泪
油 泊 沿 泡 注 泻 泳 泥 沸 波 泼 泽 治 怖 性 怕 怜 怪 学 宝 宗 恐 壶 挨 耻 耽
恭 莲 莫 荷 获 晋 恶 真 框 桂 档 桐 株 桥 桃 格 校 核 样 根 索 哥 速 逗 栗 配
翅 辱 唇 夏 础 破 原 套 逐 烈 殊 顾 轿 较 顿 毙 致 柴 桌 虑 监 紧 党 晒 眠 晓
鸭 晃 晌 晕 蚊 哨 哭 恩 唤 啊 唉 罢 峰 圆 贼 贿 钱 钳 钻 铁 铃 铅 缺 氧 特 牺
造 乘 敌 秤

汉字拆分训练指导

字根和拆字是影响打字准确性和打字速度的两个关键因素。字根表可以用 1～2 天背下来，但拆字却需要长时间大量的练习，是一只真正的拦路虎。这个问题如果解决得不好，就会在非常顺畅的打字过程中因为碰到难打的字而突然产生停顿，而只要稍作停顿，录入速度就会成倍下降。

拆字的过程其实就是一个对汉字进行拆解的思维过程。因此，只有拆解汉字的思维顺畅，心想手动，才能真正达到打字的高境界。要想能快速提高拆字速度，必须经过大量的纸面拆字练习。这时只要有一张纸、一支笔和一份字根表就够了，不需要浪费宝贵的上机时间来进行拆字练习。通过大量的纸面练习，同学们可以快速掌握拆字的技巧。

在这方面还有欠缺的同学，从现在起，大家脚踏实地，多下工夫吧。

本书中提供了部分常用字、难拆字的拆分示例，要求同学们悉心揣摩、认真抄写多遍，达到瞬间拆解为止，做到眼到手动。此外，再加上常用 2 500 字、次常用 1 000 字的拆解练习，会使你在录入时如虎添翼，到达理想境界。要注意，拆字练习要完全脱离上机环境，我们把键名字根、成字字根、各级简码、全码字全部混在一起，旨在看字拆字，熟悉字根，不是为了输入，真正到上机输入时，许多字可用一级简码、二级简码或三级简码打出，许多句子可以以词组形式分解输入。

知识目标

对常用字能够正确拆分字根。

强化记忆难拆字的正确拆分。

训练指导

1．部分难拆汉字结构拆分示例

汉字	拆分				汉字	拆分				汉字	拆分			
久	⺈	丶			良	丶	彐	𧘇		丵	十	丷		
免	⺈	口	儿		州	丶	丿	丶	丨	求	十	八	丶	
兔	⺈	口	儿	丶	户	丶	尸			戋	十	戈		
饣	⺈	乙			永	丶	乙	八		才	十	丿		
角	⺈	月	丨		义	丶	乂			豖	豕	丶		
鱼	𩵋	一			龷	二	‖	一		恼	忄	文	凵	
[illegible]	⺁	丶	丿		匹	匚	儿			[illegible]	冂	刂	三	
𠂎	⺁	丶			臣	匚	丨	コ	丨	央	冂	大		
[illegible]	⺁	丿			𢆉	干	丷			冊	冂	廾		
氏	⺁	七			戒	戈	廾			内	冂	人		
乐	⺁	小			巫	工	人	人		冉	冂	土		
并	丷	廾			鹿	广	コ	‖	匕	丹	冂	亠		
首	丷	丿	目		风	几	乂			市	亠	冂	丨	
半	丷	十			尹	彐	丿			亡	亠	乙		
失	𠂉	人			隶	彐	水			幽	幺	幺	山	
缶	𠂉	山			肃	彐	小	‖	丶	夹	一	丷	人	
牛	𠂉	丨			斥	斤	丶			平	一	丷	丨	
制	𠂉	冂	丨	刂	臾	臼	人			柬	一	罒	小	
朱	𠂉	小			产	立	丿			亚	一	业	一	
气	𠂉	乙			产	立	丿			疌	一	彐	止	
𠂉止	𠂉	止			术	木	丶			[illegible]	一	口	丨	冖
兆	八	儿			乎	丿	丷	丨		束	一	口	小	
戶	𠂆	コ			舟	丿	丹			来	一	米		
肙	𠂆	彐	乙		夭	丿	大			垂	一	丿	龷	
爪	𠂆	丨	丶		毛	丿	二	乙		于	一	十		
瓜	𠂆	厶	丶		升	丿	廾			曲	一	冂	龷	

续表

汉字	拆分				汉字	拆分				汉字	拆分			
尢	𠂇	乙			舌	丿	古			丙	一	冂	人	
犮	𠂇	又			禹	丿	口	冂	丶	再	一	冂	土	
⺶	丷	手	䒑		自	丿	目			朿	一	冂	小	
尊	丷	西	一		长	丿	七	丶		死	一	夕	匕	
[illegible]	丨丨	𠂉	丶		毛	丿	七			瓦	一	乙	丶	乙
矢	𠂉	大			臿	丿	十	臼		甫	一	月	丨	丶
午	𠂉	十			千	丿	十			[illegible]	乙	丿丿		
黑	㓁	土	灬		壬	丿	士			[illegible]	乙	耳		
夬	コ	人			物	丿	扌	勹	丿丿	飞	乙	冫		
[illegible]	コ	丨	二		我	丿	扌	乙	丿	发	乙	丿	又	丶
礻	礻	丶			身	丿	冂	三	丿	爿	乙	丨	厂	
𦰩	廿	口	龶		币	丿	冂	丨		丑	乙	土		
予	マ	卩			丢	丿	土	厶		刁	乙	一		
毋	𠃌	ナ			𠂒	丿	土			书	乙	乙	丨	丶
母	𠃌	一	冫		囱	丿	口	夕		乜	乙	乙		
乡	𠃋	丿			垂	丿	一	廿	士	疋	乙	止		
[illegible]	龶	勹			秉	丿	一	彐	小	⺪	乙	止		
卑	白	丿	十		重	丿	一	日	土	叉	又	丶		
勿	勹	丿丿			熏	丿	一	四	灬	且	月	一		
乌	勹	乙	一		乏	丿	之			夊	夂	丶		
匈	勹	乂	凵		[illegible]	丿	止			早	日	十		
甘	廾	二			农	冖	𧘇			申	日	丨		
[illegible]	廾	三			隺	冖	亻	主		禺	日	冂	丨	丶
辰	厂	二	𧘇		冘	冖	儿			里	日	土		
咸	厂	一	口	丿	戈	七	丿			丰	三	丨		
戊	厂	一	乙	丿	东	七	乙	八		耒	三	小		
臧	厂	乙	厂	丿	出	凵	山			[illegible]	亻	二	车	乙
万	厂	乙			刃	刀	丶			俄	亻	丿	扌	丿
[illegible]	大	丷			⺼	刀	二			段	亻	三	几	又

关于“乙”笔（折笔）字根拆字方法：

在较为难拆的汉字当中，大多数与“折”笔画有关，拆字时我们常用“乙”笔字根来表示，只要熟练掌握了“乙”笔字根在拆字过程中的应用，这个问题就迎刃而解了。下面给出分类示例，请多练习。

1.“乚”类				
电	日	乙		
忧	忄	𠂇	乙	
毛	丿	二	乙	
也	也	乙	丨	乙
心	心	丶	乙	丶
毫	亠口	冖	丿	乙
巴	巴	乙	丨	乙

2.“与”类				
鸟	勹	丶	乙	一
考	土	丿	一	乙
马	马	乙	乙	一
号	口	一	乙	
写	冖	一	乙	一
乌	勹	乙	一	
污	氵	二	乙	

3.“𠃊”类				
世	廿	乙		
瀛	氵	亠	乙	丶
收	乙	丨	攵	
继	纟	米	乙	
叫	口	乙	丨	
甚	卄	三	八	乙
藏	卄	厂	乙	丿

4.“𠄌”类				
以	乙	丶	人	
似	亻	乙	丶	人
瓦	一	乙	丶	乙

5.“专”类				
专	二	乙	丶	
转	车	二	乙	丶
传	亻	二	乙	丶

6.“ㄋ”类				
场	土	乙	丿丿	
扬	扌	乙	丿丿	

7.“㇇”类				
今	人	丶	乙	
含	人	丶	乙	口
续	纟	十	乙	大
读	讠	十	乙	大
楚	木	木	乙	止
夕	夕	丿	乙	丶

8.“𠃍”类				
甲	甲	丨	乙	丨
由	由	丨	乙	丨
书	乙	乙	丨	丶
片	丿	丨	一	乙
马	马	乙	乙	一
虫	虫	丨	乙	丶

9.“𠃌”类				
万	厂	乙		
永	丶	乙	八	
成	厂	乙	乙	丿
方	方	丶	一	乙
刀	刀	乙	丿	
围	口	二	乙	丨

10.“⺄”类				
飞	乙	⺀		
气	𠂉	乙		
九	九	丿	乙	
几	几	丿	乙	
吃	口	𠂉	乙	

11.“㇂”类				
我	丿	扌	乙	丿
成	厂	乙	乙	丿
戈	戈	一	乙	丶
盛	厂	乙	乙	皿

12.“𠃋”类				
发	乙	丿	又	丶
车	车	一	乙	人
该	讠	亠	乙	人
刻	亠	乙	丿	刂

2．部分常用字拆分示例

汉字	拆分				汉字	拆分				汉字	拆分			
县	月	一	厶		与	一	乙	一		臣	匚	丨	コ	丨
甩	月	乙			甫	一	月	丨	、	牙	匚	丨	丿	
夹	一	丷	人		正	一	止			无	二	儿		
互	一	彑	一		少	小	丿			井	二	刂		
严	一	业	厂		考	土	丿	一	乙	元	二	儿		
丐	一	卜	乙		巾	冂	丨			击	二	三		
下	一	卜			册	冂	冂	一		未	二	小		
丌	一	刂			求	十	氺	、		韦	二	乙	丨	
夷	一	弓	人		才	十	丿			可	丁	口		
事	一	口	彐	丨	非	三	刂	三		太	大	、		
吏	一	口	乂		曳	日	匕			爽	大	乂	乂	乂
来	一	米			果	日	木			页	厂	贝		
末	一	木			电	日	乙			辰	厂	二	𧘇	
屯	一	凵	乙		东	七	小			百	厂	日		
于	一	十			革	廿	中			成	厂	乙	乙	丿
再	一	冂	土		世	廿	乙			友	𠂇	又		
死	一	夕	匕		史	口	乂			甘	廾	二		
歹	一	夕			戒	戈	廾			占	卜	口		
不	一	小			巨	匚	コ			卤	卜	囗	乂	
瓦	一	乙	、	乙	匹	匚	儿			丈	𠂇	、		

3．部分有代表性汉字拆分示例

汉字	拆分				汉字	拆分				汉字	拆分			
的	白	勹	、		越	土	止	乚	丿	畅	日	丨	乙	丿
是	日	一	止		敝	丷	冂	小	攵	矗	十	且	十	且

续表

汉字	拆分				汉字	拆分				汉字	拆分			
为	、	力	、		肺	月	一	冂	丨	撣	扌	丷	日	十
有	厂	月			噩	王	口	口	口	癫	疒	十	且	贝
用	用	丿	乙	丨	载	十	戈	车		碘	石	冂	龷	八
动	二	厶	力		曹	一	冂	龷	日	奠	丷	西	一	大
革	廿	串			甘	廾	二			锻	钅	亻	三	又
高	亠口	冂	口		逐	豖	辶			蛾	虫	丿	扌	丿
表	龶	𧘇			释	丿	米	又	丨	氛	𠂉	乙	八	刀
等	竹	土	寸		卷	龹	大	㔾		脯	月	一	月	、
还	一	小	辶		段	亻	三	几	又	罐	𠂉	山	廾	圭
期	廾	三	八	月	恭	龷	八	⺗		郝	土	小	阝	
或	戈	口	一		殷	厂	彐	乙	又	猾	犭	丿	冎	月
感	厂	一	口	心	缘	纟	彑	豖		痪	疒	⺈	冖	大
服	月	卩	又		哀	亠口	𧘇			凰	几	白	王	
寨	宀	二	刂	木	摆	扌	四	土	厶	辉	⺌	儿	冖	车
预	マ	阝	厂	贝	鲍	⺈	一	勹	巳	嵇	禾	尢	乚	山
编	纟	、	尸	廾	蔽	廾	丷	冂	攵	箕	竹	廾	三	八
柬	一	罒	小		鬓	镸	彡	宀	八	鉴	刂	𠂉	、	金
废	广	乙	丿	、	擦	扌	宀	癶	小	姜	丷	王	女	
柴	止	匕	木		春	三	人	白		窦	宀	八	十	大
豺	爫	豸	十	丿	宠	宀	尢	匕		督	上	小	又	目
谗	讠	⺈	口	冫	厨	厂	一	口	寸	毒	龶	母	一	冫
颤	亠	口	口	贝	锄	钅	月	一	力	独	犭	丿	虫	
猖	犭	丿	日	日	雏	⺈	彐	亻	圭	镀	钅	广	廿	又
徜	彳	小	冂	口	储	亻	讠	土	日	端	立	山	厂	刂
畅	日	丨	乙	丿	垫	扌	九	、	土	短	𠂉	大	一	丷
巢	巛	是	木		淀	氵	宀	一	止	断	米	乙	攵	

续表

汉字	拆　分				汉字	拆　分				汉字	拆　分			
炒	火	小	丿		奠	丷	西	一	大	敦	亠	子	攵	
彻	彳	七	刀		殿	尸	艹	八	又	蹲	口	止	丷	寸
掣	𠂉	冂	丨	手	雕	冂	土	口	圭	顿	一	凵	乙	贝
撤	扌	亠	厶	攵	爹	八	乂	夕	夕	铎	钅	又	二	丨
晨	日	厂	二	𧘇	跌	口	止	𠂉	人	踱	口	止	广	又
龇	止	人	凵	匕	谍	讠	廿	乙	木	垛	土	几	木	
城	土	厂	乙	丿	叠	又	又	又	一	堕	阝	厂	月	土
乘	禾	丬	匕		鼎	目	乙	厂	乙	俄	亻	丿	扌	丿
惩	彳	一	止	心	锭	钅	宀	一	止	鹅	丿	扌	乙	一
澄	氵	癶	一	丷	氡	𠂉	乙	夂	冫	恶	一	业	一	心
骋	马	由	一	乙	董	艹	丿	一	土	伐	亻	戈		
齿	止	人	凵		栋	木	七	小		罚	四	讠	刂	
矮	𠂉	大	禾	女	卑	白	丿	十		播	扌	丿	米	田
嫒	女	爫	冖	又	悲	三	刂	三	心	博	十	一	月	寸
黯	四	土	灬	日	被	礻	冫	广	又	薄	艹	氵	一	寸
盎	冂	大	皿		鼻	丿	目	田	廾	簸	竹	艹	三	又
鏖	广	コ	〢	金	鄙	口	十	囗	卩	步	止	小		
傲	亻	龶	勹	攵	毕	匕	匕	十		埠	土	亻	コ	十
奥	丿	冂	米	大	裨	礻	冫	白	十	擦	扌	宀	癶	小
拔	扌	𠂇	又		弊	丷	冂	小	廾	裁	十	戈	亠	𧘇
霸	雨	廿	中	月	彪	虍	七	几	彡	彩	爫	木	彡	
耙	三	小	巴		飚	几	乂	火	火	蔡	艹	癶	二	小
掰	手	八	刀	手	瘪	疒	丿	目	匕	餐	卜	夕	又	𧘇
拜	手	三	十		斌	文	一	弋	止	残	一	夕	戋	
般	丿	舟	几	又	濒	氵	止	小	贝	蚕	一	大	虫	
版	丿	丨	一	又	鬓	镸	彡	宀	八	藏	艹	厂	乙	丿

续表

汉字	拆分				汉字	拆分				汉字	拆分			
拌	扌	丷	十		乘	丿	一	彐	小	糙	米	丿	土	辶
瓣	辛	厂	厶	辛	禀	亠	口	口	小	曹	一	冂	龷	日
棒	木	三	人	丨	摒	扌	尸	丷	廾	策	竹	一	冂	小
饱	饣	乙	勹	巳	拨	扌	乙	攵	丶	曾	丷	罒	日	
豹	爫	豸	勹	丶	蔽	廾	丷	冂	攵	插	扌	丿	十	臼
暴	日	龷	八	水	饽	饣	乙	十	子	搽	扌	廾	人	木
峰	山	夂	三	丨	瑰	王	白	儿	厶	饥	饣	乙	几	
俸	亻	三	人	丨	滚	氵	六	厶	𧘇	鸡	又	勹	丶	一
缶	𠂉	山			裹	亠	日	木	𧘇	基	廾	三	八	土
敷	一	月	丨	攵	酣	西	一	廾	二	既	彐	厶	匚	儿
凫	勹	丶	乙	几	海	氵	𠂉	母	冫	嘉	士	口	丷	口
赋	贝	一	弋	止	憨	乙	耳	攵	心	敖	龶	勹	攵	
丐	一	卜	乙		寒	宀	二	刂	冫	颊	一	丷	人	贝
盖	丷	王	皿		韩	十	早	二	丨	假	亻	コ	丨	又
概	木	彐	厶	儿	郝	土	小	阝		嫁	女	宀	豕	
晓	日	七	一	儿	衡	彳	⺈	大	丨	兼	丷	彐	小	
茂	廾	厂	乙	丿	貉	爫	豸	夂	口	监	刂	𠂉	丶	皿
缸	𠂉	山	工		猴	犭	丿	亻	大	缄	纟	厂	一	丿
港	氵	龷	八	巳	狐	犭	丿	厂	丶	煎	丷	月	刂	灬
戈	戈	一	乙	丿	虎	虍	七	几		浇	氵	七	丿	儿
粪	𠂇	七	共	八	猾	犭	丿	冎	月	皆	匕	匕	白	
狗	犭	丿	勹	口	婚	女	⺁	七	日	诫	讠	戈	廾	
鼓	士	口	丷	又	或	戈	口	一		矜	マ	卩	丿	乙
管	竹	宀	コ	コ	货	亻	七	贝		紧	刂	又	幺	小
贯	毋	十	贝		获	廾	犭	丿	犬	颈	ス	工	厂	贝
盥	⺁	一	水	皿	褐	礻	冫	日	乙	警	廾	勹	口	言

续表

汉字	拆分				汉字	拆分				汉字	拆分			
艰	又	彐	𧘇		烤	火	土	丿	乙	氓	亠	乙	コ	七
拣	扌	七	乙	八	渴	氵	日	勹	乙	衮	亠	マ	卩	𧘇
墟	土	广	七	一	恐	工	几	丶	心	寐	宀	乙	丨	小
舰	丿	舟	冂	儿	冠	冖	二	儿	寸	美	丷	王	大	
降	阝	夂	匚	丨	款	士	二	小	人	嵋	山	尸	目	
疆	弓	土	一	一	廊	广	丶	彐	阝	猛	犭	丿	子	皿
遗	口	丨	一	辶	籁	竹	一	口	贝	蜜	宀	心	丿	虫
践	口	止	戋		棱	木	土	八	夂	蔑	艹	四	厂	丿
蕉	艹	亻	圭	灬	锒	钅	丶	彐	𧘇	默	四	土	灬	犬
犟	弓	口	虫	丨	黎	禾	勹	丿	水	匿	匚	艹	厂	口
解	⺈	用	刀	丨	漓	氵	文	凵	厶	溺	氵	弓	冫	冫
截	十	戈	亻	弋	例	亻	一	夕	刂	腻	月	弋	二	贝
睫	目	一	彐	止	励	厂	厂	乙	力	碾	石	尸	龷	𧘇
谨	讠	廿	口	丰	炼	火	七	乙	八	蔫	艹	一	止	灬
舅	臼	田	力		瘤	疒	𠂆	丶	田	扭	扌	九	力	
龃	止	人	凵	一	笼	竹	ナ	匕		攀	木	乂	乂	手
聚	耳	又	丿	水	鹿	广	コ	‖	匕	抛	扌	九	力	
厥	厂	䒑	凵	人	馒	⺈	乙	日	又	碰	石	䒑	业	一
勘	艹	三	八	力	戒	戈	艹			惯	忄	毌	十	贝
康	广	彐	水		傻	亻	丿	口	夂	暖	日	爫	二	夂
魂	二	厶	白	厶	年	𠂉	丨	十		以	乙	丶	人	
捕	扌	一	月	丶	承	了	三	八		买	乙	冫	大	
特	丿	扌	土	寸	剩	禾	丬	匕	刂	凸	丨	一	冂	一
夜	亠	亻	夂	丶	拜	手	三	十		像	亻	⺈	罒	豕
舞	𠂉	卌	一	丨	身	丿	冂	三	丿	片	丿	丨	一	乙
貌	爫	豸	白	儿	报	扌	卩	又		满	氵	艹	一	人

续表

汉字	拆	分			汉字	拆	分			汉字	拆	分		
廉	广	䒑	彐	小	遇	日	冂	丨	辶	矛	マ	卩	丿	
姬	女	匚	丨	丨	饮	𠂉	乙	𠂉	人	柔	マ	卩	丿	木
既	彐	厶	匚	儿	派	氵	厂	𧘇		成	厂	乙	乙	丿
函	了	八	凵		旅	方	𠂉	𧘇		乘	禾	丬	匕	
序	广	マ	阝		推	扌	亻	主		鬼	白	儿	厶	
行	彳	二	丨		追	亻	コ	コ	辶	翠	羽	亠	人	十
末	一	木			曳	日	匕			所	厂	コ	斤	
行	彳	二	丨		彤	冂	亠	彡		励	厂	厂	乙	力
末	一	木			助	月	一	力		呀	口	匚	丨	丿
面	厂	冂	‖	三	曲	冂	龷			牛	𠂉	丨		
凹	几	冂	一		范	艹	氵	巳		犹	犭	丿	尢	乙
离	文	凵	冂	厶	练	纟	七	乙	八	曾	丷	罒	日	
黄	龷	由	八		未	二	小			核	木	亠	乙	人
豫	マ	阝	𠂉	豕	途	人	禾	辶		甚	廾	三	八	乙
遵	丷	西	一	辶	猖	犭	丿	日	日	睿	卜	冖	一	目
揍	扌	三	人	大	铲	钅	立	丿		烧	火	七	丿	儿
紫	止	匕	幺	小	窗	宀	八	丿	夕	倏	亻	丨	夂	犬
啄	口	豖	丶		凳	癶	一	口	几	菽	艹	上	小	又
赘	龶	勹	攵	贝	贰	弋	二	贝		苏	艹	力	八	
赚	贝	䒑	彐	小	锅	钅	口	冂	人	踢	口	止	日	羽
衷	亠	口	丨	𧘇	秽	禾	山	夕		湍	氵	山	厂	‖
挚	扌	九	丶	手	嫉	女	疒	𠂉	大	望	亠	乙	月	王
灸	夕	火			棘	一	冂	小	小	偎	亻	田	一	𧘇
祗	礻	丶	𠃊	丶	笺	竹	戋			暇	日	コ	丨	又
蒸	艹	了	八	灬	拣	扌	七	耳		霞	一	弓	人	
整	一	口	小	止	魁	白	儿	厶	十	携	扌	亻	主	乃

续表

汉字	拆	分			汉字	拆	分			汉字	拆	分		
丞	了	八	一		嘹	口	大	丷	小	雅	匚	丨	丿	主
箴	竹	厂	一	丿	聋	𠂇	七	耳		夷	一	弓	人	
疹	疒	人	彡		蛮	亠	小	虫		盈	乃	又	皿	
匾	匚	、	尸	廾	瞒	目	廾	一	人	饫	⺈	乙	丿	大
辩	辛	讠	辛		母	𠂎	一	冫		粤	丿	口	米	乙
策	竹	一	冂	小	逆	䒑	凵	丿	辶	族	方	𠂉	𠂉	大
装	丬	士	亠	𧘇	戕	乙	丨	厂	戈	展	尸	龷	𧘇	
瘪	疒	丿	目	匕	绒	纟	戈	厂		毡	丿	二	乙	口
戕	乙	丨	厂	戈	蜿	虫	宀	夕	已	遭	一	冂	龷	辶
墙	土	十	䒑	口	溪	氵	爫	幺	大	肇	、	尸	攵	丨
穷	宀	八	工	乙	戌	厂	一	乙	丿	蒸	艹	了	八	灬
禽	人	文	凵	厶	薛	艹	亻	コ	辛	鸩	冖	儿	勹	一
倾	亻	匕	厂	贝	熏	丿	一	罒	灬	震	雨	厂	二	𧘇
拳	䒑	大	手		筵	竹	丿	止	廴	祇	礻	、	𠄌	、
缺	𠂉	山	コ	人	鼹	臼	乙	冫	女	踯	口	止	䒑	阝
券	䒑	大	刀		鼠	臼	乙	冫	乙	州	、	丿	、	丨
辱	厂	二	𧘇	寸	谚		立	丿	彡	翻	丿	米	田	羽
鄯	丷	丰	䒑	阝	遗	口	丨	一	辶	疗	疒	了		
盛	厂	乙	乙	皿	疑	匕	𠂉	大	止	镞	钅	方	𠂉	大
释	丿	米	又	丨	鹰	广	亻	亻	一	惯	忄	𠂎	十	贝
艘	丿	舟	臼	又	蝇	虫	口	日	乙	聊	耳	𠄌	丿	卩
随	阝	厂	月	辶	狱	犭	丿	讠	犬	龈	止	人	凵	𧘇
糖	米	广	彐	口	御	彳	𠂉	止	卩	觐	廿	口	丰	儿
韬	二	乙	丨	臼	遇	日	冂	丨	辶	蚝	虫	丿	二	乙
陶	阝	勹	𠂉	山	豫	龴	卩	⺈	豕	孽	艹	亻	コ	子
滕	月	䒑	大	水	媛	女	爫	二	夂	蛳	虫	刂	一	丨

续表

汉字	拆 分				汉字	拆 分				汉字	拆 分			
嚏	口	十	冖	止	熨	尸	二	小	火	瘙	疒	又	丶	虫
跳	口	止	⺀	儿	哉	十	戈	口		隧	阝	丷	豕	辶

体验与探索

1．自己准备纸笔，按照拆分示例工整地抄写分解的字根，并默念其在键盘中的位置。

2．把已能熟练拆解的字标上记号，跳过它们，把注意力逐渐集中到陌生的部分；练习时用纸盖住答案不要看。

3．待全部熟悉后，脱离纸笔，用眼睛逐字快速地扫描，默念拆出的字根；熟练掌握示例后，接着做本书附录“汉字录入补充实训材料”中的常用字、次常用字（共 3 500 字）的拆分练习。要求把陌生字抄写下来，集中力量练习，逐渐缩小其范围。

测试要求

测试时从打字软件系统提供的文章中任选一篇进行考核。要求在训练时反复练习。

键名字根、成字字根汉字训练指导

6.1 键名字根

能力目标

录入速度标准：30 字/分钟。

训练指导

键名字根是指在键盘 25 个键位上的第一个字根，它本身是一个汉字。键名字根的输入方法是把每个键连打 4 下。键名字根有：

金　人　月　白　禾（3 区）言　立　水　火　之（4 区）

工　木　大　土　王（1 区）目　日　口　田　山（2 区）

纟　又　女　子　已（5 区）

体验与探索

键名字根录入练习

王　土　大　木　工　目　日　口　田　山　禾　白

月　人　金　言　立　水　火　之　已　子　女　又　纟

进阶提高

进阶录入速度标准如下。

中级：40 字/分钟

高级：60 字/分钟

测试要求

1. 抄写并熟记键名字根，能迅速辨识它们。
2. 按 1 区到 5 区的顺序反复输入键名字。
3. 用“打字高手”或“金山打字通”等软件练习键名字输入，过关标准为 60 字/分钟。

6.2　成字字根

能力目标

录入速度标准：20 字/分钟。

训练指导

除键名字根以外单根字的字根被称为“成字字根”。五笔字型输入法中输入成字字根时，首先键入该字根所在的键位（俗称报户口），然后按单笔笔画拆分依次键入该字的第一、二及最末一个笔画。如果该字根不足三笔画（不足四键），则以一个空格键结束。

成字字根输入公式：报户口＋首笔＋次笔＋末笔（不足四码，加打空格键）。例如，

石：DGTG。

体验与探索

1. 尝试选取部分成字字根进行拆分编码练习：

五 士 二 干 十 寸 雨 犬 三 古 石 厂 丁 西 戈 弋
廿 七 卜 上 止 虫 川 甲 四 皿 车 力 由 贝 几 竹
手 斤 乃 用 豕 八 儿 夕 文 方 广 辛 六 门 小 米
巳 己 心 羽 耳 了 也 刀 九 巴 马 弓

2. 用“打字高手”或“金山打字通”等软件练习成字字根输入，过关标准为 20 字/分钟。

进阶提高

进阶录入速度标准如下。

中级：30 字/分钟

高级：50 字/分钟

1. 抄写并熟记成字字根，并能迅速辨识出它们。

一 五 戋 士 二 干 十 寸 雨 犬 三 古 石 厂 丁 西 戈 弋 廿
七 卜 上 止 早 虫 川 甲 囗 四 皿 力 由 贝 几 竹 手 斤 乃
用 八 儿 夕 文 方 广 辛 六 门 小 米 巳 已 己 心 羽 乙 耳
了 也 刀 九 臼 巴 马 弓 匕 车

2. 用“打字高手”或“金山打字通”等软件练习成字字根输入。

一级简码训练指导

能力目标

录入速度标准：50 字/分钟。

知识要点

国标一、二级汉字共计 6 763 个，其中最常用的约有 2 000 个。为提高汉字录入速度，五笔字型采用简化取码的方式，将大量的常用汉字输入码进行了简化。经过简化后，可只取这些汉字全码的前一个、前两个或前三个字根码为汉字输入码，称为简码。利用简码输入汉字可使击键次数大大减少，从而大幅度提高汉字录入速度。

定义了简码的汉字称为“简码汉字”。简码汉字共分三级，即一级简码汉字、二级简码汉字和三级简码汉字。简码的级数越低，则汉字的使用频率越高。

五笔字型把使用频率最高的前 25 个汉字称作一级简码汉字，其编码长度是 1（不包括空格键）。能否熟练输入一级简码汉字，是决定打字速度的重要因素之一。

训练指导

一级简码（又叫独用字）指只需要输入一个字根和一个空格就可以输入的汉字编码。五笔字型输入方法中按键盘 25 个字母键位上使用的字根形态特征，安排了 25 个一级简码，它们是最为常用的高频字，对应的键位如下。

一区：G（一）　F（地）　D（在）　S（要）　A（工）
二区：H（上）　J（是）　K（中）　L（国）　M（同）
三区：T（和）　R（的）　E（有）　W（人）　Q（我）

四区：Y（主）　U（产）　I（不）　O（为）　P（这）
五区：N（民）　B（了）　V（发）　C（以）　X（经）
输入方法：
例如：一 ——G（加空格键）

体验与探索

1．熟记 25 个一级简码的编码。

一：G	地：F	在：D	要：S	工：A
上：H	是：J	中：K	国：L	同：M
和：T	的：R	有：E	人：W	我：Q
主：Y	产：U	不：I	为：O	这：P
民：N	了：B	发：V	以：C	经：X

2．对照以上一级简码的编码，用“打字高手”或“金山打字通”等软件练习一级简码输入，过关标准为 50 字/分钟。

进阶提高

进阶录入速度标准如下。
中级：80 字/分钟
高级：120 字/分钟

1．抄写并熟记一级简码，能迅速辨识出它们。

2．用“打字高手”或“金山打字通”等软件练习一级简码输入，力求达到中级和高级水平。

二级简码训练指导

能力目标

录入速度标准：40 字/分钟。

训练指导

二级简码汉字的编码只取其全码中的第一、二个字根码。五笔字型定义有 589 个二级简码汉字，这类汉字在常用应用文中的出现频率达 60%，因此应重点练习。

体验与探索

1．鉴于二级简码的重要性，要求强记。为方便记忆，下面提供了使用频率最高、使用频率较高和使用频率一般的二级简码汉字组成的句子，同学们应对这些二级简码字进行编码练习。

（1）使用频率最高的二级简码字组成的句子

半天时间提高打字水平，平时学生诉说及格困难；
困难此际变成昨晚旧事，事后检查伯乐注册认可。
二天表明你们水平过关，关联成就如实报答社会；
社会当然高度肯定成果，果然夺取当代能手名义。
三天历史保护良好纪录，录入汉字最多天下闻名；
闻名实归采用记忆方法，方法实际并且空前第后。

四天学习开车太过紧张，紧张过度难分南北方向；
方向分明换取出入安全，全部顾客相信无比安心。
五天立志学会机械原理，原理可行从此提高进步；
进步明显处长表示关心，心思采取客观能量分析。
六天力争达到行业前列，列入车间加强学杂多好；
好多学员听闻个个乐观，乐观就会呈现四面风光。
七天办公就嫌分钱太少，少芳计较得失年轻无知；
无知必然生成太过直率，直率吸引各科全面协商。
吧个部长给与高度关怀，关怀秀切计划另外管理；
管理失灵累及事业前景，前景屡负岂止断毁职称。
九年之后才给业务职称，职称居然也给陈李张杨；
张杨约定明天双方协商，协商比较充分各方消寂。

（2）使用频率较高的二级简码字组成的句子

儿子由于作业增加较多，多科细节仍然没法吸收；
吸收科学条理扩充极限，极限只能服从现代原则。
夫妻寻找画家出台引导，导支收入必然大大下降；
下降只好交换衣服财物，财物共计几多明显难计；
奶奶虽然几呼近百左右，左右敢占城内东区第二；
姨妈邓员列出提纲公式，公式针对儿子作业丰收。

（3）使用频率一般的二级简码字组成的句子

可爱夫妻介入可耻秘闻，反面怀恨害怕秋季离婚。
由于增加军队守卫长江，克服水灾委员朋友高兴。
阿姨炒菜普及米粉餐具，面料平凡宁可拓开抽风。
百氏分类陈李朱罗孙叶，归档妥当长久继承式样。
刘帮早晨攻打本村车站，亲朋离开估计宾客安全。
他们决定参加听力习训，结果互相审查基本成功。
春节天色暗淡到处霜雪，邮电二所开放阳光电灯。
林业长官遇到权力变化，胡子对立眼睛呼吸药物。
历届本来包办订立作业，各个年级画笔长宽匀称。
马车拉到大厅艰难曲折，扣押并罚男友脸色变灰。

（4）使用频率较低的二级简码字

① 只有2个字根

它红贞冰亿灿昌龙允刀辽末央吉妇闪卢吕朵么
伙钉欠冯汪洒尖迷宙尼阴旬炎戏线扫肥驻寺坟
赤枯盯虹呆轩斩胃轨迪扔轴肝肛肌甩仙佃甸炙

凶闰浊泊肖沁灶烛籽娄骨耿凤妨旭巡旨弛纺玫
匠芝芭纪

② 3个字根以上

燕顺曾批昆炽秒叫综洋牙绿磁搂睡曙啊赠偿帝
溧涨炮军慢贩愉懈孤怪弱浊粘烽粗宵烃宛渐忱
隐陛眯舅阵姆矣驼顷绵纱屯垢圾砂楞棕楷苛睦
卤眩瞳崭瞎蝇蝗蛤晃晕呀肿嘛吵喧哟胆遥胸胶
膛脂锭瓣牟

2. 用“打字高手”或“金山打字通”等软件练习二级简码输入，过关标准为30字/分钟。

进阶提高

进阶录入速度标准如下。

中级：50字/分钟

高级：70字/分钟

1. 抄写并默记上述二级简码组成的句子，注意做到记忆第一，训练第二。

2. 用“打字高手”或“金山打字通”等软件练习二级简码输入，力求达到中级和高级标准。

识别码学习及训练指导

9.1 认识识别码

知识目标

理解在五笔字型编码中为什么需要“识别码”。

知识要点

1. 为什么需要“识别码”

我们通过下面的比喻来理解为什么在五笔字型编码中需要“识别码”。在 7 000 个汉字中大约有 700 个字是由两个字根组成的，一般输入两个字根就能组成一个字，如“红、计、要、他”等，但五笔字型是用 25 个键输入汉字的（Z 键不算在内），最多只可以组成 25×25=625 个编码（这是数学中的排列组合问题）。说得简单点，就像我们只有 625 张床，要睡 700 个人！这就难免出现张三、李四、王五同挤一张床的情形。班主任晚上查房的时候，他怎么知道床上躺的是谁？所以，必须设计多加一个输入码，把出现重码字的情况区分开，这个输入码就是识别码。

2. 通过例子进一步了解增加“识别码”的必要性

（1）丢失字型信息会引起重码

叭：口　八（1 型字）

只：口　八（2 型字）

吧：口　巴（1 型字）

邑：口　巴（2 型字）

旮：九　日（2 型字）

旭：九　日（3 型字）

（2）因字根处在同一键位上引起重码

沐：氵　木（I　S）末笔为丶

汀：氵　丁（I　S）末笔为丨

洒：氵　西（I　S）末笔为一

他：人　也（W　B）（1 型字）

仓：人　㔾（W　B）（2 型字）

仔：亻　子（W　B）（1 型字）

“五笔字型”中设计的“末笔字型识别码”，是一个既含有“末笔”信息，又含有“字型”信息的一个综合功能码。在以上例子中只要在字根之后加上“识别码”，就不会有重码了。

9.2　怎样使用“识别码”

知识目标

学会使用识别码。

知识要点

1. 笔画码

五笔字型输入法中将汉字的书写笔画分为横、竖、撇、捺、折五类，为了记忆方便和实际应用，依次用 1、2、3、4、5 作为代号，如表 9-1 所示。

表 9-1　汉字的书写笔画

代　号	笔画名称	笔画走向	笔画及变形
1	横	自左向左	一 ㇀
2	竖	自上向下	丨 亅
3	撇	右上到左下	丿 ㇒
4	捺	左上到右下	丶 ㇏
5	折	有转折	乙 ㇖ ㇗ ㇉ ㇌

2. 汉字字型

汉字按组成结构分为三种字型，即左右型、上下型、杂合型，其代号为 1、2、3，如表 9-2 所示。

表 9-2 汉字字型

字型代号	字　型	图　型	字　例
1	左右		对树结邵
2	上下		吉莫华花
3	杂合		团凶同远司才乘半

3. 识别码

根据汉字的末笔笔画和字型，可以定义出识别码。

识别码组成：末笔代码+字型代码，如表 9-3 所示。

表 9-3 汉字识别码

笔　画	代　码	左右型（1）	上下型（2）	杂合型（3）
横	1	11 G	12 F	13 D
竖	2	21 H	22 J	23 K
撇	3	31 T	32 R	33 E
捺	4	41 Y	42 U	43 I
折	5	51 N	52 B	53 V

例如：

例字	字型	字型代码	末笔	末笔代码	区位码	识别码
叭	左右	KW1	叭	KW4	KW41	KWY
只	上下	KW2	只	KW4	KW42	KWU
洒	左右	IS1	洒	IS1	IS11	ISG
汀	左右	IS1	汀	IS2	IS21	ISH
沐	左右	IS1	沐	IS4	IS41	ISY

末笔字型叉识别码=末笔代码+字型代码

知识链接

1. 字型与末笔的特殊约定

(1) 为了有足够强的区分能力，对“这”、“建”、“同”、“匝”等半包围字和全包围字，它们的“末笔”规定为被包围部分的末笔。字型属杂合型（但“见”字为上下型），如边、连、圆。

(2) 对“九、刀、七、力、匕”等字根，当它们参加“识别”时一律用“折笔”作为末笔，如仇、券。

(3) “我”、“贱”、“成”等字的“末笔”，遵循“从上到下”的原则，末笔应该是“丿”。

(4) 带单独点的字，如“义”，“太”，“勺”、“主”、“义”、“头”、“斗”等，把点当作末笔，并且认为“丶”与附近的字根是“连”的关系，所以为杂合型，识别码为 43，也就是I。

(5) 单笔画与字根相连，如“自”、“产”、“入”、“主”、“且”、“千”、“不”、“尺”等，它们是杂合型，这样，在末笔识别中，它们的字型代号都是 3，而“矢”、“卡”、“严”等字是上下型，因为它们不是单笔画与字根相连的。另外，单笔画与字根间有明显间距的不认为是相连，如“个”、“少”、“鱼”、“孔”、“旧”、“幻”、“旦”等字。例如：

杂合型：司、床、厅、龙、尼、式、后、反、处、办、皮、习、死、压。

上下型：右、左、有、看、布、包、友、冬、灰。

2. 并不是所有的汉字都需要识别码，能拆出 4 个字根或更多字根的汉字，字根已经足够，因此也就没有“识别码了”。另外有了那么多的一级简码字、二级简码字和三级简码字及二字词组，这会让我们使用识别码的机会不多，即便如此，同学们还是要花一些力气来攻克识别码。

3. 识别码只对“字根以外的字”才可以追加。成字字根的编码，即使不足 4 码，也一律不加识别码。例如：

厂：　厂　一　丿（不足 4 码，加空格键）

九：　九　丿　乙（不足 4 码，加空格键）

9.3　识别码训练指导

能力目标

能迅速、准确地判断出识别码。

训练指导

1．训练要求

（1）五笔字型中，需带识别码的字约有 400 多个，但很多是不常用的，大家要重点熟悉特别常用的识别码字。

（2）做以下的分类练习时，要求只写出代号，并联想到手指动作，不写出键位编码。

2．训练难点

一开始会觉得判断一个字的识别码很困难，但只要抓住末笔和字型这两点，就能准确判断。

体验与探索

1．特别常用的加“识别码”的字（需背下来）

G 键：谁推伍码吗住值住
F 键：奇童奋告企看青苗
D 键：正回固里问句自应
H 键：诵辞判刑钟利什汗
J 键：午市齐单草予章羊
K 键：连击申升斗牛赶井
T 键：浅场
R 键：声
E 键：乡勿户
Y 键：仅改讨状叹待付封
U 键：走足冬京去买卡票
I 键：农头未飞斥床尺勾
N 键：她访孔仇把礼汇忙
B 键：气见元兄竞卷今仓
V 键：亏万

2．分项练习

（1）识别码在 G 键（1 区、左右型）

柏铂倡扯程骷杜肚饵洱杠咕沽挂佳涧秸炯酒钧扛框垃烂擂泪粒玛码蚂吗牡
拈捏涅拍粕栖泣蛆仁汝润晒仕谁坍贴吐推洼枉旺唯位佐伍悟硒惜湘翔唁铀
油渔钥砧植值址诌住壮椎谆仔阻仨倩讧诩谄埴唔岫岣租愠泗湖湟妯娌驷维
骓难珀珥瑁柘枯柚栩略糊煳熠征钿饵锏蝗晴

（2）识别码在F键（1区、上下型）

备尘旦笛翟奋告萄苟茗蛊圭昏霍着眷看苦奎兰雷蕾各吝冒孟苗亩奇企青首尊酋誉雀茸尚圣誓音童妾吾昔香享杏岩岔舀妥翌盏孕鱼坠丕置召鑫芷苜莹茗茜莒茄茴荃莅夆銮妾杳旮咎肓胄骨沓笃笙笠

（3）识别码在D键（1区、混合型）

丑闯丹刁甘固肩巨句君匡厘里眉庙疟丘冉壬扇舌延问屑血阎酉应正庄自叵訇囡圄囿闩闰闫间逶闺

（4）识别码在H键（2区、左右型）

拜拌抖剥辟悼叮拂杆秆汗汁剂钾奸诫刊坤利卯判刨汕什诵汀锌忻刑汹驯仰耶拥佣蛹钊钟仲刚讪圳圻垴叩浏济即昕蚪晰蜥

（5）识别码在J键（2区、上下型）

岸卑草岔单竽午辜旱亨卉荤弄齐芹市羊异予宰章卓氚覃

（6）识别码在K键（2区、混合型）

厕弗戒巾井库连疗疖牛千申升痈瘴卅

（7）识别码在T键（3区、左右型）

场妒伐贱饯溅矿旷浅杉贼栈彤饿

（8）识别码在R键（3区、上下型）

笺芦声彦

（9）识别码在E键（3区、混合型）

户庐戎毋勿乡曳尹爿

（10）识别码在Y键（4区、左右型）

敖扒叭坝败钡触待锹狄钓故吠伏付讣改弘伎仅惊抉诀凉晾漏旅掠枚谜奴呕哎扑仆怯朴琼私酥叹讨徒蚊纹沃虾秧取债仗肘状啄孜卦叙仫谀孤咔咚咪哧忖沐汶婊纫纨玟权飒砝稞

（11）识别码在U键（4区、上下型）

哀艾泵下茶悉愁臭等冬尔父恭汞忌贯茧京卡恳哭粟罗买麦美莫聂票柰泉忍杀矢宋栗岁套忘斋芯玄穴页余责走足爻汆祭佘袤芮茭荪蒽呙岌岚岗豢尕昙杲炅殳焱忑忐恚淼虿芨箦糸雯亦

（12）识别码在I键（4区、混合型）

叉尺斥床卤囱歹乏飞勾隶闷灭闽尿农囚刃勺屎丸未闲圆丈舟逐爪夭闵痣

（13）识别码在N键（5区、左右型）

皑把彻弛仇论讹犯坊肪访仿幻汇抗孔礼祀忙扔巧她配朽锈绣屹幼扎札轧彷妃杷桃虬粑

（14）识别码在 B 键（5 区、上下型）

笆 仓 宠 竞 兑 夯 见 筋 今 竟 卷 亢 仑 乞 气 羌 冗 秃 芜 芫 兄 艺 邑 元 皂 兮 旯 晃 晁 雳

（15）识别码在 V 键（5 区、混合型）

疤 虏 匹 万 亡 尤 兆 兀 乜

进阶提高

1．提高练习（下列汉字必须加识别码才能输入）。

杜肚扯吗蚂码玛粒垃扛枉吐仁晒泣栖拍壮址油位旺泪妆伍钥仔备企召雷苗亩吝奋蛊孟盏
昔香尘圭圣冒旦鱼享孕兰苦妥岩皇笛青看丑冉庄回句问刁丘固舌眉自甘闯血巨匡应庙
正丹杆汗奸什汁佣刊利驯锌耶弄异草旱辜宰午羊予疗击千牛申丫斗贱浅矿伐笺毋勿败
改故枚孜朴奴付讨肘伏状扒叭坝钡弘私蚊纹矽汐驮贾页责栗杀宋泵汞泉去云尔京忌芯
艾走足矢冬余粟套岁亦麦叉斥丸尿勾闷农乏舟幻孔扎轧坊

2．用“打字高手”或“金山打字通”等软件练习有识别码的汉字输入，要求能熟练定义出识别码。

第 10 章

三级简码训练指导

知识目标

学会输入三级简码汉字的方法。

能力目标

能较熟练地录入三级简码汉字，速度达到 20 字/分钟。

知识要点

三级简码汉字的编码只取全码的第一、二、三个码，再敲击空格键。这类汉字在输入时虽然仍需要敲击 4 个键，但不用对末字根或末笔字型交叉识别码进行判别，因此能够大大提高输入速度。

知识链接

国标一、二级字库规定有 3 755 个一级汉字，其使用频率最高。在这 3 755 个一级汉字中，三级简码字占 2 211 个，而且另有 617 个汉字的全码本身只有三码（绝大部分 3 个字根的汉字都是三级简码），因此剩余的需要四码方能输入的一级汉字其实只有 800 个左右。而这 800 个汉字的使用频率相对较低，若能记住其中自己常用的四码字，其余多数汉字按三级简码输入，即可迅速提高汉字录入速度。

训练指导

1．训练难点

每个字要拆出前三个字根，而有部分字比较难拆，因此会觉得有些字较难打。

2．训练要求

（1）由于二级简码数量不多，故要求记忆第一，练习第二。而三级简码较多，所以学习掌握三级简码时要训练第一，适当记忆。

（2）下面列出了特别常用、比较常用、一般常用、不很常用的三级简码字，可供重点练习。

体验与探索

1．特别常用的三级简码字

英语起初总需更新母语　　老师讲课情书写其讲义
考试差错但还准许再填　　技校即将根据惯例点球
群众劳动非属体育运动　　环境越差更需接受考验
讲述政策规范政治容易　　某些性质真想简略调解
任何情况均求减低清货

着合话却很至次华否者　　专叁做没数象若局永首
通助种件黄尽清洁按倍　　材精坚星许花完形胜周
洪荣苏任号房省县纸宝　　温消府究绩组宜芬购效
益除忠贤彬奔森勇菊徐　　意阶妹娟娴郑波移栏括

2．比较常用的三级简码字

每既便谢党般短夜神丽　　底梅深路随室薄惠落祝
院演瑞刺玲斌艳蔡欧姗　　婵锋彰稳插梯概荐藐蔼
屏骆矛芒范营虚频盟味　　践踢跌横纯缓缩丝棉杭
爷爸集亮讯启遍康踪跟　　轮息符副束带殊堵裁趣

3．一般常用的三级简码字

雾塘举索牵醒醉寿禁梦　　鸭逻赙幅帽婴网赔赚迁
毛逢延乎稍捕捷振揭拖　　授护抢摘抄挥控握拟招
执择盈傅舍佰错修俱伸　　促伤叙谷像停食傍铺铝
锻贸镜乌谨旗族座询谅　　痕弃瓶疾辩治沙尝窗神

4．不很常用的三级简码字

密迅层迟惯隔险附聚退　　娘逮鸡预母续缴毕纲富
玫博替配桥贰茶跳豆柬　　赴坡坑夸厚奏碰迈醋酸
枝棒棋荧野蜡蜂竖吓哑　　喷畔圈贿聘陪帆峰征敌
箱彼捧掉损摆托援扮欣　　抱挤拦撞挑档氛搜瓜脏
段佩侧仪焦伴伞健鲜独　　狗狼狠锐锁馆谋谎谓诈
诱冲郊净辩阔装潭涉湿　　混陆沿劣洽流浪沉沈滩

5．其他

女王白月又禾山田言火八斤竹丁乃甘十厂门羽耳古巴匕弓卜皿

第 11 章

四级全码训练指导

能力目标

学会四级全码字的输入。

训练指导

1．熟悉一、二、三级简码字之后，再涉及四级全码学习。

2．一般来说，一篇文章中四级全码字所占的比例很小，可花费较少的时间来学习。

体验与探索

1．特别常用四级全码字（连续整版输入，不按空格键）

使 被 制 您 都 该 道 篇 资 甚 照 零 建 该 孩 常 觉 签 歌 教 救
期 题 影 勤 两 型 整 献 靠 造 选 播 领 词 键 港 命 穿 冠 势 热
镇 够 含 娱 额 念 啥 留 速 街 鉴 拿 感 萍 辉 贵 霞 耀 嘉 览 致
敏

2．比较常用四级全码字（连续整版输入，不按空格键）

遭 裂 烈 致 域 趋 违 卖 励 慧 辈 耐 核 斯 欺 恐 警 荒 龄 督
畅 监 览 喻 围 岭 穗 甜 筹 衡 棠 敏 挺 抓 探 擦 挖 乌 岛 衷
貌 愈 舒 俺 偷 廉 废 冷 赏 糖 赛 察 恰 聪 堤 律 趁 翠 缝 游
赞 仪 堂 邻 摸 式 宿

进阶提高

1．一般常用四级全码字（连续整版输入，不按空格键）

顿 墟 鼓 酬 飘 墓 幕 慕 遗 嫦 吟 咳 署 辖 默 赌 筒 射 躲 躺 剩 繁 搏 爬 携 脚 盒 袋 欲 偏 追 勉 逛 敞 燃 骗 暮 稽 莹 邀 脉 铃 寨 戴 彭 悲 咨 跃

2．不很常用的四级全码字（连续整版输入，不按空格键）

逼 韩 露 煮 霭 啬 厨 辱 砖 蜚 绳 麓 骄 藉 藏 匿 雅 邪 鸦 婿 募 惑 蔑 蓬 蓓 薛 获 莞 尉 瞒 懒 彪 墅 愚 禺 曷 嗽 嗦 呜 徘 窄 躯 循 翻 掩 捌 罐 魄 挽 搀 寝 蜜 搅 撰 垫 挚 悬 逾 傲 侄 悠 傻 斜 兔 铜 锤 猜 猪 猿 猫 猩 狮 猖 摩 魔 衰 谴 颤 敲 诞 鹰 赢 谬 郎 颜 盗 姿 递 慈 孳 漱 鸿 渠 淑 婆 洞 浩 泳 裳 泼 津 割 窍 窃 窝 崖 熊 噍 埔 饷 噢 砸

二字词组学习及训练指导

12.1 认识二字词组

知识目标

认识二字词组的输入方法及重要性。

知识要点

二字词组指五笔字库存在的且由两个汉字组成的词组（大家要注意，并不是随意两个汉字拼成的“二字词”都能成为二字词组的）。二字词组很多，我们无法（也不可能）全部记住。

一般来说，日常生活中经常使用的“二字词”，绝大部分都是五笔字库中存在的二字词组。

对于二字词组，输入每个汉字的首、次字根即可。

例如：“刻苦、磨练、必定、成功”这 8 字的输入如下所示。

字 例	刻 苦	磨 练	必 定	成 功
取字根	亠乙廾古	广木纟七	心丿宀一	厂乙工力

由此可以看出，输入 8 个汉字，仅需敲 16 个码键。现来分析一下：

① 每个汉字仅敲两个键，比输入二级简码字还要快（有二级简码的汉字，还需敲作为编码结束的空格键，而二字词组无须敲空格键）。

② 每个汉字的首、次码是最容易取的。所以，二字词组输入又快又方便。

温馨提示

在输入汉字时，使用最多的是二字词组，其次就是有二级简码的汉字。据统计，在普通文章中，各类汉字在文稿中所占的百分比大致如下：

二字词组	二级简码字	一级简码字	三级简码字	四级全码字	需加识别码的字	多字词与重码时的选号字
70%	12%	9%	4%	2%	2%	1%

可见熟练地掌握“二字词组”的输入方法是提高录入速度的关键。

12.2 怎样记忆二字词组

知识目标

掌握记忆二字词组的方法。

知识要点

1. 反向记忆

（1）估计。一般来说，日常经常碰到的一些“二字词”，如“一般”、“来说”、“日常”、“经常”、“碰到”等，其中“一般”、“日常”、“经常”这三对“二字词”相对来说较常遇见，故都已编成二字词组；而其中“来说”、“碰到”这两对“二字词”相对来说不太常遇见，故未编制成二字词组。

（2）多练习。不要怕碰壁，未构成二字词组的“二字词”，若按二字词组来输入，是打不出来的。打不出，的确会浪费时间，但是不要因此而不去练习二字词组的输入，不练就会使你失去“最能提高打字速度”的手段。碰壁，在脑子里才会留下印象；碰壁越多，在脑子里留下的印象就会越深，同时，不妨把所遇见的未构成二字词组的“二字词”记在纸上，放在身边常看看，多积累，这就叫“反向记忆”。

2. 正向记忆

二字词组很多，占了 2 万多条词组中的绝大部分，一般是不可能将它们全都背下来的。若想有目的地记一些二字词组，可以把本教材提供的常用二字词组抄一抄，有空多看看，并且上机专门练习，以加深记忆。

温馨提示

1. 靠"估计"去打二字词，一开始错的大约占 20%，对的占 80%，以后要逐渐纠正。

2. 在一定程度上说，反向记忆比正向记二字词组的效率高，熟记以后才能在今后的打字中"有记忆"地绕过这些"障碍"。这有点像"盲人学走路"，不去学就永远怕，不怕碰壁定能学成。同时，就记忆来说，应以记"障碍"为主，"平路"一般不需记。路走熟了，被"障碍"所绊的概率就小了，绊得少自然就走得快。

12.3　特殊情况的处理

知识目标

了解二字词组输入的特例。

知识要点

要注意二字词组中的"非一般汉字"，它有如下两种情况：一种是本身是字根的汉字，另一种是有一级简码的汉字。

1．本身是字根的汉字

本身是字根的汉字有三种，它们是键名字根、成字字根、单笔汉字。

在二字词组输入时，它们与一般汉字不同，一般汉字是取第一、二字根，而它们只有一个字根。

（1）二字词组中有键名字根

将键名字根所在的键连敲两下。

例如：对于"白天"中的"白"，把字根"白"所在的键 R 连敲两下即可。

例如：对于"已经"中的"已"，把字根"已"所在的键 N 连敲两下即可。

例如：

工人：工工人人　　工、人是键名字根

大家：大大宀豕　　大是键名字根

（2）二字词组中有成字字根（汉字字根）

先将该汉字字根所在的码键敲一下，再敲一下汉字字根的第一个笔画所属的键。这与前面"成字字根"的输入中所讲的完全一致，就是"报户口+第一个笔画"。

例如：对于"用功"中的"用"，先将该汉字字根"用"所在的码键 E 敲一下，再敲一下该汉字字根的第一个笔画（丿）所属的码键 T。

再如：对于“汽车”中的“车”，先将该汉字字根“车”所在的码键 L 敲一下，再敲一下该汉字字根的第一个笔画（一）所属的码键 G。

（3）二字词组中有单笔汉字（单笔画字根）

将单笔画字根所在的码键连敲两下。

例如：“一定”中的“一”，把字根“一”所在的码键 G 连敲两下。

2. 有一级简码的汉字

二字词组中有一级简码汉字时，该汉字不能按一级简码来打，而要按一般汉字的编码方法来打。在进行词组（包括双字、多字词组）输入时，对于有一级简码的汉字，最多也只能用到它的首、次码，而除首、次码之外的“余码”是永远用不到的。

例如：“中间”的“中”是一级简码汉字，该词组的编码为：口丨门日。

知识链接

25 个有一级简码的汉字的首、次码如下：

有	人	和	我	在	中	国	主	要	的	同	一	产	地	上
de	ww	tk	tr	dh	kh	lg	yg	sv	rq	mg	gg	ut	fb	hh
这	不	是	为	了	民	工	以	经	发					
yp	gi	jg	yl	bn	na	aa	ny	xc	nt					

12.4　二字词组输入训练

能力目标

录入速度标准：40 字/分钟。

训练指导

训练难点：容易和二级简码字的输入搞混，输完一个字的前两码后习惯按空格键。

体验与探索

1．特别常用双字词组练习：

时间　提高　打字　水平　平时　学生　及格　困难　变成　检查　注册　认可
表明　你们　水平　关联　成就　如实　报答　社会　当然　高度　肯定　成果
果然　夺取　当代　能手　名义　历史　保护　良好　纪录　录入　汉字　最多
天下　闻名　记忆　方法　实际　并且　学习　紧张　过度　方向　出入　安全

全部　顾客　安心　学会　机械　原理　从此　提高　进步　明显　表示　关心
心思　采取　客观　能量　分析　力争　达到　加强　好多　乐观　呈现　四面
风光　办公　计较　得失　年轻　必然　生成　吸引　全面　协商　部长　给与
高度　计划　另外　管理　事业　前景　职称　之后　业务　约定　明天　协商
比较　充分　各方　由于　作业　较多　细节　仍然　吸收　科学　条理　扩充
极限　只能　服从　现代　原则　夫妻　寻找　引导　必然　下降　只好　交换
衣服　明显　虽然　左右　提纲　公式　针对　作业

2．比较常用双字词组练习（见附录 A）。

进阶提高

1．提高练习（下列汉字必须加识别码才能输入）。

杠 肚 扯 吗 蚂 码 玛 粒 垃 扛 枉 吐 仁 晒 泣 栖 拍 壮 址 油 位 旺 泪 妆 伍 钥 仔 备 企
召 雷 苗 亩 吝 奋 盅 盂 盏 昔 香 尘 圭 圣 冒 旦 鱼 享 孕 兰 苦 妥 岩 皇 笛 青 看 丑 冉
庄 回 句 问 刁 丘 固 舌 眉 自 甘 闯 血 巨 匡 应 庙 正 丹 杆 汗 奸 什 汁 佣 刊 利 驯 锌
耶 弄 异 草 旱 幸 宰 午 羊 予 疔 击 千 牛 申 丫 斗 贱 浅 矿 伐 笺 毋 勿 败 改 故 枚 孜
朴 奴 付 讨 肘 伏 状 扒 叭 坝 钡 弘 私 蚊 纹 矽 汐 驮 贯 页 责 栗 杀 宋 泵 汞 泉 去 云
尔 京 忌 芯 艾 走 足 矢 冬 余 粟 套 岁 亦 麦 叉 斥 丸 尿 勾 闷 农 乏 舟 幻 孔 扎 轧 坊

2．用“打字高手”或“金山打字通”等软件练习有识别码的汉字输入，要求能熟练定义出识别码。

多字词组练习指导

13.1 三字词组训练

知识目标

学会输入三字词组的方法。

在训练的过程中记住一些常用的三字词组。

能力目标

较熟练地输入常见的三字词组。

知识要点

对于三字词组，输入第一、二个汉字的首字根和第三个汉字的前两个字根，即可输入。“奥运会、电影院、动手术、记录本”这四个词的输入如下所示。

词　例	奥运会	电影院	动手术	记录本
取字根	丿二人二	日日阝宀	二手木丶	讠彐木一

训练指导

1．训练难点

容易把三字词的输入方法和前面学习的二字词输入方法搞混。

2．训练要求

三字词组的训练不用花太多的时间，因为在汉字文章里，三字词出现的机会不是太大。但对于在录入速度上有更高要求的同学，可以多加练习。

体验与探索

1．常用三字词组训练（312 个）

奥运会	百分比	百分之	办公楼	办公室	办公厅	本单位	必然性	必修课
辩护人	标准化	表达式	不必要	不得不	不能不	裁判员	操作员	差一点
成年人	出生地	出租车	储蓄所	吹牛皮	存储器	大部分	大多数	大伙儿
大面积	大体上	大团结	大学生	大中型	大专生	大自然	代表团	单方面
党代会	党中央	到时候	地下室	第一线	电冰箱	电磁场	电视剧	电影院
董事长	董事会	动脑筋	动手术	动物园	对不起	对得起	多样化	二进制
反过来	反作用	房租费	非金属	风景区	服务费	辅导员	负责制	附加税
改革者	干革命	高利率	高水平	高消费	高效益	各院校	根本上	工程师
工具书	工学院	工业化	工业区	工艺品	工作站	工作者	工作组	共产党
共和国	共青团	故事片	规律性	国际性	好办法	好样的	合格证	合同工
很容易	恨不得	划时代	还必须	还不能	会议厅	火车站	或者说	积极性
基本法	基本功	基本上	基础课	基督教	计划处	计算机	记录本	技术性
技术员	继承人	加油站	艰巨性	兼容性	检察官	奖学金	交换机	交易会
教练员	教学法	教学楼	教育局	教职工	教职员	接下来	结束语	介绍信
今年内	尽可能	近几年	进出口	经手人	救护车	具体化	开幕词	看不起
看样子	科学院	可靠性	可行性	空调机	劳动力	劳动者	老百姓	利润率
联合国	联系人	练习簿	练习题	临时工	零售价	流行性	摩托车	某些人
南宁市	年平均	年轻化	年轻人	年月日	农作物	派出所	判决书	平均奖
平均数	平均值	普通话	千百万	青春期	青少年	轻工业	轻音乐	清洁工
全过程	全民族	全世界	全中国	人民币	人生观	日记本	荣誉感	闪光灯
商品粮	上下班	上下文	少年宫	少先队	甚至于	生产力	生产率	生活费
十二月	什么样	时刻表	实际上	世界杯	世界观	世界上	事实上	适用于
收录机	手电筒	手术室	数学系	水平线	水蒸气	税务局	私有制	思想家

思想上　死亡率　算什么　所在地　太阳能　太阳系　体育场　天然气　同志们
图书馆　团支书　外国人　外交部　外语系　危险品　危险期　微积分　为什么
唯物论　卫生院　文件夹　我们的　无非是　五一节　现代化　现阶段　相对论
小轿车　小汽车　小学校　心脏病　新华社　新纪录　新技术　新时期　星期六
星期日　星期三　星期四　星期五　星期一　形象化　需求量　学生证　学习班
严重性　研究生　研究所　演唱会　要不得　一等奖　一回事　一会儿　一口气
一下子　医学院　医药费　艺术家　饮食店　应当说　应用于　营养品　营业员
尤其是　游乐园　游泳池　有利于　有效期　有助于　圆舞曲　源程序　运动场
责任感　责任心　增长率　招待会　照相机　这时候　正比例　正方形　证明人
之所以　中草药　中南海　中青年　中秋节　中文系　中小型　中小学　中学生
重要性　助学金　注意到　专门化　专业性　准确性　自动化　自治区　总成绩
总动员　总费用　总公司　总经理　总面积　总人口

2. 一般三字词组扩展训练（见附录 A）

13.2　四字词组训练

知识目标

学会输入四字词组的方法。

在训练的过程中记住一些常用的四字词组。

能力目标

较熟练地输入常见的四字词组。

知识要点

对于四字词组，顺序输入每一个汉字的首字根，即可输入。“巧夺天工、萍水相逢”这两个词的输入如下所示。

词　例	巧夺天工	萍水相逢
取字根	工大一工	艹水木夂

训练指导

1. 训练难点

容易把四字词的输入方法和前面学习的二、三字词输入方法搞混。

2. 训练要求

四字词组的训练不用花太多的时间，因为在汉字文章里，四字词出现的机会不是太多。但对于在录入速度上有更高要求的同学，可以多加练习。

体验与探索

卧薪尝胆	落花流水	蒸蒸日上	熙熙攘攘
勤勤恳恳	勤工俭学	戒骄戒躁	藏龙卧虎
敬而远之	巧夺天工	基础理论	工矿企业
其貌不扬	若无其事	劳动模范	劳动人民
劳动保护	莎士比亚	劳动纪律	花天酒地
惹是生非	萍水相逢	莫明其妙	苦口婆心
世界形势	世界经济	世界纪录	东山再起
功败垂成	劳民伤财	工农联盟	其实不然
切实可行	或多或少	黄金时代	世外桃源
节外生枝	甘拜下风	基本原则	基本路线
基本国策	基本建设	草木皆兵	鞭长莫及
鞠躬尽瘁	医疗卫生	茁壮成长	蓬头垢面
共产党员	巧立名目	工商银行	工资级别
共产主义	工人阶级	革命战争	欺人之谈
工作总结	工作人员	花言巧语	莫衷一是
英文键盘	东施效颦	节衣缩食	出其不意
孤芳自赏	孜孜不倦	孤陋寡闻	阳奉阴违
出奇制胜	阳春白雪	随声附和	除此之外
随波逐流	孤注一掷	随时随地	聪明才智
随心所欲	出类拔萃	职业道德	聚精会神
孤家寡人	了解情况	出尔反尔	随机应变
隆重开幕	出租汽车	联系业务	联系实际
取长补短	联系群众	耳闻目睹	承前启后
了如指掌	降低成本	出人头地	阿弥陀佛
出谋划策	陈词滥调	阴谋诡计	能工巧匠
艰苦奋斗	艰苦卓绝	艰难险阻	难能可贵
鸡犬不宁	骄奢淫逸	参考消息	能者多劳
参考资料	马到成功	勇于探索	马来西亚
马不停蹄	马列主义	能上能下	对内搞活

通情达理	通宵达旦	对外开放	对外贸易
欢欣鼓舞	骄兵必败	对牛弹琴	鸡毛蒜皮
勇往直前	对症下药	通货膨胀	通信地址
骇人听闻	通俗读物	通讯卫星	克勤克俭
百花齐放	奋勇当先	悲欢离合	郁郁葱葱
夸夸其谈	万寿无疆	石破天惊	兢兢业业
原原本本	大有可为	万古长青	大有作为
面貌一新	克服困难	大腹便便	有声有色
万无一失	大声疾呼	万事大吉	有理有据
奋不顾身	奇形怪状	原形毕露	故弄玄虚
有目共睹	百战百胜	面目一新	顾此失彼
万紫千红	大江东去	石沉大海	感激涕零
大兴安岭	万水千山	大显身手	万里长征
历史潮流	大器晚成	历史意义	大风大浪
大同小异	非同小可	威风凛凛	百发百中
克己奉公	奋发图强	龙飞凤舞	大快人心
百炼成钢	励精图治	丰富多彩	百家争鸣
石家庄市	古色古香	有名无实	万象更新
顾名思义	有色金属	百年大计	在所不惜
百折不挠	大势所趋	有的放矢	有根有据
有机玻璃	成本核算	大智若愚	大千世界
有条有理	有备无患	三长两短	三番五次
有条不紊	成千上万	春秋战国	百科全书
大逆不道	友好往来	大刀阔斧	顾全大局
胡作非为	大公无私	三令五申	万众一心
破釜沉舟	成人之美	百货商店	耐人寻味
百货公司	牵强附会	寿终正寝	大张旗鼓
丰衣足食	大庭广众	爱莫能助	胸有成竹
脱胎换骨	肝胆相照	脚踏实地	爱国主义
悬崖勒马	爱憎分明	脍炙人口	服务态度
脱颖而出	声东击西	无孔不入	喜出望外
走马观花	干劲十足	无能为力	老马识途
朝三暮四	博古通今	无奇不有	雷厉风行
地大物博	动脉硬化	赤膊上阵	南腔北调

直截了当	雷霆万钧	井井有条	雨过天晴
无动于衷	无地自容	远走高飞	喜形于色
无恶不作	起死回生	救死扶伤	无事生非
无与伦比	未卜先知	云消雾散	教学相长
违法乱纪	老当益壮	无坚不摧	无足轻重
声嘶力竭	无中生有	雪中送炭	无边无际
顽固不化	求同存异	远见卓识	志同道合
专心致志	无以复加	无米之炊	专业人员
无穷无尽	声色俱厉	朝气蓬勃	雨后春笋
无所用心	走投无路	老气横秋	无所适从
二氧化碳	无所作为	无可非议	载歌载舞
罄竹难书	无往不胜	无微不至	老生常谈
运筹帷幄	真知灼见	无稽之谈	喜笑颜开
南征北战	埋头苦干	埋头工作	无产阶级
喜新厌旧	恼羞成怒	十六进制	无病呻吟
喜闻乐见	规章制度	博闻强记	老奸巨猾
进退维谷	喜怒哀乐	封建主义	十全十美
求全责备	支离破碎	献计献策	老谋深算
培训中心	无论如何	毋庸讳言	不甘落后
不劳而获	玩世不恭	青黄不接	不切实际
天花乱坠	一落千丈	一劳永逸	不耻下问
严阵以待	两面三刀	来龙去脉	一成不变
画龙点睛	形而上学	正大光明	死灰复燃
事在人为	不受欢迎	不胜枚举	五彩缤纷
不求甚解	不动声色	事过境迁	一朝一夕
一无是处	一塌糊涂	理直气壮	政协委员
责无旁贷	环境保护	画地为牢	事与愿违
严正声明	死不瞑目	吞吞吐吐	开天辟地
不正之风	刑事犯罪	至理名言	下不为例
一目了然	平步青云	逼上梁山	与此同时
弄虚作假	到此为止	开源节流	五光十色
不学无术	一尘不染	一举两得	天涯海角
五湖四海	形影不离	画蛇添足	平易近人
一日千里	表里如一	与日俱增	来日方长

一鸣惊人	不遗余力	天罗地网	一国两制
不置可否	一团和气	歪风邪气	一败涂地
一帆风顺	开展工作	不翼而飞	死心塌地
不屈不挠	开展业务	开发利用	恶性循环
一发千钧	事必躬亲	理屈词穷	一窍不通
一视同仁	束之高阁	列宁主义	一针见血
天气预报	再接再厉	不折不扣	不卑不亢
死气沉沉	理所当然	一气呵成	一丘之貉
一技之长	不择手段	不打自招	一概而论
不可救药	不可一世	一本正经	不可思议
一筹莫展	死得其所	一箭双雕	天翻地覆
一往无前	天造地设	平等互利	焉得虎子
不入虎穴	一笔勾销	不知所云	不知所措
事半功倍	一意孤行	不闻不问	班门弄斧
开门见山	更新换代	整装待发	一如既往
事倍功半	两全其美	五谷丰登	现代汉语
殊途同归	五体投地	平分秋色	融会贯通
一分为二	与人为善	不约而同	天经地义
一丝不苟	青红皂白	不言而喻	不谋而合
至高无上	天衣无缝	天方夜谭	眼花缭乱
目不暇接	目瞪口呆	目光短浅	目中无人
上山下乡	目空一切	上蹿下跳	瞬息万变
上行下效	战斗英雄	虎头蛇尾	虚张声势
上方宝剑	眼高手低	旧调重弹	水落石出
小巧玲珑	举世闻名	洗耳恭听	汗马功劳
流通渠道	满面春风	澳大利亚	温故知新
光彩夺目	逍遥法外	油腔滑调	满腔热情
涂脂抹粉	清规戒律	漫无边际	满城风雨
治理整顿	举一反三	党政机关	漠不关心
深恶痛绝	光天化日	漫不经心	津津有味
水泄不通	添油加醋	港澳同胞	淋漓尽致
水深火热	浑水摸鱼	沾沾自喜	水涨船高
泡沫塑料	波澜壮阔	流水作业	光明磊落
小题大做	兴师动众	光明正大	兴旺发达

举足轻重	兴味盎然	水中捞月	削足适履
赏罚分明	深思熟虑	海峡两岸	兴风作浪
漫山遍野	光怪陆离	深情厚谊	学以致用
赏心悦目	小心翼翼	满怀信心	没精打采
小农经济	海外侨胞	滚瓜烂熟	游手好闲
举棋不定	当机立断	少先队员	兴利除弊
法律顾问	深入浅出	潜移默化	党委书记
当务之急	滥竽充数	海阔天空	活灵活现
浩如烟海	沁人肺腑	当仁不让	深化改革
党纪国法	海市蜃楼	流言蜚语	兴高采烈
深谋远虑	尚方宝剑	日暮途穷	歇斯底里
畅通无阻	显而易见	是非曲直	暴露无遗
暗无天日	日理万机	晴天霹雳	时不我待
明目张胆	暴跳如雷	坚固耐用	临界状态
暴风骤雨	螳臂当车	夜以继日	坚定不移
昭然若揭	临危不惧	紧急措施	冒名顶替
最后通牒	电报挂号	归根结底	明知故犯
日积月累	日新月异	明辨是非	晕头转向
昂首阔步	坚忍不拔	坚如磐石	量体裁衣
愚公移山	坚强不屈	里应外合	口若悬河
叶落归根	中共中央	顺藤摸瓜	别出心裁
患难与共	患难之交	别有用心	中直机关
史无前例	别开生面	中流砥柱	川流不息
顺水推舟	口是心非	咄咄怪事	踏踏实实
中国青年	中国政府	中国银行	中国人民
中央军委	中央委员	中央领导	中央全会
忠心耿耿	呕心沥血	唯心史观	另辟蹊径
中心任务	唯心主义	听之任之	只争朝夕
哈尔滨市	中外合资	顺手牵羊	响彻云霄
吹毛求疵	呼和浩特	唯利是图	患得患失
啼笑皆非	唯物主义	中间环节	中华民族
叶公好龙	叹为观止	中庸之道	中文键盘
趾高气扬	中文信息	斩草除根	轻工业部
国防大学	国际货币	国际市场	因陋就简

国际主义	黔驴技穷	四通八达	罪大恶极
黑龙江省	轻而易举	四面楚歌	四面八方
罪有应得	因地制宜	罪恶滔天	力不从心
故步自封	默默无闻	轰轰烈烈	轻车熟路
墨守成规	置之不理	国家机关	国家利益
固定资产	置之度外	轩然大波	斩钉截铁
力争上游	轻描淡写	罪魁祸首	力挽狂澜
因势利导	连篇累牍	国务委员	畏首畏尾
男女老少	四舍五入	四化建设	边缘学科
加强团结	边缘科学	国计民生	轻诺寡信
同甘共苦	同工同酬	同工异曲	岂有此理
周而复始	风起云涌	风雨同舟	邮政编码
由此及彼	风尘仆仆	同归于尽	雕虫小技
风吹草动	见风使舵	同心协力	见异思迁
同心同德	内忧外患	刚愎自用	内燃机车
山穷水尽	内外交困	同舟共济	删繁就简
风华正茂	同仇敌忾	见缝插针	见义勇为
风调雨顺	风靡一时	同床异梦	飞黄腾达
改革开放	心甘情愿	心花怒放	层出不穷
快马加鞭	发达国家	发奋图强	心有余悸
以貌取人	屡教不改	改朝换代	以理服人
惊天动地	恬不知耻	情不自禁	惨淡经营
心照不宣	心明眼亮	心旷神怡	发明创造
异口同声	发号施令	屡见不鲜	异曲同工
居心叵测	惊心动魄	眉飞色舞	习惯势力
惊慌失措	恰恰相反	忧心如焚	心悦诚服
心烦意乱	心安理得	司空见惯	恍然大悟
以逸待劳	发扬光大	飞扬跋扈	情投意合
异想天开	以权谋私	心血来潮	以身作则
尽善尽美	改头换面	恰如其分	诲人不倦
发人深省	心领神会	炎黄子孙	精耕细作
烟消云散	精雕细刻	燃眉之急	断断续续
精神财富	粗制滥造	精兵简政	精打细算
粗枝大叶	粉身碎骨	断章取义	精益求精

精疲力竭	糖衣炮弹	神出鬼没	客观存在
视而不见	神采奕奕	完整无缺	牢不可破
宾至如归	容光焕发	冠冕堂皇	审时度势
空中楼阁	守口如瓶	家喻户晓	祸国殃民
襟怀坦白	完璧归赵	实心实意	突飞猛进
安居乐业	襟怀坦白	安家落户	安然无恙
额外负担	农贸市场	袖手旁观	神机妙算
神乎其神	空头支票	空前绝后	寄人篱下
社会科学	安全系数	社会公德	神经过敏
穷乡僻壤	神经衰弱	察言观色	锋芒毕露
狼子野心	独出心裁	铁面无私	锲而不舍
危在旦夕	煞有介事	名胜古迹	销声匿迹
怨声载道	多才多艺	铜墙铁壁	名副其实
金碧辉煌	名列前茅	金融市场	名正言顺
多此一举	独占鳌头	锦上添花	触目惊心
急流勇退	饮水思源	触景生情	急风暴雨
迎风招展	狼心狗肺	独断专行	触类旁通
针锋相对	多多益善	狼狈为奸	独树一帜
危机四伏	乐极生悲	名副其实	争先恐后
独生子女	银行利率	多愁善感	独立核算
独立自主	迎头痛击	迎刃而解	争分夺秒
狐假虎威	饱食终日	煞费苦心	铺张浪费
外强中干	错综复杂	按劳取酬	兵荒马乱
打草惊蛇	推陈出新	掩耳盗铃	指桑骂槐
打破常规	迫在眉睫	后顾之忧	反唇相讥
抛砖引玉	披肝沥胆	落井下石	返老还童
势均力敌	后起之秀	按需分配	年老体弱
扭亏为盈	拥政爱民	迫不及待	势不两立
挂一漏万	据理力争	后来居上	拭目以待
热泪盈眶	推波助澜	拖泥带水	振兴中华
近水楼台	披星戴月	手足无措	兵贵神速
捷足先登	拈轻怕重	捕风捉影	排山倒海
提心吊胆	扬眉吐气	掉以轻心	后发制人
热火朝天	执迷不悟	年富力强	挖空心思

持之以恒	气象万千	气急败坏	挥金如土
气势磅礴	振振有词	白手起家	打抱不平
抑扬顿挫	气势汹汹	牛鬼蛇神	手舞足蹈
招兵买马	招摇撞骗	欣欣向荣	拍手称快
摇摇欲坠	斤斤计较	挑拨离间	投机倒把
扬长而去	反复无常	扬长避短	拨乱反正
所向披靡	抛头露面	气壮山河	势如破竹
报仇雪恨	鬼斧神工	所作所为	损人利己
提纲挈领	瓜熟蒂落	摇旗呐喊	拐弯抹角
歌功颂德	相形见绌	根深蒂固	杯水车薪
柳暗花明	木已成舟	歌舞升平	相提并论
可想而知	模棱两可	格格不入	可歌可泣
枯木逢春	栩栩如生	枪林弹雨	棋逢对手
想入非非	横行霸道	相得益彰	标新立异
杞人忧天	相依为命	自欺欺人	繁荣昌盛
千载难逢	得过且过	得寸进尺	循规蹈矩
入不敷出	生吞活剥	得天独厚	繁琐哲学
翻天覆地	重整旗鼓	自上而下	刮目相看
自学成才	短小精悍	科学技术	自觉自愿
翻江倒海	身临其境	自暴自弃	等量齐观
矢口否认	自吹自擂	自鸣得意	自力更生
利国福民	先斩后奏	乘风破浪	委曲求全
移风易俗	先见之明	身败名裂	移山倒海
和风细雨	物尽其用	自惭形秽	物以类聚
先发制人	私心杂念	自以为是	得心应手
行之有效	物宝天华	笑容可掬	千锤百炼
臭名昭著	稳操胜券	各抒己见	物质文明
奥林匹克	甜酸苦辣	自相矛盾	适可而止
矫枉过正	生机盎然	物极必反	各行其是
繁简共容	适得其反	微乎其微	积重难返
自告奋勇	身先士卒	千篇一律	自知之明
自我批评	我行我素	各行各业	循循善诱
各自为政	先入为主	千头万绪	垂头丧气
和颜悦色	简单扼要	彻头彻尾	惩前毖后

得意忘形	稳如泰山	自始至终	自食其果
自食其力	自作聪明	自命不凡	待人接物
利欲熏心	利令智昏	迄今为止	系统工程
身经百战	千丝万缕	千方百计	知识更新
循序渐进	秋高气爽	丢卒保车	旁若无人
将功赎罪	前功尽弃	新陈代谢	头破血流
总而言之	道貌岸然	装腔作势	前无古人
斗志昂扬	闻过则喜	卷土重来	壮志凌云
背井离乡	疲于奔命	疾恶如仇	闭目塞听
首当其冲	逆水行舟	病入膏肓	门庭若市
新闻联播	资产阶级	背道而驰	头头是道
闭门思过	闭门造车	新闻简报	养尊处优
亲痛仇快	新闻记者	单刀直入	善始善终
半途而废	前仆后继	背信弃义	门庭若市
冷言冷语	如获至宝	如出一辙	好大喜功
如愿以偿	忍辱负重	九霄云外	妙趣横生
忍无可忍	好事多磨	鼠目寸光	如虎添翼
如法炮制	灵丹妙药	怒发冲冠	好逸恶劳
如鱼得水	如饥似渴	忍气吞声	杂乱无章
既往不咎	如释重负	群策群力	如意算盘
忍俊不禁	始终不渝	好高骛远	作茧自缚
偷工减料	任劳任怨	作威作福	借古讽今
集腋成裘	人才辈出	众志成城	贫下中农
贪天之功	偷天换日	供不应求	众目睽睽
贪污受贿	人浮于事	停滞不前	偷梁换柱
含沙射影	贪污盗窃	似是而非	借题发挥
信口开河	全力以赴	集思广益	伤风败俗
贪赃枉法	登峰造极	人尽其才	舍己救人
合情合理	全心全意	倾家荡产	人定胜天
从容不迫	贪官污吏	全神贯注	舍近求远
众所周知	追根究底	贪得无厌	分秒必争
众矢之的	信息反馈	人微言轻	焦头烂额
分道扬镳	众叛亲离	倾盆大雨	假公济私
任人唯贤	任人唯亲	公费医疗	釜底抽薪
毕恭毕敬	绝无仅有	绘声绘色	纷至沓来

弱不禁风	纸上谈兵	经济基础	约法三章
纲举目张	经济危机	经济核算	经济特区
细水长流	绞尽脑汁	费尽心机	引以为戒
约定俗成	缩手缩脚	纵横驰骋	缘木求鱼
纸醉金迷	继往开来	贯彻执行	统筹兼顾
惟妙惟肖	引人注目	引经据典	强词夺理
讳莫如深	充耳不闻	熟能生巧	言而有信
望而却步	言而无信	应有尽有	为非作歹
言过其实	文过饰非	义无反顾	旗鼓相当
毫无疑问	毫无疑义	文不对题	词不达意
言不由衷	义不容辞	刻不容缓	旗开得胜
高瞻远瞩	谈虎色变	为虎作伥	亦步亦趋
调虎离山	谦虚谨慎	高深莫测	廉洁奉公
方兴未艾	望洋兴叹	谨小慎微	言归于好
文明礼貌	言听计从	忘恩负义	旗帜鲜明
望风披靡	言必有据	齐心协力	记忆犹新
高屋建瓴	夜以继日	诚心诚意	高官厚禄
熟视无睹	废寝忘食	庞然大物	高尔夫球
言外之意	应接不暇	调兵遣将	意气风发
文质彬彬	为所欲为	望梅止渴	变本加厉
刻舟求剑	永垂不朽	谈笑风生	语重心长
夜长梦多	妄自尊大	说长道短	麻痹大意
讳疾忌医	亡羊补牢	摩拳擦掌	请君入瓮
文化教育	讨价还价	谈何容易	文人相轻
放任自流	衣食住行		

13.3 多字词组训练

知识目标

学会输入多字词组的方法。
在训练的过程中记住一些常用的多字词组。

能力目标

较熟练地输入常见的多字词组。

知识要点

对于多字词组，输入前三个汉字和最后一个汉字的首字根，即可输入。“百闻不如一见、中央人民广播电台”这两个词的输入如下所示。

词　例	百闻不如一见	中央人民广播电台
取 字 根	厂门一冂	口冂人厶

训练指导

1．训练难点

容易把多字词的输入方法和前面学习的二、三、四字词输入方法搞混。

2．训练要求

多字词组的训练不用花太多的时间，因为在汉字文章里，多字词出现的机会不是太多。但对于在录入速度上有更高要求的同学，可以多加练习。

体验与探索

试录入以下多字词组：

马克思主义	喜马拉雅山	更上一层楼	现代化建设
上接第一版	常务委员会	小资产阶级	中国共产党
中国科学院	中央政治局	中央电视台	中央办公厅
中央书记处	中央各部委	中央委员会	国务院总理
四个现代化	发明家分会	发展中国家	快刀斩乱麻
民主集中制	军事委员会	西藏自治区	毛泽东思想
疾风知劲草	新技术革命	新闻发言人	新闻发布会
新华通讯社	新华社记者	人大常委会	人民大会堂
全民所有制	集体所有制	为人民服务	评论员文章
有志者事竟成	历史唯物主义	百闻不如一见	王码电脑公司
政治协商会议	五笔字型电脑	理论联系实际	汉字输入技术
坚持改革开放	中国人民银行	中央国家机关	内蒙古自治区
风马牛不相及	本报特约记者	可望而不可及	新华社北京电
辩证唯物主义	全国各族人民	人民代表大会	马克思列宁主义
一切从实际出发	中共中央总书记	中国人民解放军	中华人民共和国
宁夏回族自治区	打破沙锅问到底	科学技术委员会	新华社香港分社
广西壮族自治区	百尺竿头更进一步	坚持四项基本原则	

第 14 章

中文文章录入训练

14.1　连续文本

能力目标

录入速度标准：30 字/分钟。

训练指导

1．指法要求

严格按照第 1 章的指法要求，要盲打。

2．训练难点

（1）在训练的初期，不习惯由打单字向打文章的转变，不习惯打词组。
（2）经常碰到没打过的字，影响录入速度。

3．训练过程

首先重点练习前两篇文章，在练习时要注意是词组的尽量以词组的方式来输入，在达到一定的速度要求后可考虑练习其他的文章，但不要贪多，要达到提高录入速度的目的，练习熟稿效果更明显。

体验与探索

本章给出 7 篇有代表性的中文文章，每篇文章录入时间以 10 分钟计。前两篇文章已标注出词组并附上编码，希望大家能养成录入词组的好习惯。

中文录入测试 1

电脑　病毒　实质上是指编制或在电脑　程序中插入　破坏　电脑

jney　uggx　purf　xyrm　tkyc　rtty　dhfg

功能或数据，影响　电脑　使用并能自我　复制的一组计算机　指令或

alce　ovrn　jykt　wget　thtr　tjrm　ytsm　rxwy

程序　代码。

wadc

随着　电脑的普及，**Internet** 的迅猛发展，计算机　病毒　流行

bdud　uoey　nqnn　iytf

危害的范围　进一步　扩大了。一般　病毒　具有　以下　特性：

qdpd　ailf　fghi　rydd　ggte　hwde　nygh　trnt

可执行性——与其他　合法　程序　一样，是一段可执行　程序，

rvtf　adwb　wgif　ggsu　ggwd

但不是一个完整的程序，而是　寄生在其他可执行　程序上，当病毒

pfgk　dmjg　pdtk

运行时，便与合法　程序　争夺　系统的控制权，往往会造成　系统

fctf　qvdf　txxy　rprm　tyty　tfdn

崩溃，导致　计算机　瘫痪。

meik　nfgc　ucuq

传染性——它通过　各种　渠道（磁盘、共享　目录、邮件等）

wfiv　cefp　tktk　iaut　dute　awyb　hhvi　mbwr

从已被感染的计算机　扩散到其他　机器上，在某种　情况下导致

dgiv　ryae　smkk　aftk　nguk　nfgc

计算机　工作　失常。

aawt　rwip

潜伏性——一些　编制　精巧的病毒　程序，进入　系统之后不马上

ifwd　gghx　ogag　fjty　cnhh

发作，隐藏在合法　文件中，对其他　系统　进行　秘密　感染。

ntwt　bqad　yywr　fjtf　tnpn

中文录入测试 2

3 周之前，美国　航天局宣布　火星　探测器在火星上发现了曾经

ppue　uglg　tegd　pgdm　oojt　rpim　ntgm　ulxc

存在水的证据。不过 随着 科研 工作的进一步 发展，科学家们

dhdh ygrn gifp tudg tipe

改变了他们 此前 对于 火星上到底 曾经有多少水的看法。为了

ntyo wbwu hxue cfgf gcyq qqit rhif

证实 自己的观点，美国 航天局曾经向很多与火星 探测 没有 任何

ygpu thnn cmhk tvqq imde wtws

关系的地理学家寻求 意见。

udtx fbgj vffi ujmq

美国 国家 航天局召开的名为“机遇号到达 海岸线”的新闻

vkga smjm gcdp imxg usub

发布会上，科学家 宣布“机遇号”火星 探测器所探测到的一块

ndwf tipe ggfn

岩石很明显是在一个盐海的底部 形成的，这也就意味着火星上的确

mddg jejo yquk gadn ujkf rqdq

曾经 存在过海洋。

itiu

科学家们对机遇号发现的这块岩石 进行了仔细的研究，以辨别

tipe wbxl dgpw uykl

该岩石上的层次 结构 到底是由于 风化 还是 水流 冲击 形成的。

nfuq xfsq mhgf mqwx gijg iiiy ukfm

中文录入测试3

从前有一个骄傲的茶壶，它对它的瓷感到骄傲，对它的长嘴感到骄傲，对它的那个大把手也感到骄傲。它老是谈着这些东西。可是它不谈它的盖子。原来盖子早就打碎了，是后来钉好的，所以它算是有一个缺点，而人们是不喜欢谈自己的缺点的。杯子、奶油罐和糖钵等这整套吃茶的用具都把茶壶盖的弱点记得清清楚楚。谈它的时候比谈那个完好的把手和漂亮的壶嘴的时候多。茶壶知道这一点。我们大家都有缺点，但是我们也有优点。杯子有一个把手，糖钵有一个盖子。我两样都有，而且还有他们所没有的一件东西。我有一个壶嘴，这使我成为茶桌上的皇后。糖钵和奶油罐受到任命，成为甜味的仆人，而我就是任命者，大家的主宰。我把幸福分散给那些干渴的人群。在我的身体里面，中国的茶叶在那毫无味道的开水中放出香气。这番话是茶壶在它大无畏的青年时代说的。它立在铺好台布的茶桌上，一只非常白嫩的手揭开它的盖子。不过这只非常白嫩的手是很笨的，茶壶落下去了，壶嘴跌断了，把手断裂了，茶壶躺在地上昏过去了，开水淌得一地。这对它说来是一个严重的打击，而最糟糕的是大家都笑它。大家只是笑它，而不笑那只笨拙的手。

茶壶后来检查自己一生的事业时说：这次经历我永远忘记不了！人们把我叫做一个病人，放在一个角落里。过了一天，人们又把我送给一个讨剩饭吃的女人。我下降为贫民了。

不过，正在这时候，我的生活开始好转。我身体里装进了土，对于一个茶壶说来，这完全是等于入葬。但是土里却埋进了一个花根。总算是弥补了中国茶叶和开水的这种损失，也算是作为把手和壶嘴打断的一种报酬。花根躺在土里，躺在我的身体里，成了我的一颗心，一颗活着的心，这样的东西我从来还不曾有过。我现在有了生命、力量和精神。脉搏跳起来了，花根发了芽，有了思想和感觉。它开放成为花朵。我看到它，我支持它，我在它的美中忘记了自己。为了别人而忘我，这是一桩幸福的事情！它没有感谢我；它没有想到我；它受到人们的崇拜和称赞。我感到非常高兴，它一定也会是多么高兴啊！

中文录入测试 4

中央电视台第三届感动中国人物评选今天揭晓。刘翔、任长霞、牛玉儒、桂希恩、孙必干、袁隆平、田世国、徐本禹、明正彬、梁万俊成为 2004 年十大感动中国人物，中国女排获得感动中国集体奖。

感动中国年度人物评选 2002 年开锣，中央领导曾给予该节目以清新动人、感人至深的评价。有统计数据表明，2003 年，曾累计有几千万名电视观众收看了感动中国人物评选活动的颁奖晚会。2004 年感动中国人物评选在不到半个月的时间里就收到投票 90 余万张。

本届评选为确保评选活动的公信度，中央电视台邀请各行各业的杰出人士组成阵容强大的推选委员会，共同推举候选人。自去年 11 月评选活动启动后，中央电视台联合本报等 40 余家报纸和杂志，共收集到全国各地推选的感动中国人物的资料 500 余份，推选出以袁隆平为代表的 20 多个候选人。此后，中央电视台从 2004 年 11 月 20 日开始，在东方时空中展播候选人的事迹，在经过组委会与专家推委会推敲评定以及观众、读者、网友的投票后，最终确定了十大感动中国人物名单。

央视主创人员介绍说，2004 年感动中国·年度人物评选仍旧是以感动中国为评选标准，无论他们的身份、背景、经历多么不同，但在过去的一年里，他们的所作所为却感动了公众，感动了中国。他们或者用自己的力量，推动中国社会的进步和发展，诠释着个人对国家、社会应该担当起的责任；或者用自己的故事，解读人与人之间应有的情感，带给人们感人至深的心灵冲击。

中文录入测试 5

就业新政策将惠及 1 亿农民工。在国办发出的关于进一步做好改善农民进城就业环境工作的通知中明确指出：要清理和取消针对农民进城就业等方面的歧视性规定及不合理限制，清理对企业使用农民工的行政审批，取消对农民进城就业的职业工种限制，不得干涉企业自主合法使用农民工。劳动和社会保障部有关负责人介绍说，限制外来劳动力的做法一直受到舆论谴责，事实上也没有把劳动力真正限制住。用人单位不会欢迎这样的政策，外来劳动力越多，企业选择的范围越宽。农民工也深受其苦，常常要担心会不会被清理，为额外交不明不白的费用、办五花八门的证照烦恼。新规定的出台，既保护了企业的用人自主权，也保护了农民工的择业权，针对农民工的就业歧视问题有望逐步得到解决。

此次出台的新政策中，扫除黑中介、开放公共职介是一项重要内容，城市各级公共职业介绍机构要免费向农民工开放，积极为农民工免费提供就业信息和政策咨询，对求职登记的农民工免费提供职业指导和职业介绍服务。

劳动和社会保障部有关负责人告诉记者，我国有 2 万多家公共就业服务机构，今后农民工持相关证明，可以到那里接受免费的职业介绍。今年春节后，有关部委将联合开展清理劳动力市场的活动，在开放公共职介的同时，打击一批黑中介，使进城求职的农民工能得到及时有效的就业服务。各大中城市还将向农民工推荐一批可靠的民办职介机构，并在车站、码头等进城农民集散地通过发送传单和设置信息栏的方式予以公布。

政策好不好，关键看落实。新政策特别强调了各级政府的责任，指出地方各级政府，特别是城市政府要进一步提高认识，把改善农民进城就业环境作为重要职责，列入重要工作日程。

地方政府有哪些分内之事，也规定得非常详细，包括：要定期开展以改善农民进城就业环境、维护农民工合法权益为主题的普法宣传活动，增强用人单位依法用工和农民工依法维权的意识，建立综合治理、齐抓共管的工作机制。要加强协调配合，结合当地社会经济发展状况，将农民进城就业纳入经济社会发展规划，制订本地区改善农民进城就业环境的实施方案。如此细致严格的规定，使新政策更实、更具操作性。

为督促政策的落实，通知还特别指出，要层层落实责任制，注意总结经验，及时发现和解决工作中遇到的新问题。国务院将组织专项检查，督促改善农民进城就业环境和维护农民工权益的各项措施落到实处。

中文录入测试 6

曾经看过一本杂志，主持人采访一位 8 岁的盲校女孩：“如果给你 3 分钟光明，你最想看到什么？”小女孩说：“我最想看看我被子上的颜色，妈妈说我被子上有好多黄灿灿的向日葵，非常非常漂亮。”看到这里，我落泪了，对小女孩来说，能够看到自己被子上的颜色已是天下最幸福的事了，但不知有多少人拥有一切还是不满足不快乐，我们在浮华虚名中无休止地追逐，弄得自己面目全非身心俱疲，但有谁注意过自己被子的颜色？有谁为被子上的向日葵快乐过？我们已离真正意义上的幸福越来越远，并且越来越不明白生命中真正有价值的是什么。

下雨的时候，我会聆听雨的声音，因为我不想等，如果、我只是说如果有一天我失去听力了再来追悔当初没有留意那美妙的声音。

天晴的时候，我会观察天空和云彩的颜色，因为我不想等，如果、我只是说如果有一天我失去视力的时候再来痛苦我连蓝天白云的颜色都看不到。

浇花的时候，我会用力闻花草和泥土的香味，因为我不想等，如果、我只是说如果有一天我失去嗅觉的时候再来伤心当初、甚至不知道泥土的芬香。

海边散步的时候，我会手舞足蹈得像个孩子，因为我不想等，如果、我只是说如果有一天我的四肢不再健全时再来难过当初没有充分享用我健康的身体。

看到那些受了一些委屈或者是为情所困就草草结束自己生命的报道，我都会痛心不已，父母给了他们健康的身体，可是他们在生活中并没有给自己一个健康的心理。而现在身体健康的我们，有什么理由、有什么资格不去感恩和珍惜父母赐予的生命？

如果我有孩子，我不要求他能够读研、念博士，我只有一个愿望，那就是他的身体和心理都能够健康，真的、真的、真的只有这一个愿望。

中文录入测试 7

古代希腊神话传说居住在奥林匹斯山上的天神宙斯主宰着天地万物、整个世界。为了表达对宙斯的崇敬祈求，希腊人在伯罗奔尼撒半岛西部的奥林匹亚举行盛大的祭祀。他们进献上整牛整羊作为祭品，载歌载舞，欢庆宴饮，同时还要进行短跑竞赛活动。

到公元前 766 年时，希腊规定每隔 4 年在奥林匹亚举行一次竞技大会。这就是最初的奥林匹克运动会。最早的竞赛项目只是 182 米短跑，后来逐渐增多。除了那些犯叛国罪和对神不敬的人，每个有气力、身体灵活的希腊公民都可以参加比赛。最受观众欢迎的是驾着马车赛跑的项目。比赛时，观众的欢呼声伴着隆隆的车声、骏马的嘶鸣，方圆数十里都能感受到那热烈的气氛。因为这种比赛，需要自己有马，又要接受专门训练，所以参加的往往是贵族。

运动会结束，竞赛优胜者要戴上用月桂编成的王冠，这就是人们常说的桂冠。戴着桂冠的优胜者比国王还要受到人们的崇敬和爱戴。有人甚至把他们当作神一样来崇拜。竞技大会的闭幕式上，还要举行国宴招待他们。最著名的诗人向他们奉献赞美诗，第一流的艺术家为他们在奥林匹亚建造纪念雕像。他们的名字很快传遍了整个希腊。优胜者的家乡把他们当作出征凯旋的英雄来欢迎。有的城市还故意把城墙打开一个缺口，让他们像征服者那样进城。如果优胜者是雅典人，还可以得到 500 银币的奖励。

奥林匹克运动会是古代希腊生活中一项极为重要的事件，甚至战争也要为运动会让路。交战的双方会暂停攻击，等到 5 天运动会结束以后再继续开火。后来，休战期延长到一个月，最后延长到 3 个月。最令人难以理解的是，即使在外敌入侵的时候，希腊人仍把运动会放在第一位。

古代的奥林匹克运动会一共举行了 293 次。到公元 394 年，侵入希腊的罗马皇帝狄奥多西下令禁止举行比赛，奥林匹克运动会从此中断了 1 500 多年。后来，经过法国人顾拜旦的倡议和努力，在公元 1896 年，奥运会又在雅典恢复了。以后仍然是 4 年一次，分别在不同的国家举行，而且参加者也不再限定为希腊人。如今，奥运会已经成为全世界瞩目的体育盛会。

进阶提高

1．看屏幕录入的速度标准如下。

中级：60 字/分钟

高级：90 字/分钟

2．看稿录入的速度标准如下。

初级：25 字/分钟

中级：40 字/分钟

高级：60 字/分钟

3．在看屏幕练习达到较快的速度后，逐步转向看稿练习。

4．看稿录入时，有怕打错字而看屏幕的习惯。希望尽量做到用眼睛的余光看屏幕，基本上只看稿打字。

测试时从以上 7 篇文章中任选一篇进行考核。要求同学们在训练时围绕这 7 篇文章反复练习。

14.2 离散文本

离散文本的录入是汉字录入中要求较高的部分，也是一些对中文录入要求较高的行业（如银行等）在录用人员时要测试的内容，可根据自身的学习进度和能力进行练习。

能力目标

看屏幕录入的速度标准如下。

初级：20 字/分钟

中级：35 字/分钟

高级：50 字/分钟

看稿录入的速度标准如下。

初级：15 字/分钟

中级：25 字/分钟

高级：35 字/分钟

训练指导

1. 指法要求

严格按照第 1 章的指法要求，要盲打。

2. 训练难点

（1）会经常碰到没打过的字，影响录入速度。

（2）看稿录入时，有怕自己打错字而看屏幕的习惯。希望尽量做到用眼睛的余光看屏幕，基本上只看稿打字。

3. 训练过程

首先看屏幕练习，在速度较快后，逐步转向看稿练习。

体验与探索

1.《百家姓》

赵钱孙李周吴郑王　冯陈诸卫蒋沈韩杨

朱秦尤许何吕施张　孔曹严华金魏陶姜

戚谢邹喻柏水窦章　云苏潘葛奚范彭郎

鲁韦昌马苗凤花方　俞任袁柳酆鲍史唐

费廉岑薛雷贺倪汤　滕殷罗毕郝邬安常

乐于时傅皮卡齐康　伍余元卜顾孟平黄

和穆萧尹姚邵堪汪　祁毛禹狄米贝明臧

计伏成戴谈宋茅庞 熊纪舒屈项祝董梁
杜阮蓝闵席季麻强 贾路娄危江童颜郭
梅盛林刁钟徐邱骆 高夏蔡田樊胡凌霍
虞万支柯昝管卢莫 经房裘缪干解应宗
丁宣贲邓郁单杭洪 包诸左石崔吉钮龚
程嵇邢滑裴陆荣翁 荀羊於惠甄魏家封
芮羿储靳汲邴糜松 井段富巫乌焦巴弓
牧隗山谷车侯宓蓬 全郗班仰秋仲伊宫
宁仇栾暴甘钭厉戎 祖武符刘景詹束龙
叶幸司韶郜黎蓟薄 印宿白怀蒲台从鄂
索咸籍赖卓蔺屠蒙 池乔阴郁胥能苍双
闻莘党翟谭贡劳逄 姬申扶堵冉宰郦雍
郤璩桑桂濮牛寿通 边扈燕冀郏浦尚农
温别庄晏柴瞿阎充 慕连茹习宦艾鱼容
向古易慎戈廖庚终 暨居衡步都耿满弘
匡国文寇广禄阙东 殴殳沃利蔚越夔隆
师巩厍聂晁勾敖融 冷訾辛阚那简饶空
曾毋沙乜养鞠须丰 巢关蒯相查后荆红
游竺权逯盖後桓公 万俟司马上官欧阳
夏侯诸葛闻人东方 赫连皇甫尉迟公羊
澹台公冶宗政濮阳 淳于单于太叔申屠
公孙仲孙轩辕令狐 钟离宇文长孙慕容
鲜于闾丘司徒司空 亓官司寇仉督子车
颛孙端木巫马公西 漆雕乐正壤驷公良
拓拔夹谷宰父谷梁 晋楚闫法汝鄢涂钦
段干百里东郭南门 呼延归海羊舌微生
岳帅缑亢况后有琴 梁丘左丘东门西门
商牟佘佴伯赏南宫 墨哈谯笪年爱阳佟
第五言福百家姓终

2.《三字经》

人之初 性本善 性相近 习相远
苟不教 性乃迁 教之道 贵以专
昔孟母 择邻处 子不学 断机杼
窦燕山 有义方 教五子 名俱扬

养不教 父之过 教不严 师之惰
子不学 非所宜 幼不学 老何为
玉不琢 不成器 人不学 不知义
为人子 方少时 亲师友 习礼仪
香九龄 能温席 孝于亲 所当执
融四岁 能让梨 弟于长 宜先知
守孝弟 次见闻 知某数 识某文
一而十 十而百 百而千 千而万
三才者 天地人 三光者 日月星
三刚者 君臣义 父子亲 夫妇顺
曰春夏 曰秋冬 此四时 运不穷
曰南北 曰西东 此四方 应呼中
曰火水 木金土 此五行 本呼数
十干者 甲至癸 十二支 子至亥
曰黄道 日所躔 曰赤道 当中权
赤道下 温暖极 我中华 在东北
曰江河 曰淮济 此四渎 水之纪
曰岱华 嵩恒衡 此五岳 山之名
曰士农 曰工商 此四民 国之良
曰仁义 礼智信 此五常 不容紊
地所生 有草木 此植物 偏水陆
有虫鱼 有鸟兽 此动物 能飞走
稻梁菽 麦黍稷 此六谷 人所食
马牛羊 鸡犬豕 此六畜 人所饲
曰喜怒 曰哀惧 爱恶欲 七情具
青赤黄 及黑白 此五色 目所视
酸苦甘 及辛咸 此五味 口所含
膻焦香 及腥朽 此五臭 鼻所嗅
匏土革 木石金 丝与竹 乃八音
曰平上 曰去入 此四声 宜调协
高曾组 父而身 身而子 子而孙
自子孙 至玄曾 乃九族 人之伦
父子恩 夫妇从 兄则友 弟则恭
长幼序 友与朋 君则敬 臣则忠

此十义　人所同　当顺叙　勿违背
斩齐衰　大小功　至缌麻　五服终
礼乐射　御书数　古六艺　今不具
惟书学　人共遵　既识字　讲说文
有古文　大小篆　隶草继　不可乱
若广学　惧其繁　但略说　能知原
凡训蒙　须讲究　详训诂　名句读
为学者　必有初　小学终　至四书
论语者　二十篇　群弟子　记善言
孟子者　七篇止　讲道德　说仁义
作中庸　乃孔伋　中不偏　庸不易
作大学　乃曾子　自修齐　至平治
四书熟　孝经通　如六经　始可读
诗书易　礼春秋　号六经　当讲求
有连山　有归藏　有周易　三易详
有典谟　有训诰　有誓命　书之奥
我周公　作周礼　着六官　存治体
大小戴　注礼记　述圣言　礼乐备
曰国风　曰雅颂　号四诗　当讽咏
诗既亡　春秋作　寓褒贬　别善恶
三传者　有公羊　有左氏　有谷梁
经既明　方读子　撮其要　记其事
五子者　有荀扬　文中子　及老庄
经子通　读诸史　考世系　知终始
自羲农　至皇帝　号三皇　居上世
唐有虞　号二帝　相揖逊　称盛世
夏有禹　商有汤　周文武　称三王
夏传子　家天下　四百载　迁夏社
汤伐夏　国号商　六百载　至纣王
周武王　始诛纣　八百载　最长久
周辙东　王纲坠　逞干戈　尚游说
始春秋　终战国　五霸强　七雄出
嬴秦氏　始兼并　传二世　楚汉争
高祖兴　和业建　至孝平　王莽篡

光武兴 为东汉 四百年 终于献
魏蜀吴 争汉鼎 号三国 迄两晋
宋齐继 梁陈承 为南朝 都金陵
北元魏 分东西 宇文周 与高齐
迨至隋 一土宇 不再传 失统绪
唐高祖 起义师 除隋乱 创国基
二十传 三百载 梁灭亡 国乃改
梁唐晋 及汉周 称五代 皆有由
炎宋兴 受周禅 十八传 南北混
辽与金 皆称帝 元灭金 绝宋世
舆图广 超前代 九十年 国祚废
太祖兴 国大明 号洪武 都金陵
迨成祖 迁燕京 十六世 至崇祯
权阉肆 寇如林 李闯出 神器焚
清世祖 应景命 靖四方 克大定
由康雍 历乾嘉 民安富 治绩夸
道咸间 变乱起 始英法 扰都鄙
同光后 宣统弱 传九帝 满业殁
革命兴 废帝制 立宪法 建民国
古今史 全在兹 载治乱 知兴衰
史虽繁 读有次 史记一 汉书二
后汉三 国志四 兼证经 参通鉴
读史者 考实录 通古今 若亲目
口而诵 心而惟 朝于斯 夕于斯
昔仲尼 师项橐 古圣贤 尚勤学
赵中令 读鲁论 彼既仕 学且勤
披蒲编 削竹简 彼无书 且知勉
头悬梁 锥刺股 彼不教 自勤苦
如囊萤 如映雪 家虽贫 学不辍
如负薪 如挂角 身虽劳 犹苦卓
苏老泉 二十七 始发奋 读书籍
彼既老 犹悔迟 尔小生 宜早思
若梁灏 八十二 对大廷 魁多士
彼既成 众称异 尔小生 宜立志
莹八岁 能咏诗 泌七岁 能赋棋

彼颖悟 人称奇 尔幼学 当效之
蔡文姬 能辨琴 谢道韫 能咏吟
彼女子 且聪明 尔男子 当自警
唐刘宴 方七岁 举神童 作正字
彼虽幼 身已仕 有为者 亦若是
犬守夜 鸡司晨 苟不学 何为人
蚕吐丝 蜂酿蜜 人不学 不如物
幼儿学 壮而行 上致君 下泽民
扬名声 显父母 光于前 裕于后
人遗子 金满籝 我教子 唯一经
勤有功 戏无益 戒之哉 宜勉力

3.《千字文》

天地玄黄，宇宙洪荒。日月盈昃，辰宿列张。
寒来暑往，秋收冬藏。闰馀成岁，律吕调阳。
云腾致雨，露结为霜。金生丽水，玉出昆冈。
剑号巨阙，珠称夜光。果珍李柰，菜重芥姜。
海咸河淡，鳞潜羽翔。龙师火帝，鸟官人皇。
始制文字，乃服衣裳。推位让国，有虞陶唐。
吊民伐罪，周发殷汤。坐朝问道，垂拱平章。
爱育黎首，臣伏戎羌。遐迩一体，率宾归王。
鸣凤在竹，白驹食场。化被草木，赖及万方。
盖此身发，四大五常。恭惟鞠养，岂敢毁伤。
女慕贞洁，男效才良。知过必改，得能莫忘。
罔谈彼短，靡恃己长。信使可复，器欲难量。
墨悲丝染，诗赞羔羊。景行维贤，克念作圣。
德建名立，形端表正。空谷传声，虚堂习听。
祸因恶积，福缘善庆。尺璧非宝，寸阴是竞。
资父事君，曰严与敬。孝当竭力，忠则尽命。
临深履薄，夙兴温凊。似兰斯馨，如松之盛。
川流不息，渊澄取映。容止若思，言辞安定。
笃初诚美，慎终宜令。荣业所基，籍甚无竟。
学优登仕，摄职从政。存以甘棠，去而益咏。
乐殊贵贱，礼别尊卑。上和下睦，夫唱妇随。
外受傅训，入奉母仪。诸姑伯叔，犹子比儿。

孔怀兄弟，同气连枝。交友投分，切磨箴规。
仁慈隐恻，造次弗离。节义廉退，颠沛匪亏。
性静情逸，心动神疲。守真志满，逐物意移。
坚持雅操，好爵自縻。都邑华夏，东西二京。
背邙面洛，浮渭据泾。宫殿盘郁，楼观飞惊。
图写禽兽，画彩仙灵。丙舍傍启，甲帐对楹。
肆筵设席，鼓瑟吹笙。升阶纳陛，弁转疑星。
右通广内，左达承明。既集坟典，亦聚群英。
杜稿钟隶，漆书壁经。府罗将相，路侠槐卿。
户封八县，家给千兵。高冠陪辇，驱毂振缨。
世禄侈富，车驾肥轻。策功茂实，勒碑刻铭。
磻溪伊尹，佐时阿衡。奄宅曲阜，微旦孰营。
桓公匡合，济弱扶倾。绮回汉惠，说感武丁。
俊乂密勿，多士寔宁。晋楚更霸，赵魏困横。
假途灭虢，践土会盟。何遵约法，韩弊烦刑。
起翦颇牧，用军最精。宣威沙漠，驰誉丹青。
九州禹迹，百郡秦并。岳宗泰岱，禅主云亭。
雁门紫塞，鸡田赤城。昆池碣石，巨野洞庭。
旷远绵邈，岩岫杳冥。治本于农，务资稼穑。
俶载南亩，我艺黍稷。税熟贡新，劝赏黜陟。
孟轲敦素，史鱼秉直。庶几中庸，劳谦谨敕。
聆音察理，鉴貌辨色。贻厥嘉猷，勉其祗植。
省躬讥诫，宠增抗极。殆辱近耻，林皋幸即。
两疏见机，解组谁逼。索居闲处，沉默寂寥。
求古寻论，散虑逍遥。欣奏累遣，戚谢欢招。
渠荷的历，园莽抽条。枇杷晚翠，梧桐蚤凋。
陈根委翳，落叶飘摇。游鹍独运，凌摩绛霄。
耽读玩市，寓目囊箱。易輶攸畏，属耳垣墙。
具膳餐饭，适口充肠。饱饫烹宰，饥厌糟糠。
亲戚故旧，老少异粮。妾御绩纺，侍巾帷房。
纨扇圆絜，银烛炜煌。昼眠夕寐，蓝笋象床。
弦歌酒宴，接杯举觞。矫手顿足，悦豫且康。
嫡后嗣续，祭祀烝尝。稽颡再拜，悚惧恐惶。
笺牒简要，顾答审详。骸垢想浴，执热愿凉。

驴骡犊特，骇跃超骧。诛斩贼盗，捕获叛亡。
布射僚丸，嵇琴阮啸。恬笔伦纸，钧巧任钓。
释纷利俗，并皆佳妙。毛施淑姿，工颦妍笑。
年矢每催，曦晖朗曜。璇玑悬斡，晦魄环照。
指薪修祜，永绥吉劭。矩步引领，俯仰廊庙。
束带矜庄，徘徊瞻眺。孤陋寡闻，愚蒙等诮。
谓语助者，焉哉乎也。

4．金额录入练习

人民币单位和金额大写

零　壹　贰　叁　肆　伍　陆　柒　捌　玖　拾　佰　仟　万　元　角　分　正　亿

壹　佰　元　正

叁拾伍万肆仟伍佰元正

柒万元正

陆万伍仟壹佰元零伍角叁分

玖万元正

捌仟肆佰肆拾壹元叁角正

叁亿元正

贰拾陆万叁仟元零壹角正

捌拾贰元正

肆万陆仟贰佰壹拾伍元正

陆拾元正

壹万贰仟叁佰肆拾伍元正

玖佰元零叁角正

玖佰元正

壹拾伍万肆仟壹佰伍拾元正

壹万元正

捌万叁仟壹佰元零肆角叁分

叁拾玖元正

伍仟伍佰肆拾壹元玖角正

捌亿元正

壹万陆仟柒佰元零伍角正

柒拾元正

叁万捌仟元零肆角陆分

玖万叁仟元正

伍万贰仟柒佰肆拾玖元正

贰仟肆佰元正

5．地址录入练习

（1）地址中的常用字

省市县区路号街之巷楼房镇村乡队

（2）地址录入

邮编	地址	单位名称
200030	福州路465号	上海书城总店
200030	中山南二路909号	宛平路特价书店
100084	北京市海淀区	清华大学
222023	连云港新建西路	江苏省海州高级中学
215431	太仓浏河镇新东街	太仓市明德中学
215430	东台市新东西路	江苏省东台中学
547019	河池市下考乡	河池市下考乡中学
542800	贺州市建设东路	贺州市八步二中
542800	贺州市牛仔湾巷	贺州市八步一中
542802	贺州市步头镇	贺州市步头镇中学
525200	高州市河西路	广东桥港理工学校
547100	环江县大才乡	环江县大才中学
525201	顺德市北滘镇	广东碧桂园学校
510630	石牌岗顶中山路	中山大学附属第三医院
430072	中国武汉珞珈山	武汉大学
266003	山东青岛市鱼山路	青岛海洋大学
250100	济南市山大南路	山东大学
250022	济南市济微路	济南大学
266071	青岛市郑州路53号	青岛大学
264005	烟台市莱山区	烟台大学
252058	聊城市文化路34号	聊城师范学院
545012	柳州市石碑坪	柳州市长虹机器制造公司子弟学校
210046	仙林大道138号	南京中医药大学
545002	柳州市北雀路	柳州市柳州化肥厂子弟学校
545001	柳州市白沙路	柳州市柳州化锌品股份有限公司中学
246011	安徽安庆菱湖南路	安庆师范学院
330013	南昌市庐山南大道	江西财经大学
350007	福州市仓山区	福建师范大学
545001	柳州市友谊路	柳州市区建五公司子弟学校
545005	柳州市桂柳路	柳州市三门江林场子弟学校
210098	南京市西康路1号	河海大学
545001	柳州市锦绣路	柳州市针织总厂子弟学校
545005	柳州市水南路	柳州市冶炼厂子弟学校
547200	南丹县河东路	南丹县城关镇中学
310018	杭州市下沙高教区	杭州电子科技大学
547205	南丹县大厂镇	南丹县华锡集团初级中学
200090	上海市平凉路	上海电力学院

拼音输入法训练指导

拼音输入法有着易学的特点，尽管它有着重复率高等影响录入速度的因素存在，但在汉字录入的应用中，拼音输入仍是大多数人使用的一种输入法。本章主要介绍搜狗拼音、百度拼音和微软拼音三种输入法的使用方法和技巧，并指导学习者如何开展训练。

15.1 搜狗输入法

15.1.1 搜狗输入法入门

知识目标

- 了解搜狗输入法的输入方式。

知识要点

搜狗输入法，是由搜狐公司推出的汉字输入法，分为搜狗拼音输入法和搜狗五笔输入法。用户在使用搜狗输入法时，可以选择纯拼音输入、纯五笔输入和五笔拼音混合输入，还可以通过互联网备份自己的个性化词库和配置信息。它是目前较为流行的一种方便、快捷、灵活的输入方法。

1. 搜狗拼音/五笔输入法的打开方式

一般情况下，打开搜狗拼音/五笔输入法只需用鼠标单击“语言文字栏”中的输入法切换按钮，选择搜狗拼音/五笔输入法即可。此外，还可以通过按 Ctrl+Shift 组合键切换输入法，直到切换为搜狗拼音/五笔输入法。当系统仅有一种输入法或搜狗拼音/五笔输入法为默认的输入法时，按下 Ctrl+Space 组合键即可切换为搜狗输入法。

搜狗拼音输入法状态栏

搜狗五笔输入法状态栏

2. 搜狗输入法的输入方式

下面将分别介绍搜狗拼音输入法和搜狗五笔输入法，学习者可从中挑选适合自己的输入法进行练习，以达到能灵活运用的目的。

1）搜狗拼音输入法

搜狗拼音输入法是搜狗公司推出的一款基于搜索引擎技术的新一代的输入法产品。它可通过全拼、简拼或全拼简拼的混合方式输入汉字。

（1）全拼输入方式

全拼输入方式要求输入该汉字的所有拼音字母，从弹出的候选框中选择需要的字。如果要输入词组，则要输入词组中每个字的全拼。

例如：输入“张”字，全拼要求输入“zhang”。

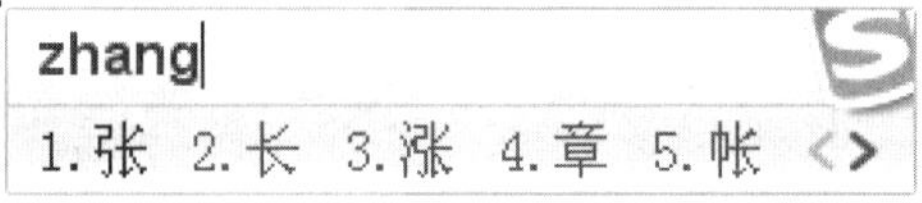

温馨提示

（1）输入单个汉字时，候选结果比较多，在当前候选框中有时找不到所需要的字，这时可按“=”键向前翻页或按“-”键向后翻页，直至找到为止。多打词组少打单字可减少这种麻烦。

（2）在输入词组时，如果后一字的拼音是以韵母开头的，记得要用隔音符号“'”与前一字的拼音隔开，否则，系统会误解的。例如：

xi’an　　xi’ai　　xian

（2）简拼输入方式

简拼输入方式支持声母简拼和声母的首字母简拼，要求输入该字的声母或首字母，再从候选框中选字。如果是词组，则要输入词组中各字的声母或首字母。

例如：要输入“中国”，输入“zhg”或“zg”都可以。

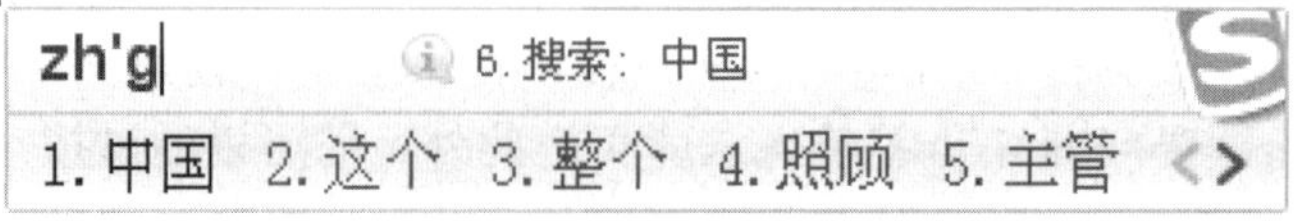

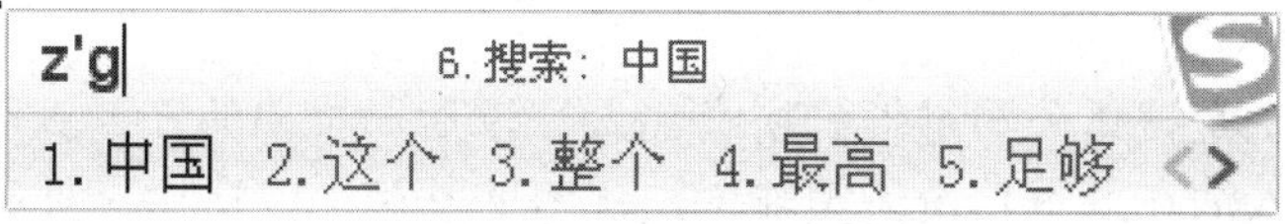

温馨提示

在简拼输入时，前面用过的隔音符号作用更大，它起着辨析音节的作用！

汉字	全拼	简拼	辨析
指挥	zhihui	zhh, z'h	简拼为 zh 不正确，因为它是复合声母“zh”
恩人	enren	e'r	简拼为 er 不正确，它是“而”等字的全拼

（3）全拼简拼混合输入方式

全拼简拼混合方式通常是指在输入词组时，部分汉字使用全拼，部分汉字使用简拼的混合输入方式。在以后的练习中会慢慢发现混合输入方式可以大幅减少候选结果。

例如：要输入“全中国”，可输入“quanzg”、“qzhongg”、“qzguo”等。

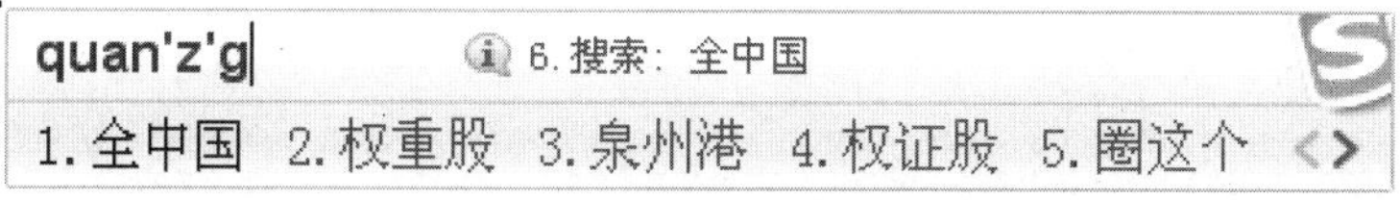

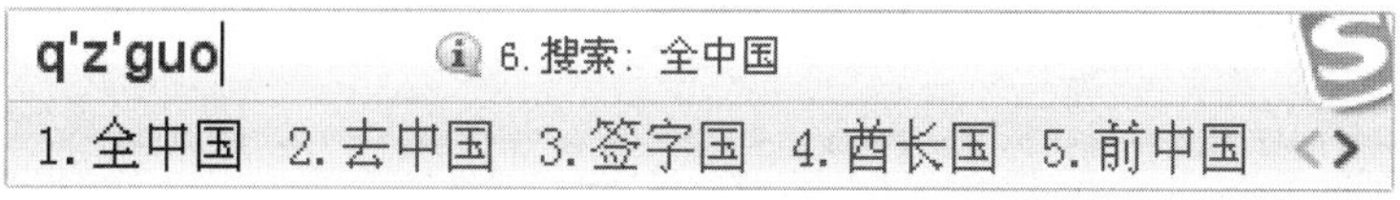

温馨提示

在全拼简拼混合方式下，隔音符号就更不能少了，如下表所示。

汉字	全拼	全简混拼	辨析
历年	Linian	Li'n, lnian	混拼为 lin 不正确，它是“林”的拼音
耽搁	dange	dan'g, dge	混拼为 dang 不正确，它是“当”的拼音

2）搜狗五笔输入法

搜狗五笔输入法是搜狐公司继搜狗拼音输入法以后，推出的一款针对五笔用户的输入法产品。搜狗五笔输入法在继承传统五笔输入法优势的基础上，融合了搜狗拼音输入法简便易用的特点，分为纯五笔输入方式、纯拼音输入方式和五笔拼音混合输入方式三种。

（1）纯五笔输入方式

此模式下输入法只识别五笔编码，重码较少，适合五笔熟练者使用。

例如："世界"一词的纯五笔输入编码为"anlw"。

（2）纯拼音输入方式

此模式下输入法只识别拼音，适合临时需要拼音输入的用户，输入方式同搜狗拼音输入法。

（3）五笔拼音混合输方式

这是输入法默认的模式，输入法既可以识别五笔编码，也可以识别拼音。适合对五笔不熟练的初学者使用。在混合输入模式下，用户无须切换到拼音输入法输入用五笔打不出的字词了，并且所有五笔字词均有编码提示，是增强五笔技能的有力助手；对于精通五笔输入法的人来说，混输模式更能得心应手，不影响原来的输入习惯。

例如："世界"一词的混输方式可以是"an+jie"、"shi+lwj"等。

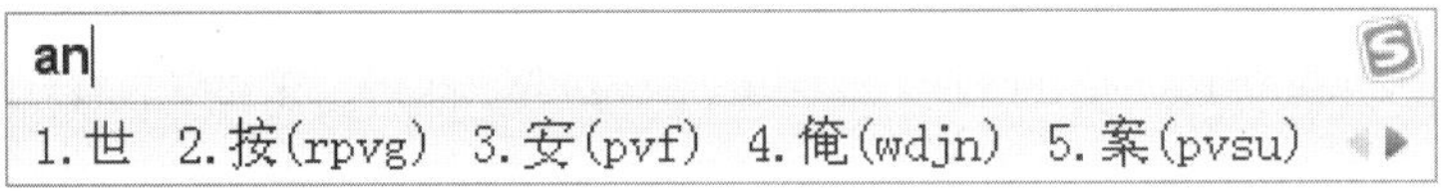

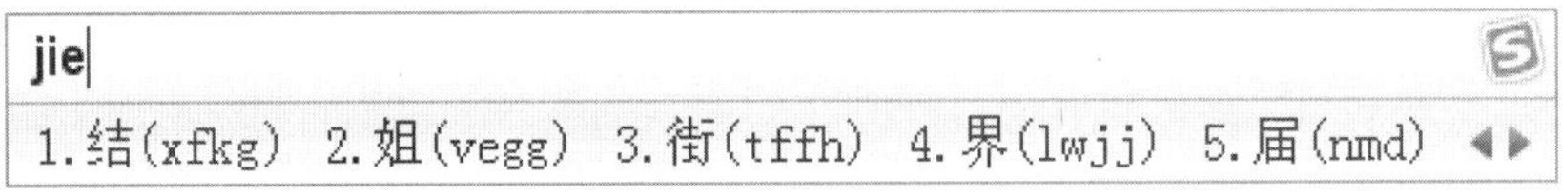

温馨提示

在五笔拼音混输模式下的输入要求：

（1）要求五笔编码和拼音编码的输入要分开，每输完一种编码要按 Space 键确认后才能切换到另一种输入模式，不能在编码框中同时输入五笔编码和拼音编码，否则会找不到相关的汉字。

（2）当输入的是拼音编码时，候选框中会显示该字或词组的五笔编码，方便学习者提高五笔技能。

3. 搜狗输入法的操作要领

1）搜狗拼音输入法的操作

在进入搜狗拼音输入法后，按下第一个字母键，就已开始了拼音输入过程，拼音输入结束后，在搜狗拼音输入法的候选栏中查看该字或词组所在的位置，若在第一位置，则按 Space

键确认；若该字或词组在其他位置，则需要按下该字或词组前的数字确认。

在搜狗拼音输入法状态下，全拼、简拼、全拼简拼混合输入方式的进入，无需作任何设置，系统会自动完成切换。

注意：如果输入拼音后直接按下“Enter”键，系统会默认输入字符串。例如，在搜狗拼音输入状态下，输入“xuexiao”后按“Enter”键，文档中显示的还是“xuexiao”，而不会显示“学校”。

2）搜狗五笔输入法的操作

第一次进入搜狗五笔输入法后，默认输入模式为“五笔拼音混输”，若要修改，可单击输入法状态条上的“设置”按钮，设置当前输入模式为“纯五笔”或“纯拼音”，下次再打开搜狗五笔输入法时，它会默认上次所设置的输入模式。五笔输入状态下的选字方式跟搜狗拼音输入法方式相同。

知识链接

搜狗输入法的中英文切换方式：

输入法默认是按下“Shift”键就切换到英文输入状态，再次按下“Shift”键就会返回中文状态。用鼠标单击输入法状态条上的“中”字图标也可以切换。

除了按“Shift”键切换以外，搜狗输入法也支持按“Enter”键输入英文，或者“v”模式输入英文。在输入较短的英文单词时，可以省去切换到英文状态下的麻烦。具体使用方法如下。

（1）按 Enter 键输入英文：输入英文，直接按“Enter”键即可。

（2）V 模式输入英文：先输入“v”，然后再输入你要输入的英文，可以包含!、@、#、$等符号，然后按“Space”键即可。

体验与探索

（1）搜狗输入法提供的各种输入方式各有什么特点？哪种输入法是你最喜欢用的？

（2）了解搜狗输入法状态栏上各按钮的功能。

15.1.2　搜狗拼音输入法的特点

知识目标

- 了解搜狗拼音输入法的特点。

知识要点

搜狗拼音输入法具有内置细胞词库、输入汉字统计、自动分词和构词、智能输入等特点，了解并充分利用这些特点，将为实现快捷输入的梦想带来极大帮助。何况多数特色都是系统自动完成的，只需少量参与。

1. 内置细胞词库

搜狗拼音输入法拥有最全最新的互联网词库，几乎所有的软件、影视、歌曲、动漫、体育、软件、游戏、品牌名词等都可以一次打出，这些词库被分门别类统称为细胞词库。它是由搜狗首创、可在线升级的细分化词库。安装各种细胞词库后，就可以输入几乎所有的中文词汇，同时可以直接快速准确地输入，如安装并启用了“唐诗三百首”的细胞词库，就可以直接输入唐诗三百首的诗句、作者名与诗名等词汇。

例如：输入“锄禾日当午”，可以一次性的输入整句“chuheridangwu”。这样就可以既准确又快速地输入该诗句了。

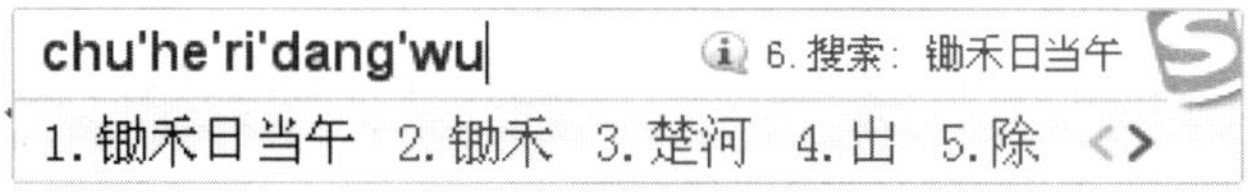

温馨提示

细胞词库并不是一成不变的。它可以随时升级，输入法可以自动下载每个词库的最新版本。这样就可以保证用户拥有一个动态化的细胞词库，能够输入最新的词汇。

2. 输入汉字统计

在搜狗拼音输入法中具有输入统计功能，使用该功能可以在输入汉字的时候，自动计算出当前的打字速度、历史最快速度、输入汉字的总字数和今天输入的总字数，如图 15-1 所示，通过该功能可以自动计算出最快的打字速度。单击窗口上的“复制数据”按钮，即可把统计的数字复制到剪贴板上，粘贴到文档中保存下来。

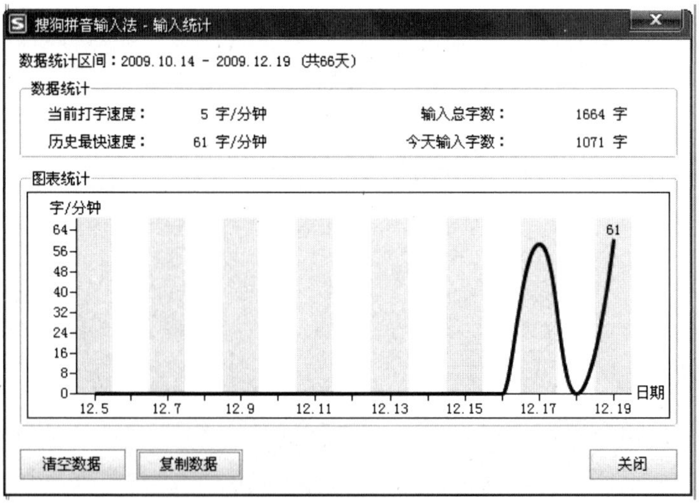

图 15-1 “搜狗拼音输入法-输入统计”界面

温馨提示

只要单击搜狗输入法状态条上的“菜单”按钮，在弹出的菜单中选择“输入统计”命令，就可以进行速度和总字数的统计了。

3．自动分词和构词

在按词输入的时候，断词越长就越快捷，但难免有想用而词库中没有的“长”词。这时怎么办？可以通过自己构造词条的方法来解决。

依照语法规则，把一次输入的拼音字串划分成若干个简单语段，并分别转换成汉字词语的过程，称为自动分词；再把这若干个词和词素组合成一个新的词条的过程，称为构词。这两个过程常是一前一后操作完成的。此后这个新构的词还会被自动暂存起来。

例如：要输入“电子路线”一词，首先输入该词的简拼“dzlx”，结果出现：

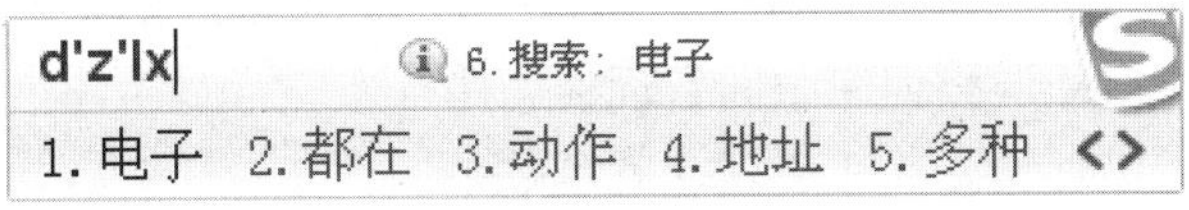

因为系统中没有“电子路线”一词，所以先分出一个“电子”并等待选择纠正。“电子”一词不用选择，因此直接按 Space 键后，出现：

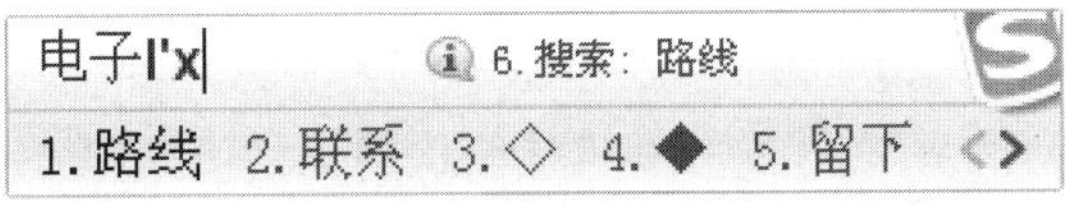

同样也给出了选择的机会，按“1”选择“路线”一词，“电子路线”即可被送入文稿中，同时系统亦完成了分词构词过程，一个新词“电子路线”被存入了暂存区。以后再打“dzlx”，这个词就会出现了，而且不用选直接按 Space 键即可，这就是自动记忆过程。

温馨提示

（1）在自动分词过程中，如果未见所需要的词条，可用“-”、“=”键向前、向后翻页，直至找到所需要的词，再按下词组前的数字确定。

（2）分词构词时采用简拼、全拼、混拼等输入方式都是可以的。

4．自动记忆

自动记忆通常用来记忆词库中没有的新词，如人名、地名、用户新构词等。自动记忆的词可以和基本词汇库中的词条一样使用。而且刚被记忆的新词具有高于普通词语、低于最常用词的频率级别。

温馨提示

刚输入一个新构词时，被记忆的新词排序靠前，但仍会被暂时存放在临时记忆栈中，当第三次使用该词后，它才会被系统自动存入词库中。如果记忆栈已满，它还不具备长期保存资格，就会被后来的词挤出，下次使用时需要重构。

5. 动态词频

在搜狗拼音输入法词库中，同音词的排放顺序是依据使用它的次数多少来确定的，用得多的排在前面，用得少的就排在后面。因此，对于不同使用者，甚至同一使用者的不同时期，可能都会有较大的偏差。所以，搜狗拼音输入法具有动态调频功能，可根据词频（一个词使用的频繁程度）来自动调整词库中同音词的词序。

因此，在计算机上进行输入操作越多，就越顺手。

温馨提示

安装搜狗拼音输入法后，系统自动默认动态词频、动态组词等高级功能，如需修改，则要按下搜狗拼音输入法状态条上的“菜单”按钮，进入“设置属性”，找到“高级”选项，在“智能输入”选项中进行修改设置。

知识链接

1．搜狗拼音输入法的细胞词库

“细胞词库”是专业精细的词库功能，是开放共享、可在线升级的细分化词库的功能名称。通过“细胞词库”功能，各个领域、行业、圈子的人群都能够大幅提高其词库覆盖率。用户只要选择适合个人应用的“细胞词库”就可以提高个人词库的广度，从而减少由于词频低的专业词汇缺乏所带来的输入麻烦。

2007年7月2日，搜狗推出了细胞词库。据搜狗桌面产品负责人介绍，细胞词库已经有近两百个库，大家平时上网可能接触到的事物都会有所涉及，如游戏、体育、娱乐等。

细胞词库是一个格式为“.scel”的文件，可通过登录搜狗拼音输入法词库网页（http://pinyin.sogou.com/dict/）下载各类适合自己的词库，下载后直接双击“.scel”文件就可以安装了。

2．搜狗拼音输入法的词频调整

由于搜狗拼音输入法的动态词频功能，会导致一些常用字或词组在候选栏上的位置发生改变，最近常用的字或词组的位置会比较靠前，如输入“mei”时，出现的单字排在第一位的可能会是“没”、“美”、“每”等。如果你想要把“没”字一直固定在第一位，可把鼠标放在候选栏的“没”字上，在弹出的快捷菜单中，选择“固定首位”选项即可，其他汉字或词组的设置方法相同。

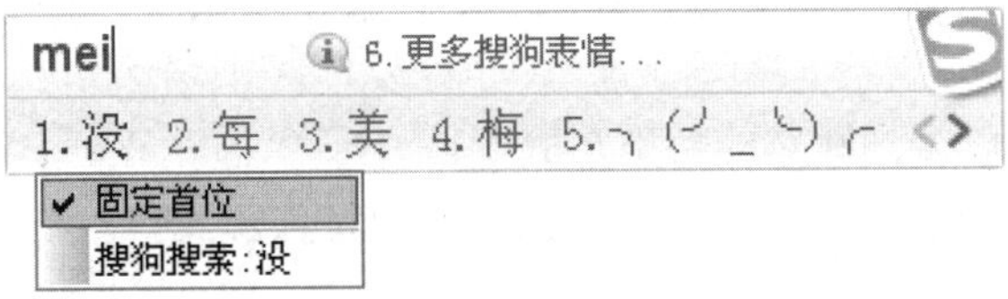

体验与探索

（1）想一想：自动分词构词时得到的新词和自动记忆中定义的新词在使用时有何不同？上机试一试。

（2）打开网页 http://pinyin.sogou.com/dict/，试着下载细胞词库“计算机名词”并安装。

（3）试着把自己常用的汉字或词组的词频设置为“固定首位”。

15.1.3　搜狗拼音输入法的使用技巧

知识目标

- 了解搜狗拼音输入法的使用技巧，有效提高输入速度。

知识要点

1．使用技巧

许多同学在进入中职学校之前，可能已经在使用搜狗拼音输入法了，可是了解并能灵活应用搜狗拼音输入法使用技巧的同学很少。下面将要介绍的使用技巧，定能为你的快捷输入助一臂之力。

1）U 模式——笔画输入

在搜狗拼音输入法状态下输入“U”后，会出现五种基本笔画（横、竖、撇、捺、折）。

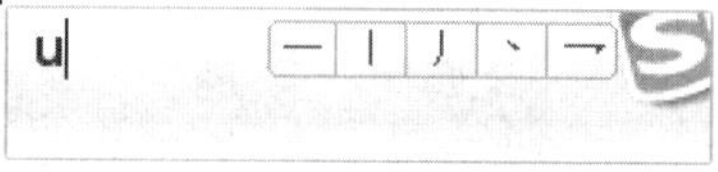

这时只要根据所需汉字的笔顺，通过输入五种笔画代码就能输出汉字。这里的“横、竖、撇、捺、折”分别对应“h、s、p、n、z”五个字母。

例如，要输入“正”字，在按下“u”后，再输入“hshsh”就可以找到该字了。

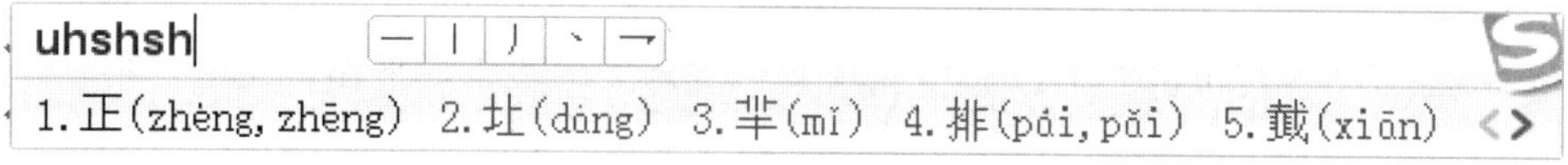

2）V模式——特殊数字输入

在搜狗拼音输入法状态下输入“v”加数字后，会出现数字的特殊形式，包括大写数字、中文数字、数字序号等。

再按下字母键就可以得到数字的特殊形式了。

在这种模式下，加上任何数字都可以得到数字的特殊形式。

3）拆分输入

对于一些似曾相识的文字，却怎么也打不出来？如“焱”、“淼”、“垚”等，搜狗的拆分输入能让你立刻得到这些字。

例如：要得到“焱”，可输入“huohuohuo”，再按下数字键6就可以了。

4）人名模式

搜狗输入法通过领先的智能组词算法，让你一次拼写，打出十亿个中国人名！

例如：要打出“李筱娟”这个名字，可以直接输入“lixiaojuan”。

然后按下数字键6，这时会进入人名模式。

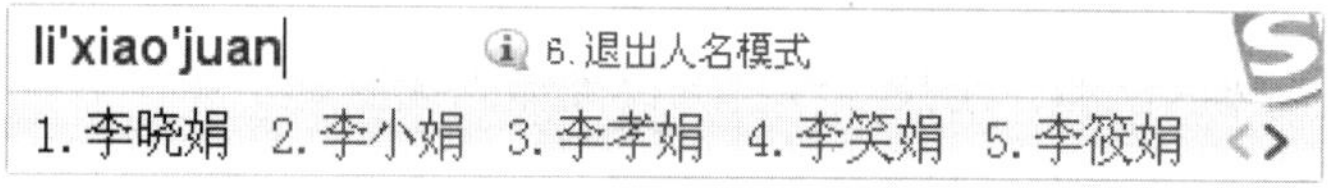

再按下数字键5就可以把名字打出来了。

5）自定义短语

在实际输入过程中，会发现某些词组或短语经常用到，但是拼写起来比较长、比较麻烦，这时可以运用搜狗拼音输入法的自定义短语功能，把一些常用词组或短语预先定义好编码，再输入时可节省输入时间。具体操作如下。

（1）单击搜狗拼音输入法状态栏的“菜单”按钮，打开“设置属性”对话框。

（2）在“设置属性”对话框中选择“高级”选项，找到并单击“自定义短语设置”按钮。

（3）在“自定义短语设置”对话框中单击“添加新定义”按钮。

（4）在“添加自定义短语”对话框的“缩写”一项中输入要编辑短语的英文缩写，并把该短语填在下方，单击“确认添加”按钮即可。

例如：事先定义了短语“中等职业技术学校”的编码为“zdzx”，只要在搜狗拼音输入法状态下输入就可得到。

自定义短语可用于定义最长 32000 个汉字或英文字符。

6）快速输入时间日期

（1）在搜狗拼音输入法状态下，输入“sj”，再按下数字键 2 或 3，可以得到当前系统时间：

（2）在搜狗拼音输入法状态下，输入“rq”，再按下相应数字，可以得到当天系统日期的各种形式。

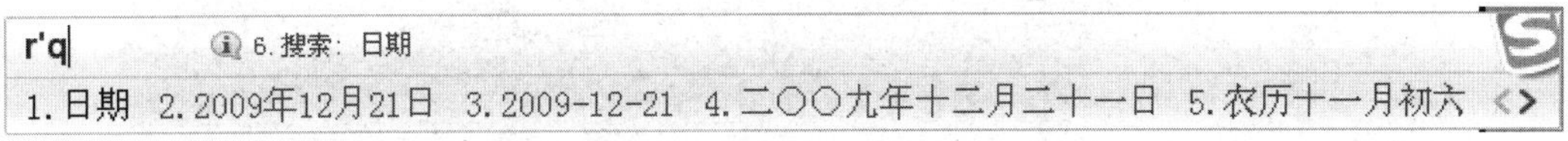

（3）在搜狗拼音输入法状态下，输入“xq”，再按下数字键 3，可以得到当前系统星期。

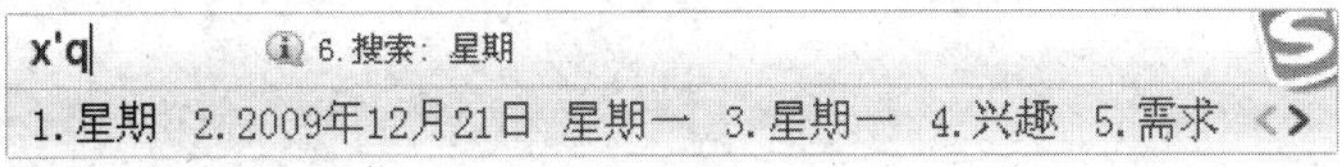

2. 输入的大体规律

见词打词，尽量不打单字，把握输入的大体规律，全面提升录入速度。

（1）建立比较明确的“词”的概念，尽量按词、词组、短语输入。

（2）三音节以上的词语都可以简拼输入，尤其是常用词语。个别情况下，尤其是在三音节的情况下，对其中的一个音节全拼，以区别同音词。

（3）最常用的双音节词可以简拼输入，这些词大约有 500 个。一般常用词，可采用混拼输入。普通双音节词，应当采用全拼输入。

（4）充分利用“以词定字”的功能来输入单字。

体验与探索

（1）在搜狗拼音输入法的诸多输入方式中，哪一种方式较适合你？如果始终只用一种方式输入会遇到问题吗？

（2）如果你对拼音不熟，而且有方言口音，采用哪种输入方式为主较好呢？

15.2 百度拼音输入法简介

知识目标

- 了解百度拼音输入法的安装与使用方法。

知识要点

1．百度输入法的安装

（1）打开 IE 浏览器，访问地址为 shurufa.baidu.com，在首页中单击“立即下载”按钮，如图 15-2 所示，下载百度输入法。

图 15-2 下载百度输入法

（2）运行安装文件，出现安装界面，如图 15-3 所示。单击“安装”按钮即可进行百度输入法的安装。

（3）安装成功后会出现如图 15-4 所示的界面，取消选中“运行设置向导”、“加入用户体验计划”复选框，单击“完成”按钮完成输入法的安装。

图 15-3 安装输入法

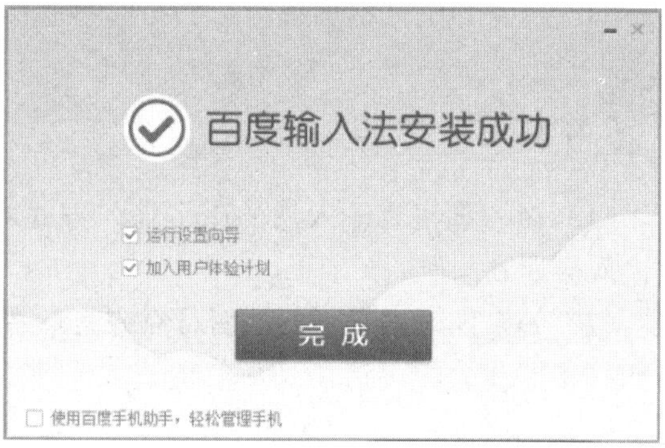

图 15- 4 完成输入法的安装

2. 输入法界面介绍

状态条如下图所示。

状态条上的图标从左到右分别表示“输入状态”、“全角/半角符号”、“中文/英文标点”、“设置菜单”。

输入窗口如下图所示。

窗口上排是用户输入的拼音，下排是候选字词，输入所需的候选字词对应的数字，即可输入该词。第一个词默认显示为红色，按 Space 键即可输入。

3. 切换出百度输入法的方法

将编辑光标定位在需要输入文字的位置，使用 Ctrl+Shift 组合键切换输入法，选定“百度输入法”。也可以直接用鼠标通过“语言栏”选择百度输入法。

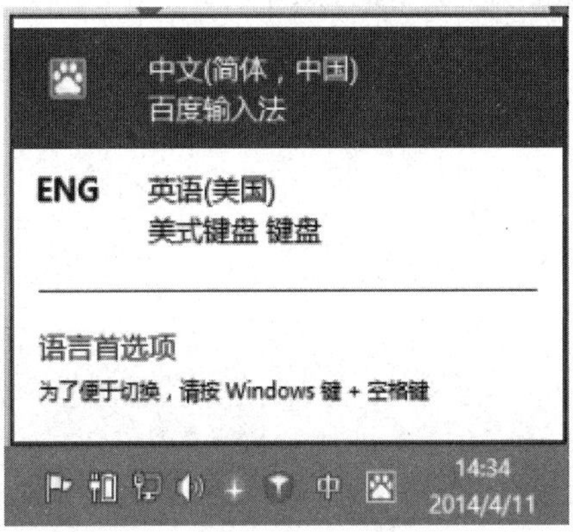

当系统仅有一个输入法或默认输入法即为百度输入法时，只需按下 Ctrl+Space 组合键即可切换出百度输入法。

4. 百度输入法中翻页选字方法

百度输入法使用逗号（，）句号（。）为默认翻页键。在输入拼音后，按下句号（。）键开始向下翻页选字，功能与 PageDown 键相同。找到所需要的字后，按对应的数字键即可输入；百度输入法支持的翻页键还包括“-”、“=”、“[”、“]”等，以满足不同输入选字习惯者的需求。此外，用户也可以直接单击输入框右下角的按钮进行翻页。

5. 百度输入法支持的拼音输入模式

百度输入法默认支持全拼和双拼两种拼音模式，经过扩展管理还可以添加手写输入、语音输入、亲笔信和神马传文模块，扩展管理中部分录入插件会在后续相关章节中讲解。

全拼和双拼输入模式与搜狗输入法使用方式相同。

知识链接

1．百度输入法的拼字输入模式

使用者不知道汉字的读音是拼音输入法录入过程中的难题之一。百度输入法还提供了笔画输入模式，即按“U”之后输入窗口可以看到五个基本笔画按钮，可以按书写顺序单击录入。

为了提高拼写汉字笔画的效率，百度输入法在“U”模式下添加了拼字方式，如要输入“醰”字，在不知其读音的情况下，可以先按“U”键，再按拼音方式依次输入“林”和“田”的拼音“lintian”，便会出现“醰（tán）”的选项，这样输入要快捷并且准确得多。

2．百度输入法的云输入结果

百度有雄厚的搜索引擎运营背景，所以在社会热词和专业词汇方面有着特殊的存储方式。通过云技术可以将这些随时更新的词汇库共享给用户使用，从而提高输入的准确度，特别是在长句输入时能提高录入效率。

15.3　微软拼音输入法简介

知识目标

- 了解微软拼音输入法的安装与使用方法。

知识要点

1．微软拼音输入法发展介绍

微软拼音输入法是 Windows 系统从 XP 版本开始自带的一款中文输入法。微软拼音输入法在“智能 ABC”的基础上对长句输入提供了更好的支持。

在 Windows 8 中自带的是“微软拼音简捷 2012”，是由微软与哈尔滨工业大学联合研制的，功能上全拼、双拼、联想、词典都有，有自学习、自造词功能，在词组记忆上，普通用户经常用的表情和符号也加入进来，输入界面可以自定义（无更换皮肤功能）。

2．微软拼音输入法的启动

由于微软拼音输入法是 Windows 原生输入法，所以无需安装，并且在系统安装后是默认可切换的，可以通过 Ctrl+Shift 组合键进行切换。

由于其他原因微软拼音输入法被从语言栏中删除，则可以通过如下步骤进行设置。

（1）添加输入法需要启动“语言”对话框，有两种方法开启。

① 选择“开始”→“控制面板”→“时钟、语言和区域”选项，在弹出的对话框中单击“更换输入法”按钮。

② 单击任务栏中的语言栏，选择“语言首选项”选项。

通过以上两种方法可以得到“语言”对话框，如图 15-5 所示。

图 15-5　“语言”对话框

（2）单击“中文（中华人民共和国）”一栏右侧的“选项”按钮，进入“语言选项”对话框，如图 15-6 所示。

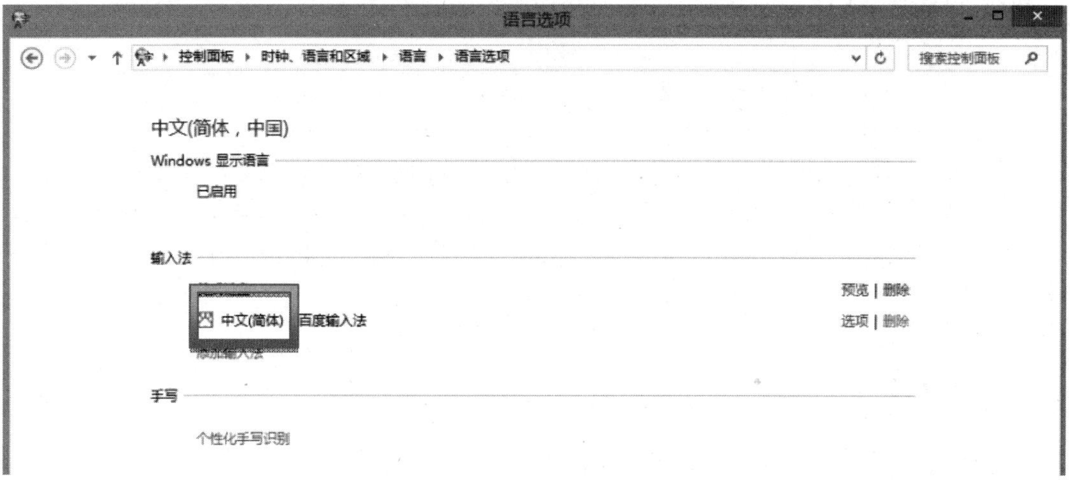

图 15-6　“语言选项”对话框

（3）选择“输入法”一栏下的“添加输入法”选项。会出现“输入法”对话框，如图 15-7 所示。

图 15-7 “输入法”对话框

（4）选择“微软拼音”输入法，单击“添加”按钮，便可以通过 Ctrl+Shift 组合键切换到微软拼音输入法进行汉字录入。

3．微软拼音输入法界面及操作

微软拼音简捷 2012 与旧版本有了全新且便捷的操作界面。

该操作界面具有更简明、选项更突出和反应更敏捷的特点。虽然仍存在一定的问题，但是相对于旧版本，微软拼音简捷 2012 算得上是一次“重生”。微软拼音虽然在特点上没有搜狗输入法和百度输入法突出，但是容易适应的操作体验和随时可以使用的便捷功能使其得到部分用户的认可。

知识链接

1．Windows7 系统下微软拼音输入法的添加

在 Windows7 系统下添加微软拼音输入法，使用的版本是微软拼音输入法 2007。添加的方法如下。

（1）选择“开始”→“控制面板”→“时钟、语言和区域” →“区域和语言”选项，单击“键盘和语言”标签，单击“更改键盘 ”按钮，如图 15-8 所示。也可以通过右击“语言栏”，在弹出的快捷菜单中选择“设置”选项。

（2）在打开的“文本服务和输入语言”对话框中选择“常规”选项卡，单击“添加”按

钮，如图 15-9 所示，弹出“添加输入语言”对话框。

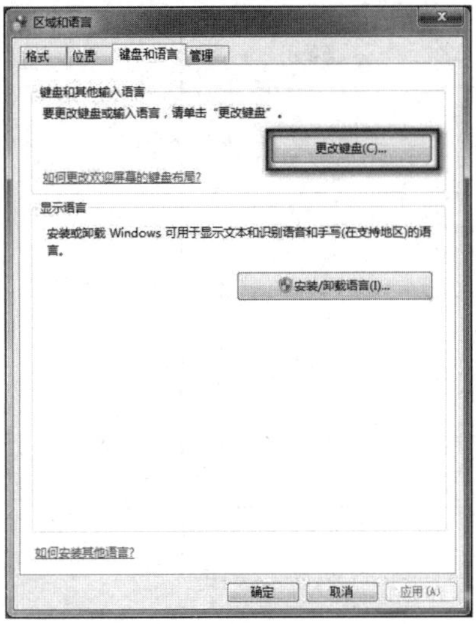

图 15-8 “区域和语言”对话框

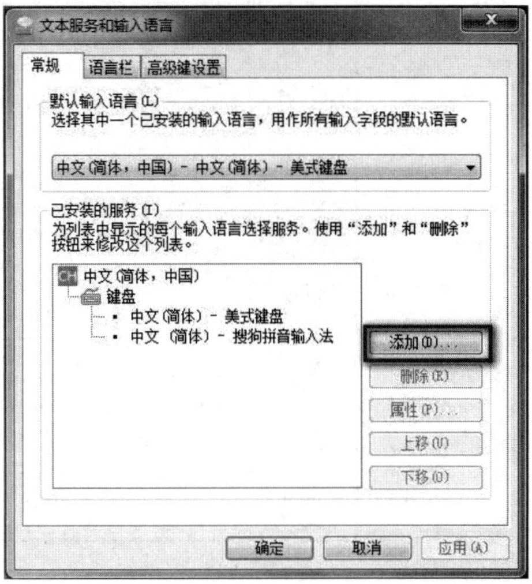

图 15-9 “文本服务和输入语言”对话框

（3）在“添加输入语言”对话框中单击“中文（简体，中国）”→“键盘”展开按钮，选中“微软拼音输入法 2007”复选框，单击“确定”按钮即可完成输入法的添加，如图 15-10 所示。

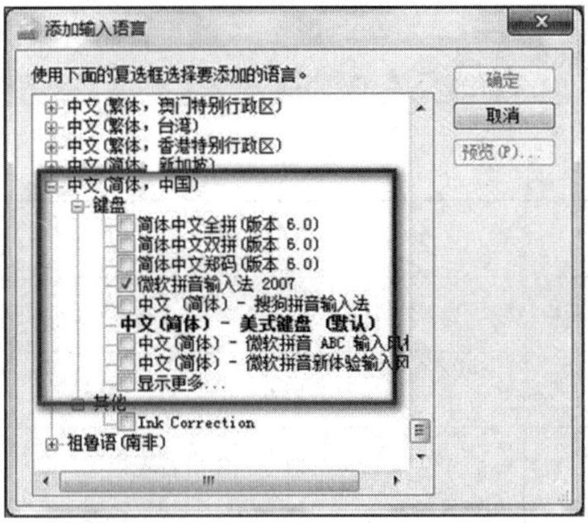

图 15-10 “添加输入语言”对话框

2. 界面和操作方式

1）状态条

状态条指示当前的输入状态，通过单击上面的按钮来切换输入状态及改变微软拼音输入法的属性设置。

2）常用快捷键

微软拼音输入法的快捷键常被作为搜狗拼音等第三方输入法的快捷键参考，这里介绍一些常用快捷键和按钮。

按钮	作　　用	快捷键
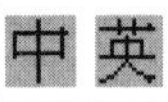	切换中英文输入模式	Shift
	切换全半角模式	Shift + Space
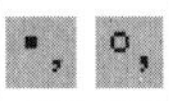	切换中英文标点模式	Ctrl + .
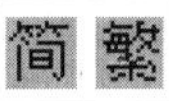	切换简繁体模式	无
	软键盘开关	无
	输入板开关	无
	激活功能菜单	无
	打开帮助文件	

3）拼音窗口

拼音窗口显示用户键入的拼音字母，每次只能显示一个汉字的拼音，当用户键入下一个音节或音节切符时，微软拼音输入法会自动将上一个音节的拼音转换成汉字并显示在组字窗口中。

4）拼音窗口的操作

按　　键	动　　作
空格	音节切分，将拼音转换成汉字
回车	音节切分，将拼音转换成汉字
单引号	音节切分，将拼音转换成汉字
BackSpace	删除前一个拼音字母
Esc	取消当前拼音输入，并关闭拼音窗口
鼠标	不支持

5）候选窗口

候选窗口列出了具有相同读音的汉字或词组，如下图所示。用鼠标或数字键来选择候选词语，可以减少击键次数并提高转换准确率。

6）候选窗口的操作

按　　键	动　　作
空格	选中候选字
回车	选中候选字，并确认输入
上、下方向键	选择候选字
- Pageup	候选窗口向前翻页
+ Pagedown	候选窗口向后翻页
Esc	关闭候选窗口
鼠标	选择候选词、排序方式或翻页

7）修改拼音

① 按左、右方向键将光标移到要修改汉字的左边。

② 按撇号（～键），光标右边汉字的拼音显示在拼音窗口中。

③ 修改拼音窗口中的拼音。

温馨提示

组字窗口中最多显示 32 个汉字，字符数超出这个范围，最先键入的内容被自动确认。

15.4　拼音输入法入门训练

能力目标

- 能使用拼音输入法提供的各种输入方式进行文稿字、词的输入，为后期综合利用各种输入方式做好准备。

以搜狗拼音的训练为例：

- 全拼输入方式、简拼输入方式录入的速度标准：30 字/分钟。
- 全拼简拼混合输入方式的速度标准：40 字/分钟。

训练指导

1. 指法要求

能按照前面英文录入的指法要求进行录入。

2. 训练难点及突破要领

全拼方式：输入字母多，会有少量韵母因想不起而打不出。
简拼方式：重码多，需翻多页才能找到。
全拼简拼混合方式：易漏打隔音符。

3. 训练过程

分阶段逐个进行各输入方式的体验，每种方式首先进行单字输入的练习，在基本弄清该输入方式后，可转入“体验与探索”中的短文输入练习，而且要见“词”打“词”，从开始就培养按词输入的好习惯。

温馨提示

初学阶段，建议练完一种方式并达到相关能力目标后，再进入另一种输入方式的练习，这样体验会更真切。千万不要操之过急，过早进入全拼和简拼的混合输入方式。

体验与探索

下面的每篇文章字数约为500个，能在10～20分钟完成其中一篇的输入，就算达标，就可以转入下一输入方式的体验练习。

文章练习一

远方，除了遥远，一无所有。海子是这样说的。岁月流逝了，也褪去了许多青绿的梦。但心中依然澎湃着流浪的激情。远方总有一种声音在呼唤着我，让我趁着年轻，背起行囊，浪迹天涯。

当夜幕降临，满眼都是灯红酒绿，青男绿女，我知道我的梦想将成为经典绝唱。当爱情在利益的暗流下泛滥，当如水的灵魂遗失在街头之时，当勇敢的呐喊也开始缄默之时，当人们开始为世俗追逐、流于庸俗之时，我的心也开始躁动不安，只想逃离人群。但这里只有热闹，没有灯火阑珊。我总想丢弃世俗的功名利禄与浮华，把喧嚣踩在脚下，寻找一片心灵的桃花源。梦想在远方召唤我，我想去流浪。我的生命里浸透了流浪的芬芳。我的眼睛实在揉不进半点肮脏。

我想在秋风萧瑟的黄昏背上吉他起程，身后是一片落日的余晖，满地的落叶。无须为我舞蹈送行。繁华落尽，就让太阳为我悲壮！也无须挽留唤醒我，因为我不是在梦游，我只是一个孤独的流浪者。你无法唤醒我，因为我的梦在远方，注定要漂泊。当时光只剩我一人咀嚼，那就请让满天的星星点缀我绿色的梦。

踏着历史的尘埃，顶着古老的月亮，怀着虔诚的心，向着远方。我只想看看那大漠里欢快舞蹈的风沙与落日，看看那大如席的燕山的雪花，看看那卷起千堆雪的海浪。我只想把千山万水走遍。

文章练习二

这个冬天，我很少看见零落的星光。尽管很长很长的时间都是持续的晴天。今年的秋天，真的就像飞逝而去飘落的那些回忆。好像整个秋天的伤感都移到了冬天。不仅只是伤感，遗落的还有冻结的年少往事。冬天的雪大片大片，掩埋了思念。没有想过怎么会在这个冬天活在蔓延无边的空虚寂寞里。我在所有人中间笑着，看着他们来来去去的身影。有人说，我变得很快乐了。到底是不是呢？为什么我会在看着夕阳消失的时候一瞬间很忧伤。很多时候，我想让自己变成一个任性的孩子。而那样单纯的样子只是出现在梦里。梦醒来，我发现自己依然寂寞，依然是个落魄的人。我在梦里幻化成一片飘落的枫叶，有过的故事在秋天里百转千回，断断续续。我是谁的过客，留在我梦里的纯真是谁当年的样子，只是当年才有的样子。这个冬天，阳光很好，真的很好。而我，却一点一点远离了曾经想念过的很多很多人。那些点缀过我铅灰色天空的光亮，正慢慢消散在苍茫的冬雾里，凝结成忧伤的水珠，再后来，全都消失不见……

去关注那些同样在生活漫长的期待中进行着无休止地追寻的孩子，告诉他们：只要希望不停止，只要心灵世界地追寻不停止，那些梦想终有一天会来到眼前。

文章练习三

许多孩子都喜欢一边听音乐、一边学习，家长对此并不赞同。美国科学家 7 月 24 日发表的观点对家长们是一种支持。文章指出，一心多用与专心致志是两种完全不同的学习方式，不仅过程不同，而且效率迥异。受其他事物干扰时，人对所学知识往往掌握不牢，导致日后运用困难。

人类主要有两种学习方式。

叙述性学习：人类在进行叙述性学习时，大脑记忆储存区十分活跃，能够比较牢固地掌握所学知识，以便日后灵活运用。例如，你把电话号码背下来，必要时能随时随地说出它，这就是叙述性学习。

习惯性学习：而习惯性学习则是一种“耳熟能详”的学习方法。例如，如果别人在你面前反复提到一个电话号码，你就会对它有印象。虽然你不能说出具体数字，但能在电话机上拨出完整号码。

叙述性学习显然比习惯性学习更具优势，因为使用习惯性学习方法获取的知识，只有在特定情况下才能被激活，不能随时使用。除了过程和成效不同，叙述性学习和习惯性学习还是两种互不兼容的学习方式。在某一特定时刻，只有其中一种方式起作用。

通过对 14 名受试者进行脑成像研究，专家发现，当专心致志、集中全部精力学习时，人一般使用叙述性学习方法。而一心多用、分神同时处理多种信息时，则多数使用习惯性学习法。

测试要求

测试时，从以上文章中任选一篇进行考核，以 10～20 分钟完成视为达标。在体验时围绕这些文章反复练习，就一定能通过。

15.5 拼音录入综合训练

能力目标

- 能在文稿的录入过程中，自然地应用输入法的输入技巧。
- 能以一种方式为主，灵活选用其他方式和技巧，使录入速度达到以下标准。
  初级：30 字/分钟。
  中级：50 字/分钟。
  高级：70 字/分钟。

训练指导

1. 训练难点及突破要领

正确选择适合自己特点的输入方式是成功实现快速录入的关键，也是一个难点。有些人看见别人使用某种方式录入快，也跟着用这种方式输入，岂不知有可能刚好用了自己的短处，怎能提高？这里有几点建议供初学者参考。

（1）如果拼音不错，键盘也熟练，则采用标准变换方式，输入过程以全拼为主，其他输入方式为辅。这样最为节省脑力，能够很好地保持输入和思维的一致性。

（2）如果对拼音不熟，而且有方言口音，则应当以简拼的方式为主，辅之以其他输入方式。

（3）完全不懂拼音，而且也很难学会的人，则适合五笔输入法。

要学会不完全局限于一种输入方式，而是以一种输入方式为主，充分利用拼音输入法的特点和技巧，调整采用多种输入方式的灵活策略进行训练，达到全方位提高录入速度的目标。

在练习时注意培养自己使用技巧的思维，使之成为下意识地行动。一时忘记了可用技巧而未用的，一经发现就立刻删去此处，改用相关技巧输入，自然会形成好习惯。

2. 训练过程

对文稿反复进行录入训练，同时要注意建立较明确的“词”的概念，尽量按词、词组、短语输入，并把握好以下一般原则。

（1）能组成词语的，一定一次性输入字母，在候选栏中直接按数字键选入，绝不连着一起输入 2 个词语后查找，除非你有心构词。

（2）有需要使用引号的时候，最好一起连打两下，再移动光标到引号之间进行文字输入。这样能保证前引号接着后引号，可节省分开输入时间。

（3）有些连贯的词语需要重复，先直接输入不重复的再移动光标至词中，再输入一次。例如：“清清楚楚”、“干干净净”，可先输入“清楚”、“干净”后再移动光标至词中，再输入一次。这样不仅容易输入正确，而且比一个个字找出来要快捷得多。

（4）对前鼻音后鼻音吃不准的字，可用混拼输入带该字的词语，然后删除不要的那个字，如“望”字，就可输入“zhanw”待出现“展望”后删除“展”字。

体验与探索

使用本书“第 14 章 中文文章录入训练”中的连续文本来作为文稿进行录入训练。

测试要求

测试时从以上文章中任选一篇进行考核。要求在训练时围绕这些文章反复练习，争取达标。

听打训练指导

16.1 听打入门

能力目标

- 掌握听打训练方法。

知识要点

1. 听打训练介绍

边听边录入的录入方法称为听打。与看文稿打字相同，听打也有现成的对照。这个对照不是文本，而是声音。声音是日常生活中接触最多的信息载体，不同的发音可以表达不同的意思。听打的难度在于有时同样的发音在不同的语境也会表达出不同的意思，另外，声音有不同的音色，因此从辨识度上看，难度更大，容易出现同音错别字。再者因为语速快，录入者打字能否跟上也是问题。

与人的语言（或语义）同步记录称为速记，是听打主要的应用范围，它包含以下三个意思：

（1）速记的录入方式属于听打，主要是记录人的语言及与语言相关的非语言信息；

（2）有速度要求，能与人的语言速度（或语义速度）同步；

（3）用文字形式记录。高质量的速记工作要求“一句不漏、一句不差”。

听打的基础是录入，用户看打训练至少达到平均速度 60 字/分钟以上、正确率为 100%时，才可以转入到听打的训练环节。

目前应用听打输入方式主要分为以下两种：

（1）通过收听录音材料进行录入，形成可编辑的文字材料，如文秘人员整理领导演讲、口述的录音材料或会议录音记录；

（2）在现场边听边录入，如庭审的速记、采访会场、网络文字直播等。

这两种方法都可以实现听打录入，但就从看打到听打的转换难度而言，第一种方法比较适合普通用户，第二种方法适合对录入熟悉、对现场把握较好的专业人士。

2. 听打训练步骤及方法

1）基础篇

（1）先练习看打，看打能达到60字/分钟以上，即可进入听打的训练阶段。

（2）安装好听打软件，一般听打软件练习类型包括“词”、“短句”、“文章”三种，可以循序渐进地练习，并习惯听打。没有听打硬件条件的用户也可以听旁人朗读来进行练习。

首先以“词”为优先练习对象。当“词”练习达到一定水准时，进入“短句”练习，短句里一般含有多个“词”。当“短句”的练习达到较快水平，即可进入到“文章”的练习。

（3）利用软件系统练习听打，可先多听几遍文稿的录音，然后再练习听打。刚开始练习能达到 10 个字/分钟以上，就很不错了，每次练习可以重复 5 次以上，以便尽早熟悉听打，提高练习效果。

2）提高篇

进入文章听打练习时，每天要花 30 分钟～60 分钟反复练习一篇文章，直到可以达到听打与语音播放速度一至为止，再换下一篇文章。

3）强训及技巧篇

当听打达到50字/分钟时，可采取多种方法加强练习。

（1）教师朗读听打。教师可以用平常的语速念文稿，学生听打，这样更接近日常工作。语速可以从慢到快，循序渐进地变化，进而可以因材施教，根据学生练习情况而调整语速。

（2）当听打速度能跟上普通交谈语速时，可进一步加强练习，听打新闻、演讲稿等。

（3）适当增强听打的兴趣与娱乐性，可以边听一些电视节目，如电视剧、电影等，边将节目中的人物对话录入下来。

温馨提示

汉字读音有其特殊性，不是每个字都能对应一种声音。400 多个声韵组合覆盖了所有的汉字，这给听打带来了极大的困难。

听打输入要求使用者具有录入基础，容易上手，简单易用，但想提高速度并非易事。

听音辨识准确率与音频质量有很大关系，所以在制作音频文件时要注意普通话发音，注意咬字清晰、语速适合用户的实际情况、语句节奏合理。

知识链接

速录师是指从事语音信息实时采集并生成电子文本的人员。要求从业者具备一定文化素质、心理素质、速度素质，同时遵守速录工作的职业道德。经过国家人力资源和社会保障部职业资格鉴定中心考试合格后颁发《速录师职业资格证书》。本职业设三个等级，分别为初级速录师、中级速录师和高级速录师。

计算机速录实现方式有两种：一种是多键并击的专用键盘（俗称速录机），如图 16-1 所示，另一种为使用标准键盘的速录软件，其原理都是建立在汉语拼音方案的基础上。

图 16-1　亚伟中文速录机 II 型机

计算机速录师不是简单意义上的打字员，他不仅要具有与语言同步的文字录入速度，还要具备一定的综合素质和文化素养。是以记录有声语言即口语为主，要求对口语中的同音字词、多音字等能够准确判断和运用自如，同时还要掌握一些常用的英语缩略词，以适应报告会和国际中文论坛中涉及的名词术语、词汇，如 WTO、GDP 等。

体验与探索

教师用标准普通话在 2 分钟内朗读几个短句或成语，语速较慢（控制在每分钟朗读 40～50 个字），练习者尝试边听朗读边进行文字的录入。

范文：

这个世界永远不满足。就像猴子掰玉米那样，看到好的就把怀中的扔了，到了最后留在怀中的还是最小的。

往往喜欢在 QQ 上聊天的人，线下通常不怎么说话。而在线下活跃的人，在 QQ 上基本不说话。

伟人之所以伟大，是因为他与别人共处逆境时，别人失去了信心，他却下决心实现自己的目标。伟人所达到并保持的高度，并不是一飞就到的，而是他们在同伴们都睡着的时候，一步步艰辛地向上攀爬的。

鸟语花香、春暖花开、阳春三月、万物复苏、春风轻拂、春光明媚、马不停蹄、马到成功、龙马精神、马失前蹄、指鹿为马、一马当先、变化多端、变幻莫测、千变万化、瞬息万变、日新月异。

16.2　听打训练指导

能力目标

- 能使用输入法进行词组听打、短句听打、文章听打。
- 录入速度标准：60 字/分钟。

训练指导

（1）听打材料的类型一般分词组、短句、文章三种，学习者以循序渐进的方式进行熟悉和训练，养成听打习惯。

（2）学习者可从网络下载或制作相应的音视频文件反复进行训练，如新闻联播、百家讲坛等。

（3）对于容易打错的字，通过反复听打来加强训练。

（4）建议初学者先听打、看打同步训练，当速度达到一定水平后，再尝试完全听打的训练。

（5）熟悉词组听打后，用户可进行短句的听打训练。在进行短句听打训练的同时，还要交叉进行词组的听打训练。熟悉短句听打后，用户可进行文章的听打训练。在进行文章听打训练的同时，适当交叉进行词组、短句的听打训练。

（6）与看稿录入相似，听打也需要多听多练，做到熟能生巧。在文章的听打训练中，建议首先只练习同一个音频材料的听打，直到打字速度可以跟上材料的正常语速播放后，再换音频材料进行练习。

（7）做耳脑手模拟练习。在课外没有键盘练习录入时，可以闭眼专心收听音频材料，同时手指跟着做录入的模拟练习，逐渐形成习惯或下意识的条件反射，听打速度自然就提高了。

（8）勤能补拙，听打速度的提高是一个逐渐提升的过程，与每天的积累练习是密切相关的。但一定要持之以恒，坚持不懈。初学者刚开始进行文章的完全听打，速度一般都在每分钟几个字到十几个字。这时候要克服畏难情绪，耐心地重复听打练习，不断地调整自己的状态，慢慢地适应音频材料。请相信，不断坚持练习后，你会突然在某天为你的进步而感到惊喜。

体验与探索

练习范文：

词组类

一人传虚，万人传实	一不做，二不休	人不知鬼不觉	一去不复返	一问三不知
一人得道，鸡犬升天	一失足成千古恨	三寸不烂之舌	一物降一物	三百六十行
一夫当关，万夫莫开	一年之计在于春	万变不离其宗	下笔如有神	小巫见大巫
一叶障目，不见泰山	一是一，二是二	井水不犯河水	久旱逢甘雨	习惯成自然
一波未平，一波又起	丁是丁，卯是卯	天无绝人之路	天公不作美	无可无不可
一言既出，驷马难追	万丈高楼平地起	五十步笑百步	水火不相容	功到自然成
十目所视，十手所指	小不忍则乱大谋	不可同日而语	可望不可即	旧瓶装新酒
十年树木，百年树人	山雨欲来风满楼	不知天高地厚	民以食为天	皮笑肉不笑
八公山上，草木皆兵	无事不登三宝殿	不费吹灰之力	自以为得升	后浪推前浪
八仙过海，各显神通	不为五斗米折腰	不登大雅之堂	杀人不见血	杀人不眨眼
人而无信，不知其何	不敢越雷池一步	牛头不对马嘴	水火不相容	坐山观虎斗
三十六计，走为上计	不管三七二十一	化干戈为玉帛	快刀斩乱麻	鸣鼓而攻之
三天打鱼，两天晒网	心有余而力不足	反其道而行之	物以稀为贵	空口说白话
万事俱备，只欠东风	心有灵犀一点通	勿谓言之不顺	树倒猢狲散	恨铁不成钢
上天无路，入地无门	玉不琢，不成器	风马牛不相及	换汤不换药	桃李满天下

千里之行，始于足下　打破沙锅问到底　立于不败之地　疾风知劲草　群起而攻之
千里之堤，溃于蚁穴　失败是成功之母　出淤泥而不染　墙到众人推　行行出状元
己所不欲，勿施于人　此地无银三百两　百闻不如一见　五四青年节　三下五除二

无本之木，无源之水　不入虎穴，焉得虎子　不经一事，不长一智　有过之而无不及
不寒不流，不止不行　比上不足，比下有余　仁者见仁，智者见智　吃一堑，长一智
文武之道，一张一弛　以子之矛，攻子之盾　宁为玉碎，不为瓦全　多行不义必自毙
皮之不存，毛将焉附　老鼠过街，人人喊打　有则改之，无则加勉　羊毛出在羊身上
成则为王，败则为寇　成事不足，败事有余　当局者迷，旁观者清　来而不往非礼也
江山易改，本性难移　来者不善，善者不来　近朱者赤，近墨者黑　言必行，行必果
言之无文，行而不远　言者无罪，闻者足戒　取之不尽，用之不竭　识时务者为俊杰
取其精华，去其糟粕　卧不安席，食不甘味　斩木为兵，揭杆为旗　醉翁之意不在酒
知无不言，言无不尽　金玉其外，败絮其中　学而不厌，诲人不倦　强将手下无弱兵
视而不见，听而不闻　项庄舞剑，意在沛公　城门失火，殃及池鱼　道不同不相为谋
看菜吃饭，量体裁衣　重于泰山，轻于鸿毛　顺我者昌，逆我者亡　赔了夫人又折兵
食之无味，弃之可惜　差之毫厘，谬以千里　养兵千日，用兵一时　既来之，则安之
前人栽树，后人乘凉　前事不忘，后事之师　乘兴而来，败兴而去　胜败乃兵家常事
病从口入，祸从口出　兼听则明，偏听则暗　欲加之罪，何患无词　挂羊头，卖狗肉
毫不利己，专门利人　谋事在人，成事在天　智者千虑，必有一失　经一事，长一智
道高一尺，魔高一丈　路见不平，拔刀相助　福无双至，祸不单行　放之四海而皆准

彼一时，此一时　老虎头上搔痒　耳闻不如目见　过五关斩六将
陈谷子，烂芝麻　海水不可斗量　有志不在年高　有志者事竟成
有眼不识泰山　迅雷不及掩耳　远水不救近火　远亲不如近邻
身教重于言教　拉大旗作虎皮　英雄所见略同　事实胜于雄辩
卑之无甚高论　挟天子令诸侯　哀莫大于心死　前怕狼后怕虎
真金不怕火炼　君子之交淡如水　敢怒而不敢言　惶惶不可终日
三人行，必有我师　知其不可而为之　画虎不成反类犬　英雄无用武之地
是可忍，孰不可忍　不知人间有羞耻事　巧妇难为无米之炊　人生七十古来稀
知其一，不知其二　司马昭之心，路人皆知　冰冻三尺，非一日之寒　不管三七二十一

海阔凭鱼跃，天空任鸟飞　海内存知己，天涯若比邻　白刀子进去，红刀子出来
野火烧不尽，春风吹又生　任凭风浪起，稳坐钓鱼台　以小人之心，度君子之腹
少壮不努力，老大徒伤悲　上无片瓦，下无插针之地　以其人之道，还治其人之身

短句类

人生四项基本原则：懂得选择，学会放弃，耐得住寂寞，经得起诱惑。

只要用力呼吸，就能看到奇迹，一个人的快乐不是因为他拥有得多，而是因为他计较得少。

细数所拥有的，已经足够幸福。如果选择不能丢弃两样，那就是能不断去散发爱的心和创造自我世界的那份童真。

世界是一本书，不旅行的人只看到其中的一页。出去走走，看看不同的风景，接触不同的人和事，你会更加热爱生活。

每天都给自己一句鼓励，每天都制定一个必须达到的目标，每天减少一些无谓的抱怨，生活就会充实一些，与梦想的距离也就更近一些。

一天很短，开心了就笑，不开心了就过会儿再笑。

别低估任何人。你没有那么多观众，别那么累。温和对人对事。不要随意发脾气，谁都不欠你的。现在很痛苦，等过阵子回头看看，会发现其实那都不算事。和对自己有恶意的人绝交。人有绝交，才有至交。

你是你自己现在和未来最好的投资。所以，把自己的时间和精力，作为成本，向自己投资吧！各位努力奋斗吧。

短文

春天里

春暖花开，万物复苏。阳光普照着大地，悠悠的小草一片，鲜艳艳的红花绽放，树上的枝头已发芽。春天了，到处可以闻到花的香味。黄黄的油菜花，金灿灿的迎春花，红彤彤的杜鹃花，还有淡淡的桃花。那些嫩嫩的黄、新颖的绿、淡淡的粉、优雅的白，那些泛绿的树枝、和煦的阳光、湿润的泥土，满眼是春的气息，让人惬意无比；让人陶醉；让人无限感动；春天里让我们感受到了生命的力量。

我们一头扎入大自然的怀抱，呼吸着清新的空气沁入心脾，倾听着万物苏醒、小草抽芽的声音，贪婪地享受着春的味道。全身轻松了许多，心情出奇般的愉悦。我爱春天那种荡漾在春风中的温馨；我爱春天里缤纷色彩冲击视野的感觉。绿水青山间品尝各种具有田园芬芳的美味，我们寻找春味，寻找开心，分享踏青、分享快乐！

文章

霜叶红于二月花

“万绿丛中一点红”，成千上万的叶子总被花的娇艳所折服。人们总爱百花齐放、姹紫嫣红的二月，不喜欢草木凋零的秋天。我却喜欢“霜叶红于二月花”的季节，爱这个亦如霜叶般不肯折服的秋天。

“我爱蓝江水悠悠，爱晚亭上枫叶愁”。枫叶的美为历代文人骚客所惊叹。“昔日红霞，秋景瑰艳，尽寒霜色流丹”，在红霞的映衬下，霜叶更是可与晚霞比拟风采，美得那般惊心动魄。在江南水乡土生土长的我并没有亲眼看过那漫山遍野的枫叶，只是偶尔在漫步时看见路上飘落的一两片，然后抬头看见一棵间或两棵的枫树，然后便会久久地驻足。有枫叶的地方总会有种种情思，绿叶褪变成红色需要怎样的勇气，我们看到的是美，那成就这场惊心动魄的美的过程呢？是不是更值得我们遐想。

有霜叶的季节是成熟的季节、收获的季节。树头熟透的果实、地底埋藏的瓜果、田里一望无际的金黄、农户家中装满的粮仓、充盈的地窖，这些都让我们看到了丰收的喜悦。而这个季节也是属于我们每一个人的丰收季节，企业职工在这个季节总是在整理各式各样的报表，那一串串数字就是大家这大半年来努力的成果；这个季节总有无数的学生走出校园，走进职场，走进自己的另一段人生，这就是对这些初入职场的人们学习成果的检验。

秋天不仅因为它的丰收而美，更因为它的酝酿而美。落叶归根，我看见无数零落成泥的叶子在用它们最后的价值延续它们母亲的营养，在用它们的生命使它们母亲顶过寒冷的冬天，我们不得不对这些甘于奉献的叶子给予最真诚的敬意。当然，在表达对叶子敬意的同时，我们也得钦佩作为它们母亲的树木，正是有这些树木的包容才使这些叶子得以绚烂几个季节，而此时叶子的覆盖也是树木新的一轮酝酿的开始，有了它们的酝酿，我们才会看到它们下一次的绽放。这个季节也是作为学生的我们酝酿的季节，“金秋十月，丹桂飘香”，我们总能从校长这一遍又一遍不厌其烦地重复着的欢迎词中发出爽朗的笑声，因为我们总爱看见一群又一群新鲜的面孔注入这个大集体，秋天于它们于我们都是一个酝酿与开始的季节。在接受了一次又一次的检验过后，总会有新的征程，而作为学生的我们的新征程总是从这个“霜叶红于二月花”的季节开始，我们开始了一个新的学年，如果过去的一年中我们收获颇多，那么这一年的开始我们就要重新开始酝酿，维持住已有的成果更要开辟新的境地。而如果我们在过去的一年收获不多的话，那这个季节就更需要酝酿，突破自我需要蓄积薄发，想要发挥，就要从这个新的轮回的一开始就努力。刚刚走出校园融入新集体的人更需要酝酿，面对一个陌生的环境，一切都还要学习。当然，我们也不必自卑，这个季节才刚刚开始，万事开头难，但正因为才开始那才有无限的希望，无限的上升空间。

看到霜叶那般惊心动魄的红艳，在为之折服的同时，我也在成长。于这个季节出生，于这个季节升学，于这个季节不停地收获。“自古逢秋悲寂寥，我言秋日胜春朝”。刘禹锡的呐喊我想也唱出了我们新一代大学生的心声。“霜叶红于二月花”，我们也要在这个凋零的季节做到倾尽全力使自己更美。两年前的这个季节踏入这个可以改变自己人生命运的校园，一直在坚持自己内心的初衷，从未有所松懈。诚如自己所看到的那样，这个季节是收获也是酝酿的季节，面对这一个转折点我也在回望过去展望未来。两年前用一系列的答卷使自己踏入这所大学校园，告别了自己的青葱时代，不停地成长。过去的两年我以自己从未松懈的态度、积极肯干、稳扎稳打，终于获得了老师同学较大的肯定，一个个奖励是对自己的最大肯定。而两年中自己也有很多做得不够的地方，还有很多地方需要自己去完善。还好，现在的我又处在酝酿的季节，不够好的地方还有机会去完善，这个季节需要我用更大的精力、更饱满的热情、更高昂的态度重新踏起征程，以无悔的姿态骄傲地走完大学的后半程。

漫步在美丽的校园，偶然间又一片枫叶落入眼前，我将它拾起，开始一段新的征程。我为自己祝福。枫叶很美，我也会更美。

测试要求

播放一个用标准普通话朗读、语速较慢、内容基本为词组短句、长度为 2～3 分钟的音频文件，尝试边听朗读边进行文字的录入，要求录入速度与朗读速度基本同步，准确率能在98%以上。

语音和手写输入法训练指导

17.1 语音输入法简介

知识目标

- 了解语音输入法的安装与开启方法。

知识要点

早些时候，使用计算机只能通过键盘或鼠标这样的输入设备与计算机进行信息沟通，从 Windows Vista 开始到最新的 Windows 8.1，Windows 操作系统已经具备了通过语音识别来进行文字录入，甚至操作计算机的功能，而这些并不需要专门的软件来实现，为计算机的操作带来了很好的使用体验，更为特殊的使用环境提供了便捷的操作方式。

随着中文录入技术的发展，一些主流输入法加入了语音录入功能，这些输入法的一大特点就是本地化。由于中文输入法的不断发展和完善，使得国产输入法的输入效率要高于操作系统自带的输入法。

本节将以百度输入法为例，简单介绍语音输入法的安装与开启。

1. 百度语音输入法的安装方法

详见 15.2。

温馨提示

在输入法“设置向导”中所涉及的功能设置均为拼音录入方面的设置，与本节学习的语音输入无直接关系，所以在此不作具体介绍。

（1）安装完成后，在语言栏中选择百度输入法，如图 17-1 所示，可以看到如图 17-2 所示的输入法状态栏。

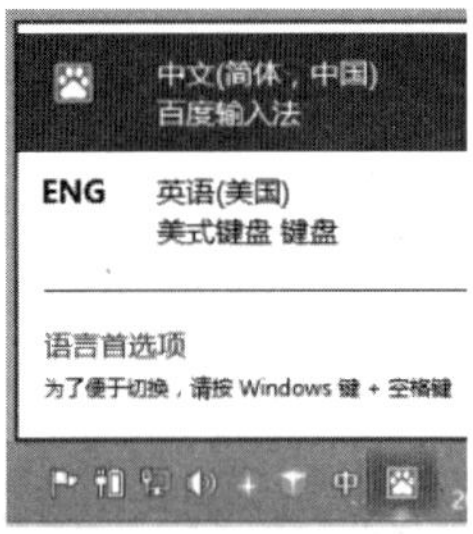

图 17-1　语言栏

图 17-2　输入法状态栏

（2）右击输入法状态栏，在弹出的级联菜单中选择“工具箱”→“语音输入”命令，如图 17-3 所示，就可以自动下载语音输入插件，如图 17-4 所示。

（3）下载完成后，会自动开启语音输入提示窗口，如图 17-5 所示。此时即可开始进行语音录入。今后在需要使用时可用第（5）步方式开启，或者直接使用 Ctrl+Shift+V 组合键开启。

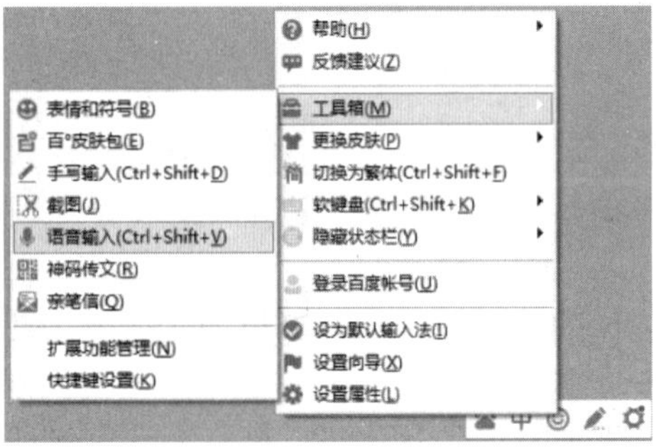

图 17-3　级联菜单

图 17-4　下载插件

图 17-5　开启语音录入

温馨提示

语音输入之所以在工作中使用得并不广泛，误差率较高是主要的原因，而为了缩小误差，需要使用者和语音识别系统之间长时间的训练磨合。

知识链接

在启动百度输入法语音录入功能时，快捷键可以通过设置来更改，操作步骤如下。

（1）右击百度输入法状态栏，在弹出的快捷菜单中选择“设置属性”选项，如图 17-6 所示。

（2）在弹出的“百度输入法设置”对话框的左侧栏中选择“按键设置”选项，如图 17-7 所示。

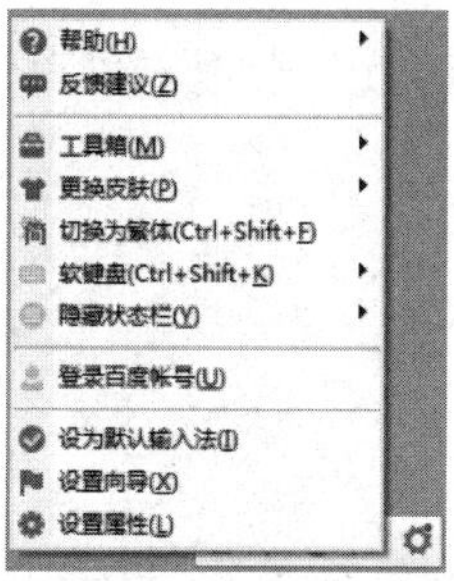

图 17-6 “设置属性”选项

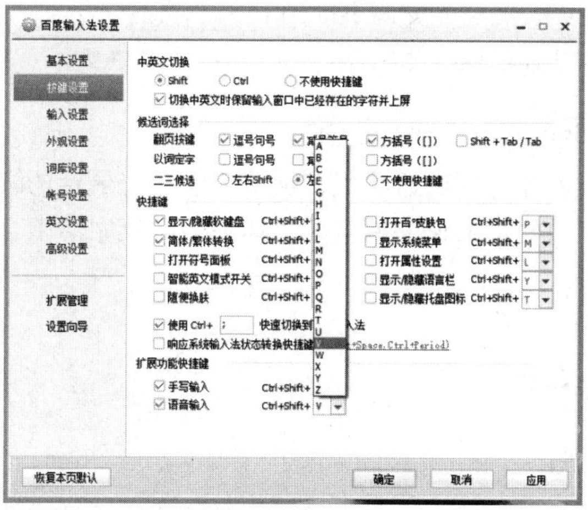

图 17-7 “百度输入法设置”对话框

（3）在右侧窗格“扩展功能快捷键”一栏下选中“语音输入”复选框，单击下拉列表框可以选择习惯使用的快捷键组合。单击“确定”按钮即可完成设置。

体验与探索

尝试安装百度语音输入法并熟悉相关的设置。

17.2 语音输入法训练指导

能力目标

- 能使用语音输入法进行文字录入、语句录入。

训练指导

1. 重视普通话发音训练

由于输入时所识别的语音要求为普通话，所以录入人员需要训练普通话发音，掌握一定的发音技巧可以提高语音录入的准确率。

2. 训练难点及突破要领

训练难点主要是轻声字、多音字和音调的准确性。

常见语音缺陷如下。

（1）声母发音部位不够准确，如翘舌音不到位、没有鼻音或没有边音等。

（2）韵母发音的缺陷多为合口呼、撮口呼的圆唇度不够，开口呼的开口度不够。

（3）调值明显偏低或偏高。

（4）第三声（上声）变调不准确。

（5）基本没有轻声、儿化韵。

3. 训练过程

一般专业都开有普通话课程，训练可参考普通话的训练过程，语音录入的要求相对普通话课程对语言的要求来说，更强调语速适中，咬字清晰，语句节奏合理，可有针对的加强语速和字音训练。

体验与探索

1. 声母辨正

（1）平舌声母和翘舌声母。普通话中翘舌声母的字比平舌声母的字要多很多，翘舌声母的字占平翘舌字总和的 70%左右，所以要多记翘舌声母的字。

（2）平舌音（舌尖前音）：zcs（舌尖向上门齿背接触）。

例如：造作 zàozuò	自尊 zìzūn	祖宗 zǔzōng
从此 cóngcǐ	猜测 cāicè	催促 cuīcù
诉讼 sùsòng	思索 sīsuǒ	松散 sōngsàn

（3）翘舌音（舌尖后音）：zhchshr（舌尖向硬腭前部接触）。

例如：战争 zhànzhēng	真正 zhēnzhēng	制止 zhìzhǐ
驰骋 chíchěng	抽查 chōuchá	超产 chāochǎn
神圣 shénshèng	事实 shìshí	舒适 shūshì
仍然 réngrán	软弱 ruǎnruò	忍让 rěnràng

shi 和 si 辩正练习

树上结了四十四个涩柿子，
树下蹲着四十四只石狮子，
树下四十四只石狮子，
要吃树上四十四个涩柿子，
树上四十四个涩柿子，
涩死了树下四十四只石狮子。

zi 和 ci 辩正练习

斧子、凿子、锤子和锯子做出了桌子、椅子和柜子；
名词、动词、副词和形容词写成了诗词、歌词和唱词。

（4）鼻音：n（舌尖抵住下齿背，形成阻塞；软腭下垂，打开鼻腔通道；气流同时到达口腔和鼻腔，但在口腔受到阻碍，气流从鼻腔透出成声。

例词：奶牛 nǎiníu 恼怒 nǎonù

能耐 néngnài 泥泞 nínìng

（5）记熟常用的 n 声母字（在普通话中较少）。

以声旁类推：那、乃、南、脑、内、尼、念、捏、宁、农、扭、努、诺、懦

不能类推：鸟、牛、暖、拟、能、闹、男、女、拿、腻、尿、碾、馁、难、年、娘

（6）边音：l（舌尖和上齿龈稍后的部位接触，使口腔中间的通道阻塞；软腭上升，关闭鼻腔通道；气流从舌头两边与两颊内侧形成的空隙通过）

例词：拉力 lālì 罗列 luóliè

流利 líulì 轮流 lúnlíu

n 和 l 辨正练习

牛牛要吃河边柳，妞妞赶牛牛不走，

妞妞护柳牛扭头，牛牛扭头瞅妞妞，

妞妞扭牛牛更拗，牛牛要顶小妞妞，

妞妞捡起小石头，吓得牛牛扭头走。

（7）分辨 h、f。多数是把 f 混入 h。分辨的重点是放在常用字的记忆上。

例如：仿佛——恍惚发生——花生

公费——工会包饭——包换

h 和 f 辨正练习

红凤凰，黄凤凰，

粉红墙上画凤凰；

凤凰飞，飞凤凰，

红黄凤凰飞北方。

2．韵母辨正

（1）汉语音韵学根据韵母开头的实际发音把韵母分为开口呼、齐齿呼、合口呼、撮口呼。

开口呼：a、o、e、ai、ei、ao、ou、an、en、ang、eng、er

齐齿呼：i、ia、ie、iao、ian、iou、in、iang、ing

合口呼：u、ua、uai、uei、uan、uen、uang、ueng、ong

撮口呼：ü、üe、üan、ün、iong

① 注意纠正撮口呼与齐齿呼的错位。

ü和 i

瘸子ü——茄子 i

下雪ü——下写 i

宣起ü——掀起 i

② 注意纠正合口呼与开口呼的错位。

U 和 OU

肚子——豆子

渡、毒、独、兔、图、足、租、熟、读、途、梳

（2）前鼻音 en、in。舌尖接触下齿背，软腭上升，关闭鼻腔通道。

例如：根本 gēnběn　认真 rènzhēn　深沉 shēnchén
　　　辛勤 xīnqín　近邻 jìnlín　信心 xìnxīn

（3）后鼻音 eng、ing。

舌尖接触下齿背，软腭下降，打开鼻腔通道。

例如：更正 gēngzhèng　声称 shēngchēng　升腾 shēngténg
　　　叮咛 dīngníng　经营 jīngyíng　姓名 xìngmíng

ing 和 eng 辨正练习

高高山上一条藤，
藤条头上挂铜铃，
风吹藤动铜铃响，
风止藤静铜铃停。

（4）防止丢失韵头。

例如：鼻韵母的韵头 U

国、钻、断、队、团、算、最、尊、岁

E、O 和 UO 辨正练习

哥哥弟弟坡前坐，
坡上卧着一只鹅，
坡下流着一条河，
哥哥说：宽宽的河，
弟弟说：肥肥的鹅，
鹅要过河，河要渡鹅，
不知是鹅过河还是河渡鹅。

3．声调辨正

（1）四个声调：阴平，阳平，上声，去声。

（2）阴平：高平调，调值为55。发音时，声带绷到最紧，始终没有明显变化，保持高音。

容易出现的错误：阴平上扬，如江西。

（3）阳平：中升调，调值为 35。发音时，声带从不松不紧始，逐渐绷紧，直至最紧，声音由不低不高升到最高。

容易出现的错误：先降再升，如：人、学、读。

（4）上声：降升调，调值为 214。发音过程中，声音主要是表现为低音段 1～2 度，这是上声的基本特征。上声的音长在四个声调中最长。

注意以下三点：

① 先降再升，一降到底；

② “升”要有一定音长且达到相应的高度（4 度）；

③ 降升过程是自然滑动，切忌只降不升或垂直升降，如：走、水、北、笔。

（5）去声：全降调，调值为 51。发音时，声带从紧开始，到完全松驰为止，声音由高到低。去声的音长在四个声调中最短。

容易出现的错误：下降不干脆，变为曲折下降，如：去、日、电。

4．语音录入正音练习

语音录入正音练习

Méiyǒu yīpiàn lǜyè，méiyǒu yīlǚ chuīyān，méiyǒu yīlì nítǔ，méiyǒu yīsī huāxiāng，
没有一片绿叶，没有一缕炊烟，没有一粒泥土，没有一丝花香，
zhǐyǒu shuǐde shìjiè，yúnde hǎiyáng.
只有水的世界，云的海洋。
Yīzhèn táifēng xíguò，yīzhī gūdāndexiǎoniǎo wújiākěguī，luòdào bèijuǎndào
一阵台风袭过，一只孤单的小鸟无家可归，落到被卷到
yánglǐde mùbǎnshàng chéngliúérxià,shānshānérlái，jìnle，jìnle!
洋里的木板上，乘流而下，姗姗而来，近了，近了！
Hūrán，xiǎoniǎo zhāngkāi chìbǎng，zài rénmen tóudǐng pánxuánle jǐquānr，
忽然，小鸟张开翅膀，在人们头顶盘旋了几圈儿，
“pūlā” yīshēng luòdàole chuánshàng. Xǔshìlèile? Háishì fāxiànle “xīndàlù”?
“噗啦”一声落到了船上。许是累了？还是发现了“新大陆”？
Shuǐshǒu niǎntā tābùzǒu，zhuātā，tā guāiguāide luòzài zhǎngxīn. Kěàide xiǎoniǎo
水手撵它它不走，抓它，它乖乖地落在掌心。可爱的小鸟
hé shànliángde shuǐshǒu jiéchéngle péngyou.
和善良的水手结成了朋友。
Qiáo，tā duōměilì，jiāoqiǎode xiǎozuǐ，zhuólǐzhe lǜsède yǔmáo，yāziyàngde
瞧，它多美丽，娇巧的小嘴，啄理着绿色的羽毛，鸭子样的
biǎnjiǎo，chéngxiànchū chūncǎode éhuáng. Shuǐshǒumen bǎtā dàidào cānglǐ，gěitā
扁脚，呈现出春草的鹅黄。水手们把它带到舱里，给它
“dāpù”，ràngtā zàichuánshàng ānjiāluòhù，měitiān，bǎfēndàode yīsùliàotǒng dànshuǐ
“搭铺”，让它在船上安家落户，每天，把分到的一塑料筒淡水
yúngěitāhē，bǎ cóngzǔguó dàiláide xiānměide yúròu fēngěitāchī，tiānchángrìjiǔ，
匀给它喝，把从祖国带来的鲜美的鱼肉分给它吃，天长日久，
xiǎoniǎo hé shuǐshǒude gǎnqíng rìqūdǔhòu. Qīngchén，dāng dìyīshù yángguāng shèjìn
小鸟和水手的感情日趋笃厚。清晨，当第一束阳光射进
xiánchuāngshí，tā biànchǎngkāi měilìde gēhóu，chàngachàng，yīngyīngyǒuyùn，wǎnrú
舷窗时，它便敞开美丽的歌喉，唱啊唱，嘤嘤有韵，宛如
chūnshuǐcóngcóng. Rénlèi gěitā yǐshēngmìng，tāháobùqiānlìnde bǎzìjǐdeyìshùqīngchūn
春水淙淙人类给它以生命，它毫不悭吝地把自己的艺术青春
fèngxiàngěile bǔyùtāderén. Kěnéng dōushìzhèyàng? Yìshùjiāmende qīngchūn zhǐhuì
奉献给了哺育它的人。可能都是这样？艺术家们的青春只会
xiàngěi zūnjìngtāmenderén.

献给尊敬他们的人。

Xiǎoniǎo gěi yuǎnhángshēnghuó méngshàngle yīcéng làngmànsèdiào，Fǎnhángshí，

小鸟给远航生活蒙上了一层浪漫色调。返航时，

rénmen àibùshìshǒu，liànliànbùshěde xiǎngbǎtā dàidào yìxiāng. Kě xiǎoniǎo qiáocuìle，

人们爱不释手，恋恋不舍地想把它带到异乡。可小鸟憔悴了，

gěishuǐ，bùhē！Wèiròu，bùchī！Yóuliàngde yǔmáo shīqùle guāngzé. Shìa，wǒmenyǒu

给水，不喝！喂肉，不吃！油亮的羽毛失去了光泽。是啊，我们有

zìjǐde zǔguó，xiǎoniǎo yěyǒu tāde guīsù，rénhédòngwù dōushì yīyànga，nǎr yěbùrú

自己的 祖国，小鸟也有它的归宿，人和动物都是一样啊，哪儿也不如

gùxiānghǎo！

故乡好！

Cí'àide shuǐshǒumen juédìng fàngkāitā，ràngtā huídào dàhǎide yáolánqù,huídào

慈爱的水手们决定放开它，让它回到大海的摇篮去，回到

lánsède gùxiāngqù. Líbiéqián，zhège dàzìránde péngyou yǔshuǐshǒumen liúyǐngjìniàn.

蓝色的故乡去。离别前，这个大自然的朋友与水手们留影纪念。

Tāzhànzài xǔduōrénde tóushàng，jiānshàng，zhǎngshàng，gēboshàng，yǔwèiyǎngguo tāde

它站在许多人的头上，肩上，掌上，胳膊上，与喂养过它的

rénmen，yīqǐ róngjìn nà lánsède huàmiàn……

人们，一起融进那蓝色的画面……

温馨提示

在使用麦克风进行录入时，可能会打出并不需要的同音汉字，这时可以以词组的方式进行说话，毕竟同音词比同音字少一些。

17.3 语音输入综合训练

能力目标

- 熟悉百度语音输入法的智能断句和加标点功能，进行更有效的语音录入练习。
- 参考录入标准：40 字/分钟。

训练指导

语音输入法可以识别任何年龄层次的男、女声。它不但可以用于 MSN、QQ 聊天，还可用于 Word 文档录入，甚至在任何地方都可以打字，支持自定义组词。

一些语音输入法可以识别地方方言。由于中国地域辽阔，各地方言差异较大，如百度、讯飞等国产语音输入法包含了地方方言包。可以提供适合不同地域的人使用语音输入。

百度语音输入法的特点主要有以下两点。

1. 智能断句，整段输入，边读边识别

百度输入法目前实现了智能断句功能，这是一个能够极大提高输入效率的功能。

在传统的语音录入过程中，往往是读一句，停下才识别，甚至还需要单击特定按钮来作为阅读的开始和结束信号，这使得语音录入的效率大大降低。

“智能断句”是指录入人员可以根据文字内容连读，不用等待输入法识别所用时间，输入法会根据阅读的速度、停顿来进行断句。

2. 加标点

百度输入法除了可以根据阅读的停顿来进行智能断句外，还可以根据停顿的时长、语气的变化，自动添加标点符号，如“，”、“。”和“？”等。

体验与探索

本节给出两篇文章，请大家尝试用百度语音输入法在 Word 文档中输入。在输入过程中，请大家注意体会智能断句的特点，注意掌握适当的语速，在保证较高识别率的前提下提高输入速度。

语音录入练习一

我们常看见那迷路的蜻蜓在房间里拼命地飞向玻璃窗，打算到那海阔天空的地方去。它看准了透过玻璃窗照进来的那一片光明，百折不挠地飞过去，但每次都碰到玻璃上。必需在上面挣扎好久，才恢复神智，然后它在房间里绕上一圈，再鼓起勇气，仍然朝玻璃窗上飞去，当然，它还是“碰壁而回”。

其实，旁边的门是开着的，只因那边看起来没有这边亮，它就不想去试试那个门。追求光明是多数生物的天性。它们不管怎样遭受失败或挫折，总还是坚决地朝向光明的地方去奋斗，但是，当我们看见碰壁而回的蜻蜓的时候，却不禁想要告诉它：我们有时为了达到目的，是不能不换一个看来较为遥远，较为无望的方向的；否则，你就只好永远在尝试与失败之间兜圈子，直到你完全铩羽而归。百折不回的精神虽然可佳，但如果这里虽然望得见目标，而这前面却只是一片陡峭的山壁，没有可以攀援的路径时，我们也只好换一个方向，绕道而行。

为了达到目标，暂时走一走与理想相背驰的路，有时正是智慧的表现。事实上，人生途中是没有几条便捷的直达路径可走的。

我们时常必须把目标放在背后，而耐心地去做披荆斩棘、铺路修桥的工作，我们时常必需尝试很多条看来非常晦暗无望的道路之后，才发现距离目标近了一点。只要我们记住自己理想的方向，就算多兜几个圈子，也许不算错误。

不要逞匹夫之勇，不要像那只固执的蜻蜓。请运用你的智慧和耐心吧！你可以暂时屈就你所不喜欢的职业，你可以暂时应付一下你所讨厌或轻视的人，你可以暂时走进一个黑暗的

涵洞——只要你不忘记由它的另一端钻出来，只要你时刻知道这一切都仅仅是手段，而不是你的终极目的，你就用不着灰心和难过；也用不着关心周围的人怎样批评或嘲笑你。

法国作家勒农说：“你不要焦急！我们所走的路是一条盘旋曲折的山路，要拐许多弯，兜许多圈子，时常我们觉得好似背向着目标，其实，我们总是越来越接近目标。”

懂得兜圈子、绕道而行的人，往往是第一个登上山峰的人。

语音录入练习二

少年的时候，对母亲只是一种依赖。青年的时候，对母亲也许只是一种盲目的爱。只有当生命的太阳走向正午，人生有了春也开始了夏，对母亲才有了深刻的理解，深刻的爱。

我们也许突然感悟，母亲其实是一种岁月，从绿地流向一片森林的岁月，从小溪流向一池深湖的岁月，从明月流向一座冰山的岁月。

随着生命的脚步，当我们也以一角尾纹、一缕白发在感受母亲额头的皱纹、母亲满头白发的时候，我们有时竟难以分辨：老了的，究竟是我们的母亲，还是我们的岁月？我们希望留下的究竟是那铭心刻骨的母爱，还是那点点滴滴、风尘仆仆、有血(xuè)有泪的岁月？

岁月的流逝是无言的，当我们对岁月有所感觉时，一定是在非常沉重的回忆中；而对母亲的牺牲真正有所体会时，我们也一定进入了付出和牺牲的季节。

有时我在想，作为母亲，仅仅是养育了我们吗？倘若(tǎngruò)没有母亲的付出，母亲的牺牲，母亲巨大无私的爱，这个世界还会有温暖，有阳光，有沉甸甸(diàn)的泪水吗？

我们终于长大了，从一个男孩变成一个男人；从一个女儿变成一个母亲。当我们以为肩头挑起责任也挑起命运的时候，当我们似乎可以傲视人生的时候，也许有一天，我们会突然发现，我们白发苍苍的母亲正以一种充满无限怜爱、无限关怀、无限牵挂的目光从背后注视着我们。我们会在刹那间感到，在母亲的眼里，我们其实永远没有摆脱婴儿的感觉，我们永远是母亲怀里那个不懂事的孩子。

往往是在回首的片刻，在远行之前，在离别之中，蓦(mò)然发现我们从未离开过母亲的视线，从未离开过母亲的牵挂。谁言寸草心，报得三春晖。我总在想，我们又能回报母亲什么呢？

母亲是一种岁月。无论是我个人的也许平庸也许单纯的人生体验，还是整个社会前进给我的教诲(jiàohuì)和印证，在绝无平坦而言的人生旅途上，担负最多痛苦、背着最多压力、咽下最多泪水，但仍以爱、以温情、以慈悲、以善良、以微笑，对着人生、对着我们的，只有母亲，永远的母亲！

于是我便理解了，为什么这么多哲人志士，将伤痕累累的民族视为母亲，将滔滔不断的江河视为母亲，将广阔无垠的大地视为母亲。

因为能承受的，母亲都承受了；该付出的，母亲都付出了。而作为一种岁月，母亲既是民族的象征，也是爱的象征。

也许因为我无法回报流淌的岁月所赐予我的，所以，我无时无刻不在爱着我的母亲，我的老母亲。在我的眼里，母亲是一种永远值得洒泪感怀的岁月，是一篇总也读不完的美好故事。

测试要求

要求随机抽取一个段落进行语音录入。在保证正确率的情况下，达到能力目标即为合格。

17.4　手写输入法介绍

知识目标

- 了解百度手写输入法。
- 了解汉王笔凌云手写输入。

知识要点

目前使用的手写输入方式主要分为两种：第一种是通过安装手写输入法，使用鼠标或者笔记本触摸板进行手写；第二种是购买专业手写设备，安装专用软件，用手写笔进行输入。

本节中将针对两种输入方式各介绍一款手写输入法的安装和主要功能。

1. 百度手写输入法的安装和简介（使用鼠标输入）

1）百度输入法手写输入插件的安装

（1）与 17.1 节中百度语音录入插件安装相似，单击语言栏，选择百度输入法。

（2）右击百度语言栏，在弹出的级联菜单中选择“工具箱”→“手写输入”命令，如图 17-8 所示，就可以自动下载安装百度手写输入插件。

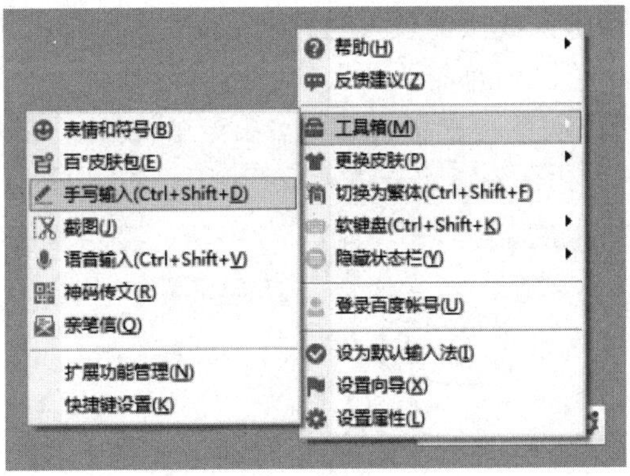

图 17-8　级联菜单

（3）安装完成后会弹出“百度输入法手写输入”界面，如图 17-9 所示。今后需要使用时可以按第一步操作，或者使用 Ctrl+Shift+D 组合键开启。（快捷键设置方法与语音输入相同，可以参考 17.1 节进行设置。）

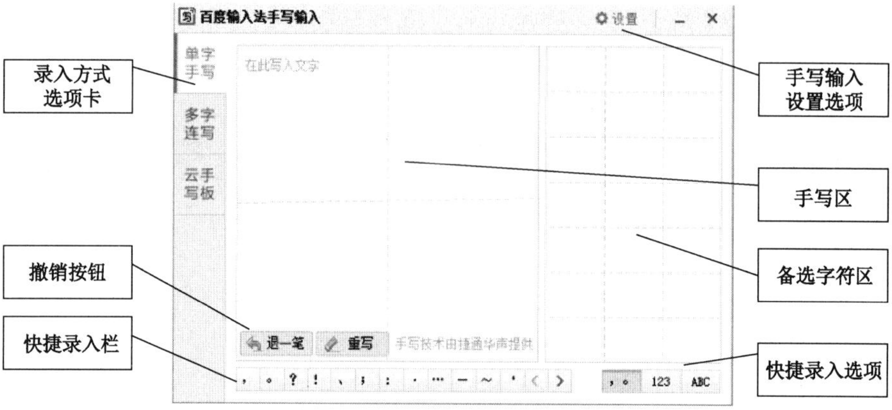

图 17-9　“百度手写输入”界面

2）百度手写输入法的界面

百度手写输入法功能比较完整，可以从其手写界面看到其主要有三个录入方式选项卡：“单字手写”、“多字连写”和“云手写板”。

（1）“单字手写”功能介绍。这是百度手写输入法的默认录入方式，可以使用鼠标拖曳的方式进行逐一笔画的录入。输入法会随着笔画的增多，在备选字符区显示每一笔书写后识别出的近似字符。当需要录入标点符号的时候可以通过在“快捷录入栏”中直接单击来进行标点符号录入。当需要录入数字或字母时，可以在快捷录入栏通过选择对应的“快捷录入选项”进行切换，如图 17-10 所示。也可以通过键盘进行录入。

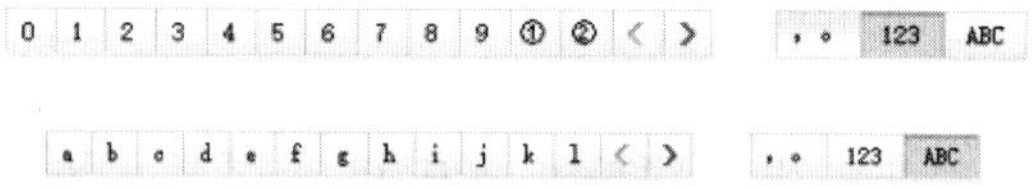

图 17-10　快捷录入栏

书写完一个字后有两种确认或撤销录入的方式。

当写完一个字，备选字符区中有需要录入的字符出现时：

① 如果需要录入字符出现在备选字符区左上第一个位置，可以双击鼠标左键进行快速确认。这时该字符会直接录入到正在编辑的文档或文本框中，如图 17-11 所示中录入“度”字。

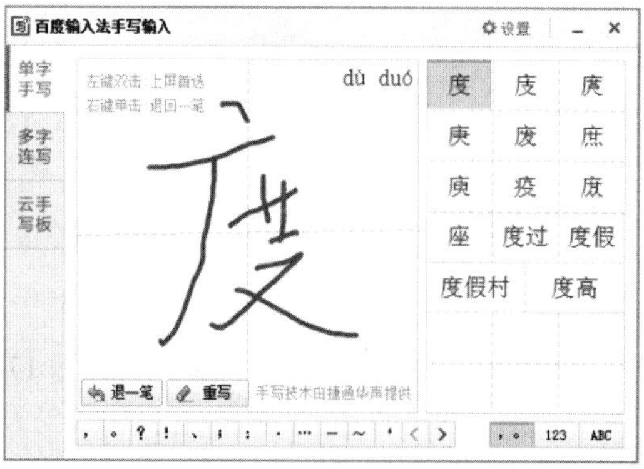

图 17-11　手写输入实例（1）

② 如果需要录入字符出现在备选字符区除左上第一个以外的其他位置，可以单击该字符

来确认录入。这时说明书写并不标准，但输入法判断出了近似结果，需要录入者今后书写尽量标准，如图 17-12 所示中录入“手”字。

图 17-12　手写输入实例（2）

当写完一个字，备选字符区中没有需要录入字符出现时，如图 17-13 所示中录入“求”字。

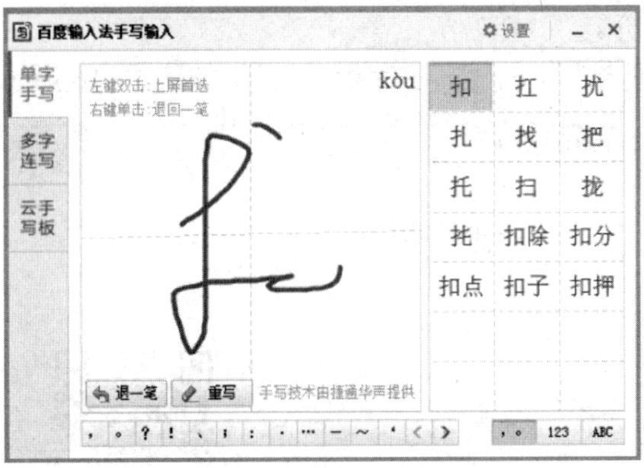

图 17-13　手写输入实例（3）

① 如果是最后一笔书写不标准需重写可以单击鼠标右键来撤销单笔画，每按一次撤销一笔，功能与撤销“退一笔”按钮功能相同。

② 如果整个字需要重写，可以单击 “重写”按钮撤销。

(2)“多字连写”功能介绍。

单击“录入方式选项卡”中的“多字连写”，界面如图 17-14 所示。

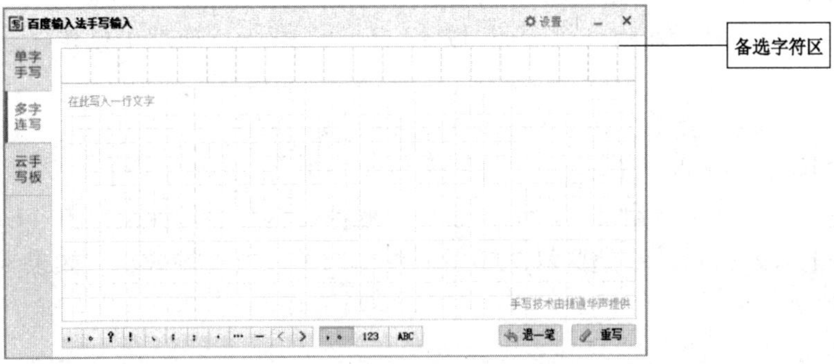

图 17-14　“多字连写”界面

可以看出，备选字符区移动到了窗口上方，其他功能区与单字手写相似。此种方式允许录入者同时书写多个字符，其确认录入和撤销录入的方式与单字手写也是相似的，如图 17-15 所示中录入“手写输入”。

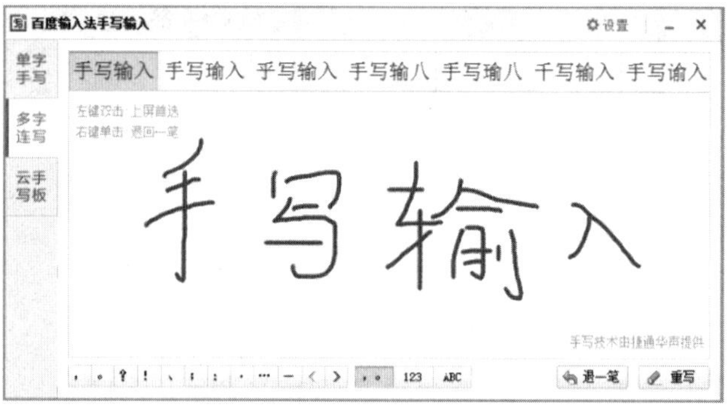

图 17-15　多字连写实例

注意，多字连写的字符必须要横排书写，不能纵向书写，否则无法识别。

（3）“云手写板”简介。

选择“录入方式选项卡”中的“云手写板”，界面如图 17-16 所示。

图 17-16　“云手写板”界面

如要使用此功能，需要有一部触屏手机来充当手写板，并且输入法所在设备和手机都要连接 Internet 才能实现。下面介绍连接和使用的方法。

① 手机搜索下载“二维码扫描”软件并安装。

② 打开手机二维码扫描软件扫描图 17-19 中的二维码，注意手机和计算机都需要连接 Internet。

③ 扫描后，手机上会显示连接云手写板的超链接，如图 17-17 所示。（注：地址随机生成，与例图不同属正常情况。）

④ 单击超链接，就可以启动百度的云手写板服务，这时手机界面如图 17-18 所示，计算机端界面如图 17-19 所示。看到这两个界面，说明云手写板连接成功。如果未连接成功请检查网络是否正常。

图 17-17　连接云手写板的超链接

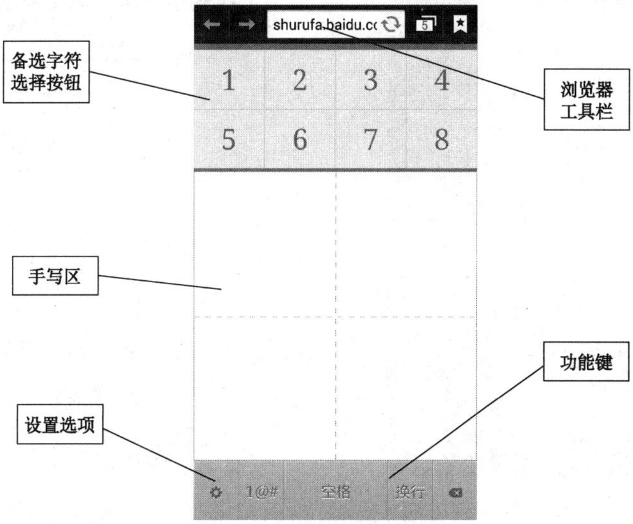

图 17-18　手机端界面

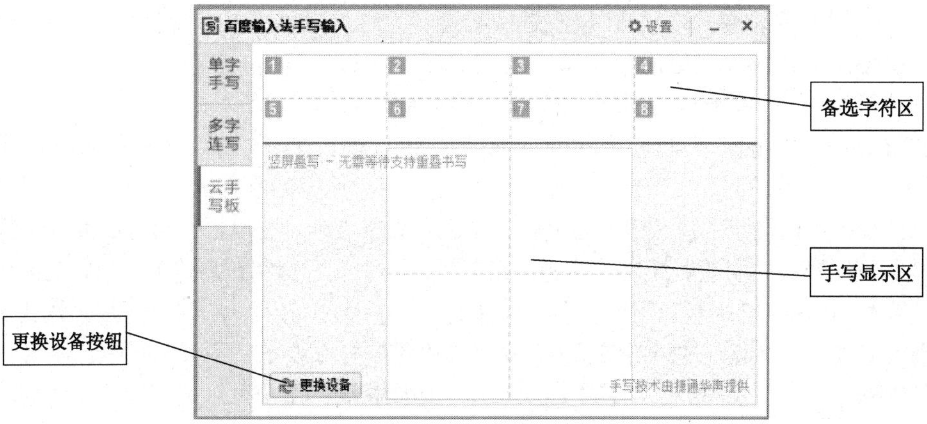

图 17-19　计算机端界面

⑤ 连接成功后，用手指在手机的手写区内书写字符时，计算机端会在手写显示区中显示出所写的内容，并且在计算机端备选字符区出现备选字符，可通过单击手机的备选字符选择按钮确认录入对应号码的字符或词组。

默认状态为竖屏叠写，即当第一个字写完时可以直接层叠着写第二个字，这样能有效提高录入和识别速度，不用等待。

⑥ 云手写板（手机端）录入方式切换。

云手写板也有两种录入方式，可以通过手机中的设置选项进行切换。单击手机界面中的齿轮形“设置选项”按钮，会出现如图 17-20 所示的设置界面。

识别：开启书写过程中对数字、字母或者符号的识别，开启选项的字符类型在书写时能与汉字混合识别录入，没有开启的字符类型将无法识别录入，只能借助“功能键”或键盘进行录入。

模式：默认为竖屏叠写。切换到横屏连写，保存后，会切换成如图 17-21 所示的界面，此时的使用方式与“多字连写”相似，可以横向连写多字，不可上下分屏书写。

图 17-20　手机设置界面

图 17-21　横屏连写界面

关于云手写板的使用，需注意以下两点。

①如果使用无线局域网络（Wi-Fi）进行配置，无线局域网络必须能够访问 Internet。

②手机使用无线移动网络时，运营商会收取产生的流量费用。

（4）计算机端“手写输入设置选项”的功能介绍。

单击标题行右侧的“手写输入设置选项”按钮，弹出如图 17-22 所示的设置界面。在“单字手写”、“多字连写”和“云手写板”三种方式下，设置的功能是相同的。

笔画外观：可以设置手写区中所写笔画的颜色和线条粗细。可以根据自己的喜好进行设置。

抬笔上屏：默认关闭。如开启，功能是在书写完一个或一行字符后停笔 5 秒（“延时”处可以进行设置），备选字符区左上第一个备选结果将直接被确认录入。不建议开启，因为延时过长会造成录入速度降低，延时过短对书写的准确和速度都有较高要求，不利于初学者使用。

智能识别：与“云手写板”设置中的“识别”功能相同，用户可以根据录入需要进行选择。

云手写板：与“云手写板”设置中的“模式”功能相同。

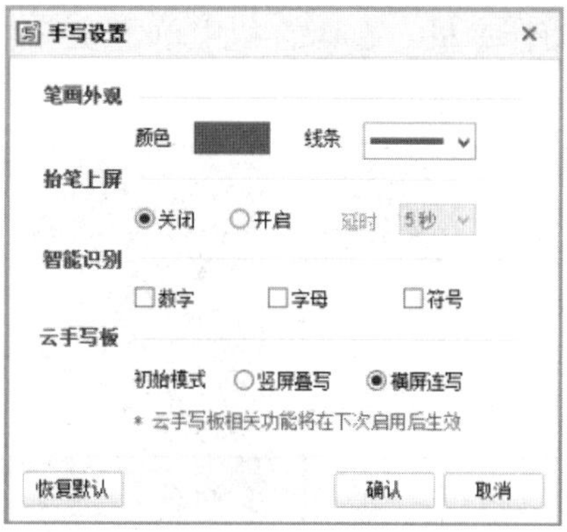

图 17-22　“手写设置”对话框

2．手写设备的简介和安装（专业手写设备）

在手写录入的专业领域中，手写设备已经发展到无线无源的程度，并且不仅用于文字录入，还应用到手绘领域中。在手写设备中，中国的汉王科技与日本的 Wacom 是目前世界上技术较为领先的手写设备提供商。

汉王笔凌云是汉王科技最新推出的一款“云”手写板，如图 17-23 所示，配备“汉王凌云输入法”，采用汉王无线无源的专利技术，使得操作更加便捷，录入更加准确。

1）汉王笔凌云手写板的安装

（1）运行设备自带的光盘。光盘会自动运行，出现如图 17-24 所示的安装界面。如果光盘程序没有自动启动，可以从“我的计算机”打开光盘目录，双击运行 Setup 程序。

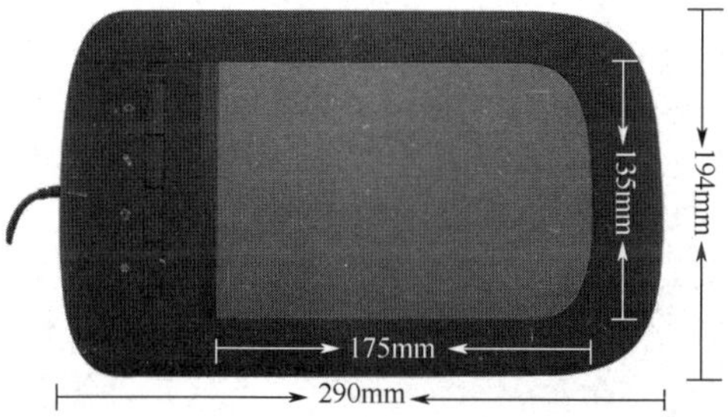

图 17-23　汉王笔凌云手写板

图 17-24　“汉王凌云手写板”相关程序安装界面

（2）单击“安装手写板驱动”进行驱动安装，如图 17-25 所示。手写设备不安装驱动是无法使用的。

（3）选择语言“中文（简体）”后，单击“下一步”按钮。出现如图 17-26 所示的欢迎界面后，继续单击“下一步”按钮。

（4）如图 17-27 所示，在“许可证协议”对话框中选中“我接受许可证协议中的条款”单选按钮，单击“下一步”按钮。

（5）提示向导安装已就绪，如图 17-28 所示，单击“安装”按钮完成剩余安装工作。

（6）安装完成后会出现如图 17-29 所示的重新启动提示。按照要求选中“是，立即重新启动计算机”单选按钮，单击“完成”按钮。至此，手写板驱动安装完毕。

（7）安装“汉王云输入法”的方法与安装驱动的步骤完全相同，可参照以上操作进行安装。

（8）同样安装后重新启动计算机，在语言栏中单击就可以看到安装好的汉王云输入法了，如图 17-30 所示。

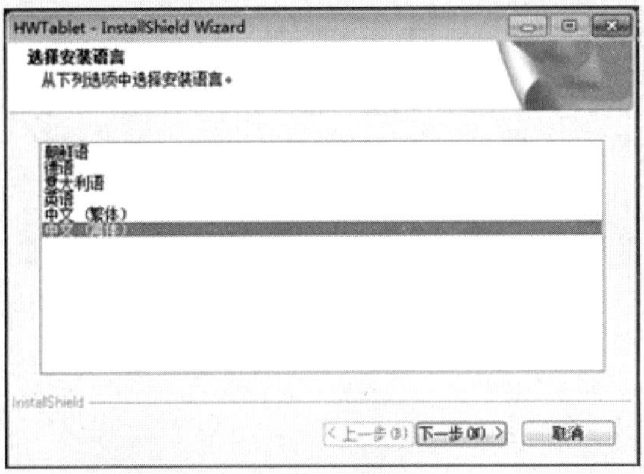

图 17-25 安装手写板驱动程序（1）

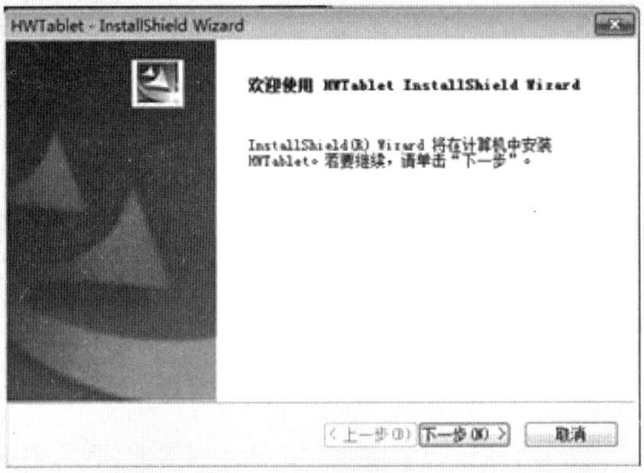

图 17-26 安装手写板驱动程序（2）

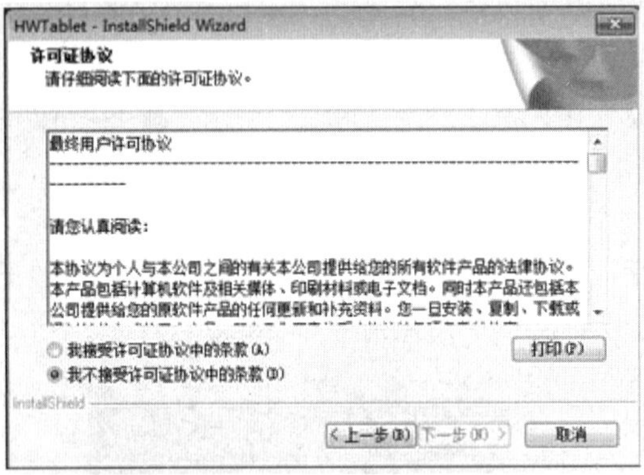

图 17-27 “许可证协议”对话框

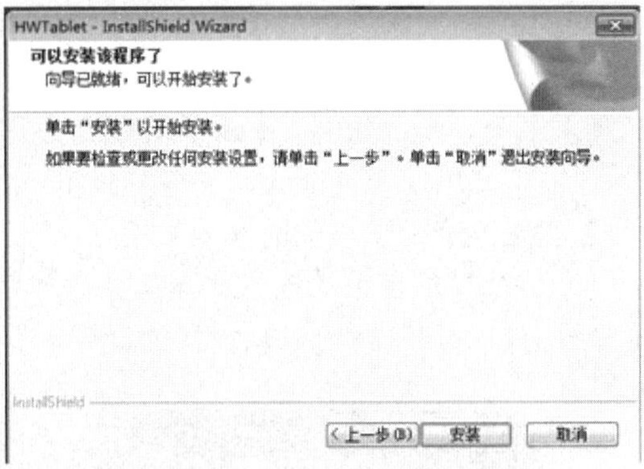

图 17-28 向导安装就绪

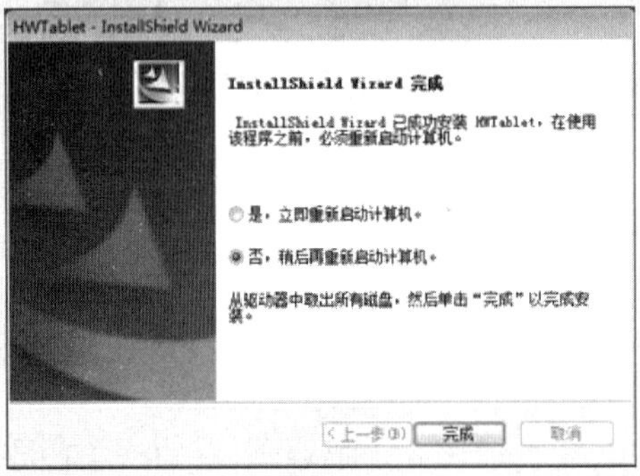

图 17-29 安装完成提示界面

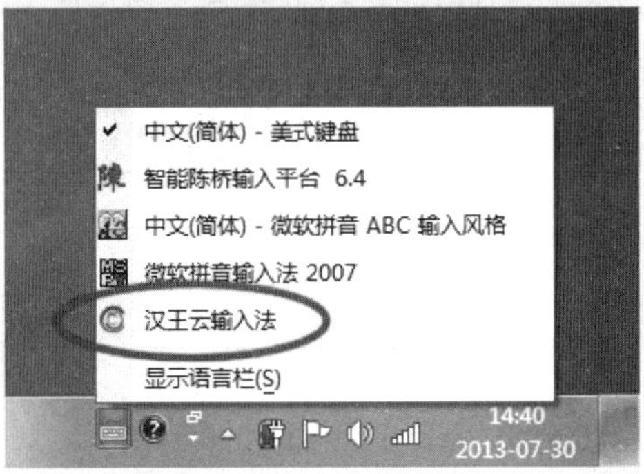

图 17-30 已安装的汉王云输入法

全部安装完成后就可以切换到汉王云输入法，使用手写设备进行录入了。

2）汉王云输入法的使用方法

切换到汉王云输入法，会出现如图 17-31 所示的语言栏。

当连接好手写板后，单击“手写状态切换”按钮切换到✍状态，即为手写录入状态，可以全屏，手写汉字均可识别。

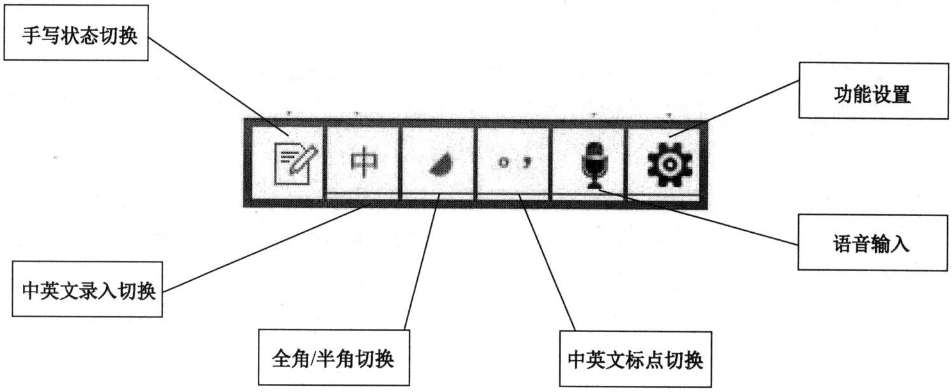

图 17-31　汉王云输入法语言栏

不使用手写时，可单击“手写状态切换”切换到状态，此时将停止手写功能。

汉王云输入法结合了语音和拼音录入功能，学习过程中可以尝试切换体验。

温馨提示

（1）要在录入目标文档对应位置有光标闪烁的情况下才能录入文字，否则录入无效。

（2）手写输入容易上手，简单易用，但想提高速度还需多加练习。

体验与探索

开启百度输入法的手写输入功能。尝试常用词语的录入。

17.5　百度手写输入法训练指导

能力目标

- 能使用百度手写输入法进行文章录入。
- 参考测试标准：25 字/分钟。

知识要点

上一节中介绍的两种方法都可以实现手写录入，但就其成本和灵活性而言，使用鼠标进行手写的录入方式比较适合初学者，而购买专业手写设备更适合对其他输入法不熟悉或从事专业手绘的工作人员。所以本节将讲解如何使用百度输入法进行手写录入训练。

1. 百度手写输入法的使用技巧

（1）手写录入与语音录入类似，在录入前打开需要编辑的文档，将编辑光标移动到需要录入文字的位置。

（2）在录入完一个字或一段文字后，可以用鼠标双击快速确认备选字符区左上第一个备选项上屏。尽量书写标准就可以保证不需要去选择备选项目，这能提高一定的录入效率。

（3）书写笔画较多但字体结构并不复杂的汉字时，局部笔画并不需要写得十分准确，以手写系统能正确识别为准，如图 17-32 所示“餐”字的书写。“餐”字笔画原本较多。但其上下结构并不复杂，只是每一部分的笔画繁多，所以书写时只需要把结构圈出，不一定写清笔画，同样可以准确识别。简化程度需要通过从训练中总结经验。

图 17-32　手写录入实例

（4）单字手写时，由于每写一个字都要进行识别录入，录入效率和准确率都不高，所以建议在手写录入时使用多字连写功能，进行词语和语句录入，可以有效提高速度和准确率。这是因为在词语和语句录入时，系统识别方式类似拼音输入法的词组联想功能，所以录入词汇时出现误判的情况会比单字少一些。如果某一字书写不标准，应及时右击逐一撤销并重新书写。

（5）手写设置时一般会选择字母和数字，这样在录入时可以减少快捷录入栏的切换，通过手写录入并在快捷录入栏中单击进行标点添加，可有效减少无用操作，提高速度。

2. 训练过程

（1）首先进行单字练习。包括汉字、字母、数字的单字练习。要求书写标准，易识别。

（2）进行多字连写练习。在设置中选中“字母、数字”复选框，在连写时出现字母、数字时可一并连写识别。

体验与探索

使用多字练习进行文章录入测试。

手写录入测试

石缝间倔强的生命，常使我感动得潸然泪下。

是那不定的风把那无人采撷的种子撒落到海角天涯。当它们不能再找到泥土，它们便把最后一线生的希望寄托在这一线石缝里。尽管它们也能从阳光中分享到温暖，从雨水里得到湿润，但那一切生命赖以生存的土壤却要自己去寻找。它们面对着的现实该是多么严峻。

于是，大自然出现了惊人的奇迹，不毛的石缝间丛生出倔强的生命。

或者只是一簇一簇无名的野草，春绿秋黄，岁岁枯荣。它们没有条件生长宽阔的叶子，因为它们寻找不到足以使草叶变得肥厚的营养。它们有的只是三两片长长的、细瘦的薄叶，那细微的叶脉告知你生存该是多么艰难。更有的，它们就在一簇一簇的瘦叶下又自己生长出根须，只为了少向母体吮吸一点乳汁，便自去寻找那不易被觉察到的石缝。这就是生命。如果这是一种本能，那么它正说明生命的本能是多么尊贵，生命有权自认为辉煌壮丽，生机竟是这样的不可扼制。

或者就是一团一团小小的山花，大多又都是那苦苦的蒲公英。它们的茎叶里涌动着苦味的乳白色浆汁，它们的根须在春天被人们挖去作野菜。而石缝间的蒲公英，则远不似田野上的同宗生长得那样茁壮。它们因山风的凶狂而不能长成高高的躯干，它们因山石的贫瘠而不能拥有众多的叶片。它们的茎显得坚韧而苍老，它们的叶因枯萎而失去光泽，只有它们的根竟似那柔韧而又强固的筋条，似那柔中有刚的藤蔓，深埋在石缝间狭隘的间隙里。它们已经不能再去为人们做佐餐的鲜嫩的野菜，却默默地为攀登山路的人充当了一个可靠的抓手。生命就是这样被环境规定着，又被环境改变着。适者生存的规律尽管无情，但一切的适者都是战胜环境的强者，生命现象告诉你，生命就是拼搏。

愿一切生命不致因飘落在石缝间而凄凄艾艾，愿一切生命都敢于去寻求最艰苦的环境。生命正是要在最困厄的境遇中发现自己、认识自己，从而才能锤炼自己、成长自己，直到最后完善自己、升华自己。

石缝间顽强的生命，它既是生物学的，又是哲学的，是生物学和哲学的统一。它还是美学的，作为一种美学现象，它展现给你的不仅是装点荒山枯岭的层层葱绿，它更向你揭示出美的、壮丽的心灵世界。

石缝间顽强的生命，它是如此具有震慑人们心灵的情感力量，它使我们赖以生存的这个星球变得神奇辉煌。

测试要求

要求随机抽取一个段落进行录入。在保证正确率的情况下，达到能力目标即为合格。

常用外文输入法

如今，我国与世界各国的交往越来越频繁，在计算机操作中也会越来越多地接触到外文的输入。本章主要介绍法语、日语和韩语三门外语的输入法。

18.1　法语输入法简介

知识目标

- 了解法语输入法的安装与输入方法。

能力目标

- 能使用法语输入法进行文字录入、语句录入、文章录入。
- 成绩评价参考标准（测试时间为 10 分钟）：150 字/分钟。

知识要点

法语是一门用于国际交流的大语种，是除英语之外使用国家最多、涉及范围最广的语种。尽管讲法语的人没有讲汉语和印地语的人多，但在联合国、联合国教科文组织、北大西洋公约组织、欧盟、国际奥委会、国际红十字会等国际机构，法语不仅是工作语言，还是两种官方语言之一。同时，法语还是非洲联盟的主要语言。中非是友好国家，两国之间的双向投资与经贸合作吸引了无数企业家、科研工作者和优秀的外国学生。因此，对所有有志于去国际机构工作或是想在国际就业市场寻得一席之地的人来说，学习法语输入法是不可或缺的。

本节将以 Windows 7 系统下自带的“法语（法国）”输入程序为例，介绍法语输入法程序的安装与使用。

1．法语输入法程序的安装方法

（1）在 Windows 7 语言栏的图标上单击鼠标右键，在弹出的快捷菜单中选择“设置”选项，如图 18-1 所示。

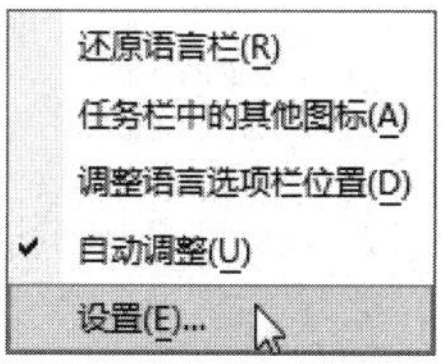

图 18-1　语言栏快捷菜单

温馨提示

如果在任务栏右下角没找到图标，可以在控制面板中选择“区域和语言选项”选项，打开如图 18-2 所示的对话框。在“键盘和语言”选项卡中单击“更改键盘”按钮，即可进入到下一步。

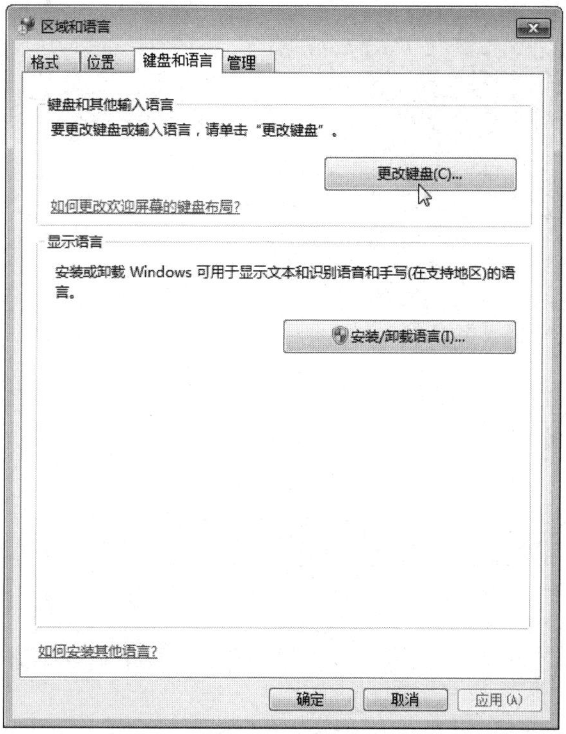

图 18-2　“区域和语言”对话框

（2）在弹出的“文字服务和输入语言”对话框中单击“添加”按钮，如图 18-3 所示。

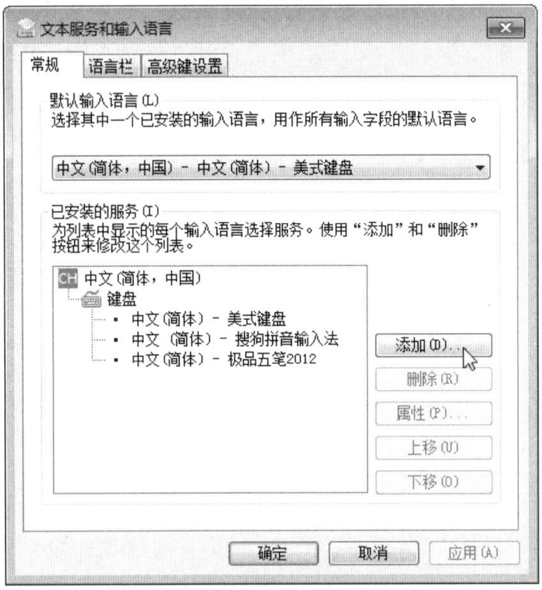

图 18-3 “文字服务和输入语言”对话框

（3）在“添加输入语言”对话框的下拉列表中双击“法语（法国）”选项，在下面的“键盘”下拉子选项中选择“法语”选项，然后单击“确定”按钮，如图 18-4 所示。

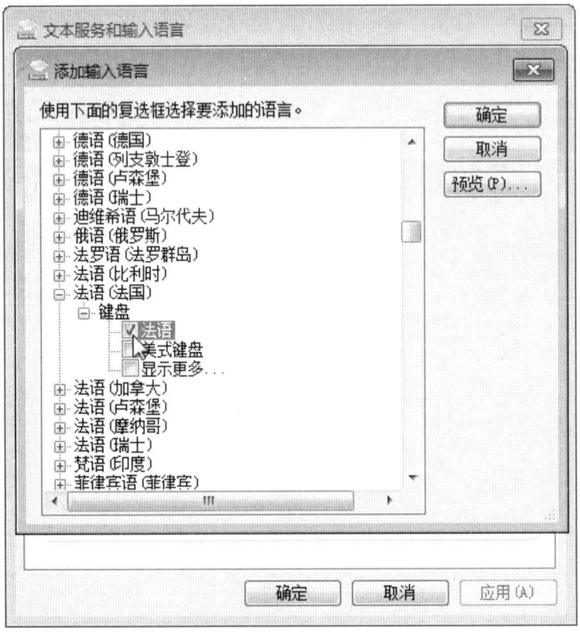

图 18-4 “法语（法国）”输入法添加界面

（4）回到上层窗口，如图 18-5 所示，单击“确定”按钮完成法语输入法的安装。

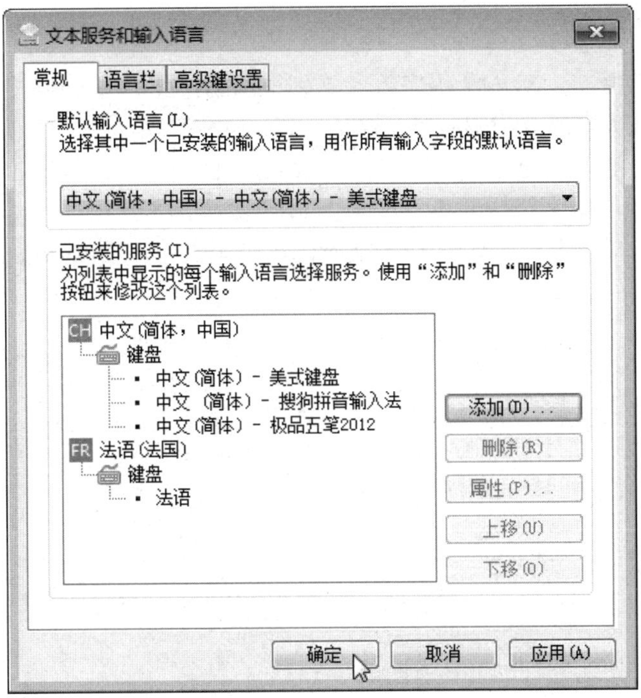

图 18-5　添加输入法后的“文本服务和输入语言”对话框

温馨提示

法语输入法程序是 Windows 7 系统自带的，只要调出来就可以使用，不需要另外下载。但如果是精简操作系统按照以上步骤无法设置法语输入法，那就需要先安装法语输入法补丁后再进行设置。

2. 法语输入法程序的启用

安装完成后，单击 Windows 7 语言栏上的CH图标，将会弹出如图 18-6 所示输入法列表，选择“FR 法语（法国）”选项，即可启动法语输入法，此时 Windows 7 语言栏上将出现FR图标。

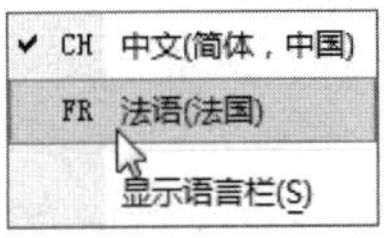

图 18-6　输入法列表

温馨提示

法语（加拿大）输入法程序的安装与启动方法与上述操作步骤相似。

3. 法语字符的录入

很多同学对在计算机上录入法语字符会感到很困惑，那么多长相很奇怪的字符该怎么打出来呢？下面就来教大家怎么用键盘打出法语字符。

（1）基本字符。法语中的基本字符指的是 A~Z 这些不带任何修饰的字符和一些常用的标点符号，直接按下相应的字符键即可完成录入。但法语（法国）的输入法键盘和大家已经习惯的英文键盘不太一样，看一看如图 18-7 所示的这个键盘布局图就知道了。

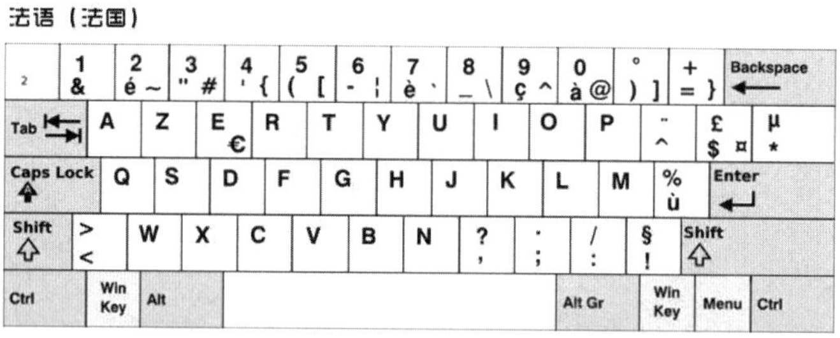

图 18-7　法语（法国）输入法中的键盘布局

与普通键盘不同的地方有以下几方面。

① 在字母分布上 A、Q、W、Z、M 这五个字母键和常用的美式键盘字母键位置不同。

② 标点符号的位置改动较大，空格键右边是 Alt Gr 键。

③ “*”键因键盘设计不同所在位置会有所变化，与美式键盘上的“\”键对应。

其实大家只要记住改动的字符键的位置，就能像录入英文一样轻松输入法语中的基本字符了。

温馨提示

法语（法国）键盘中的句号输入起来比较麻烦，要按下 Shift +; 组合键（美式键盘的“,”键），此时可以通过小键盘直接输入。

（2）数字。在法语（法国）输入法中，要输入数字可按 shift + 数字组合键即可录入，也可以直接使用数字小键盘输入相应的数字。

（3）带特殊符号字母。法语中的字母在一些元音和辅音上加了一些“小修饰”：四个元音特殊字符（开音符“`”、闭音符“´”、长音符“^”、分音符“¨”）和一个辅音字符（软音符“¸”）。加上这些小修饰，就说明相应字母的发音会有变化。那应该怎样录入这些特殊字符呢？

① 开音符 à（数字 0）、è（数字 7）、ù（’单引号键），闭音符 é（数字 2）及软音符 ç（数字 9）直接按下其所在字符键。如“à”，直接按下数字 0 键；

② 小写的长音符 â、ê、î、ô、û 在录入时需要按下 ^（[左中括号）+ 字母 组合键，如录入“ê”，按 ^（[）+ e 组合键；

大写的长音符 Â、Ê、Î、Ô、Û 则要按下 ^（[左中括号）+ Shift + 字母 组合键，如录入“Ê”，按 ^（[）+ shift + e 组合键；

③ 分音符要在键盘大写状态下输入，小写的 ë、ï 按下 ^（[左中括号）+ Shift + 字母

组合键，如“ë”，大写状态下按 ^（[）+ Shift + e 组合键；

大写的 Ë、Ï 则是按 ^（[左中括号）+ 字母组合键，如录入“Ë”，大写状态下按 ^（[）+ e 组合键。

（4）特殊符号。

① Shift + 字符键组合，可以输入某个标有上、下两个符号键的上档符号，如录入“？”按 Shift +，组合键录入；“/”按 Shift +：组合键。

② 空格键右边的 Alt Gr 键，等效于 Ctrl+Alt 组合键，可以与其他键组合，输入某个标有上、下两个符号键的下档右边的符号。如录入“~”按 Alt Gr + 2 组合键；录入“@”按 Alt Gr + 0 组合键；录入“€”按 Alt Gr + E 组合键 。

③法语操作系统下，使用法语键盘，每键入 oe 后将会被自动转换成字符 œ。

温馨提示

在法语（法国）输入法中，要输入带符号的大写字母很麻烦，一般情况下大写字母上可以省略音符。

知识链接

法国绝大多数键盘都是使用法语（法国）键盘布局，如果不熟悉的话就会觉得很不方便。在国内也可以使用法语（加拿大）输入法，因为加拿大键盘布局与大家最常用的键盘布局一样。它的 26 个字母分布和常用标点符号与美式键盘一致，一些带音符的特殊字母在其他键上也可以找到。

下面以图 18-8 所示的法语（加拿大）中的多语种标准键盘为例，介绍法语字符的录入。

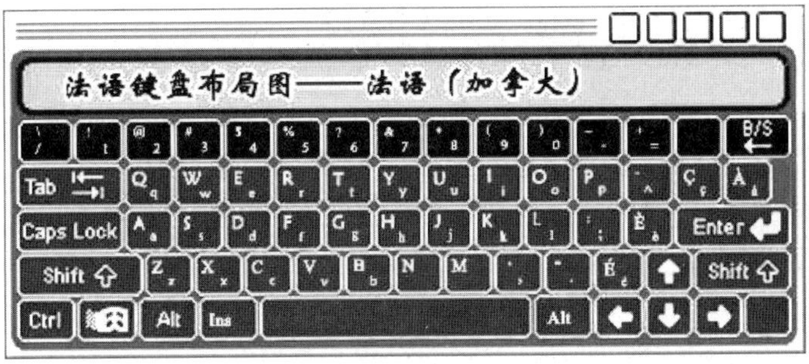

图 18-8　法语（加拿大）输入法中的键盘布局

① 基本字母、常用标点、数字与英文的输入方法一样，直接按相应的字符键；

② 开音符 à、è，闭音符 é 及软音符 ç 按下其所在字符键；

③ 长音符 â、ê、î、ô、û 需要先按下 ^（[左中括号），放手后再按相应的字母键；

④ 开音符 ù 麻烦一些，需要先按下右边的 Alt + ^（[左中括号），放手后再按字母 u 键；

⑤ 分音符 ë、ï 则是要先按下 shift + ^（[左中括号），放手后再按字母键。

在法语（加拿大）输入法中输入带符号的大写字母很容易，在大写状态下按上述方法输入即可。

录入技巧

在使用法语（法国）输入法进行录入时，如果特殊字符在句首，它会自动转化为大写字母。但要在句子中直接输入带符号的大写字母就比较麻烦，还有长音符 â、ê、î、ô、û 和分音符 ë、ï 在输入时都要使用组合键，在这里我们介绍一些小技巧，可以教会大家如何快速地输入这些特殊的符号。

1. 使用 Alt + 数字键

在计算机上有一种不用切换成法语键盘输入法就能输出法语音标的方法，就是按住 Left ALT（空格键左边的 Alt 键）的同时，按照以下列表中的数字敲击小键盘，松手后就能输出这些特殊字符了。

字符	Alt+	字符	Alt+
œ	0156	Œ	0140
à	0224	À	0192
â	0226	Â	0194
ç	0231	Ç	0199
è	0232	È	0200
é	0233	É	0201
ê	0234	Ê	0202
ë	0235	Ë	0203
î	0238	Î	0206
ï	0239	Ï	0207
ô	0244	Ô	0212
ù	0249	Ù	0217
û	0251	Û	0219
€	0128		

使用这种方法虽然操作简单，且没有软件限制，但需要记忆大量的数字编码，一般比较少用，只记个别常用到的字符。

温馨提示

一定要使用数字小键盘，键盘上方的那一排数字键是起不到作用的。如果你使用的是笔记本电脑，那么可以利用“Num Lk”键来调出数字小键盘。

2. 自定义快捷键法

在 Word 文档中，输入法语特殊字符可以调用 Word 的“插入”功能，再在里面找到自己想要的字符，然后插入到文档里，这会大大影响输入的速度。法语特殊字符需要使用组合键的共有十几个，如 ë 等字符。在 Word 文档中其实可以使用键盘最上面一排的功能键 F2～F12（功能键 F1 Word 已锁定为帮助快捷键）或是其他一些方便的键位为每个法语特殊字符分别设置一个单一的快捷键。

设置方法如下：

（1）运行 Word（以 Word 2010 为例）软件，单击“插入”选项卡下的“符号”按钮，在下拉菜单中选择“其他符号”选项，弹出“符号”对话框。在对话框中的“子集”列表中选择“拉丁语-1 增补”选项，如图 18-9 所示。

图 18-9　“符号”对话框

（2）在符号界面中选中需要定义的特殊字符，这里以“ê”为例。然后单击快捷键按钮，在“自定义键盘”对话框的“请按新快捷键”框中按下键盘上所要定义的快捷键，如 F2 键，如图 18-10 所示。然后单击“指定”按钮，即可为前面所选字符设定快捷键。

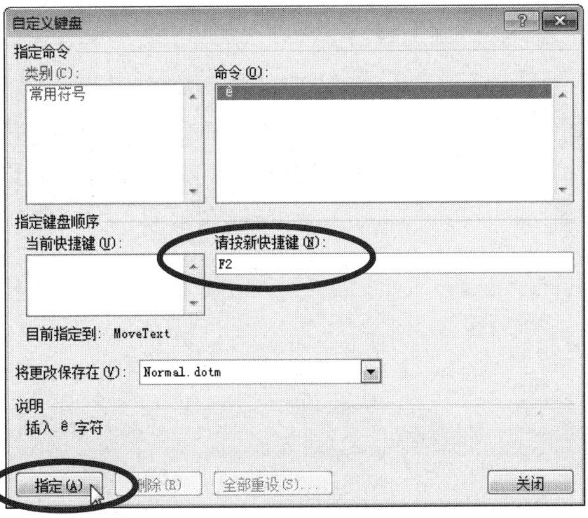

图 18-10　“自定义键盘”对话框

（3）重复上述步骤，直至将常用的法语特殊字符全部自定义成快捷键。

完成以上操作步骤后，就可以用设置好的快捷键轻松输入法语特殊字符了。例如，当需要输入“ê”时，直接按一下 F2 键 ê 就出来了。

3. Word 的自动更正

对于法语中的特殊字符，在 Word 中除了上述的自定义快捷键办法外，还有一种非常方便的输入方法，那就是 Word 的自动更正。“自动更正”功能可以将词组、字符等文本或图形替换成特定的词组、字符或图形，从而提高输入和拼写检查效率。

设置方法如下：

（1）运行 Word（以 Word 2010 为例）软件，依次单击“文件”→“选项”按钮，如图 18-11 所示。

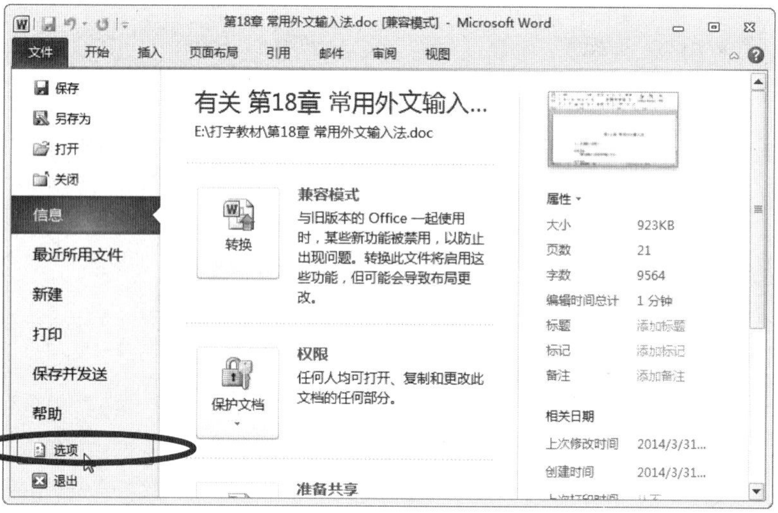

图 18-11 “文件”选项卡中的“选项”按钮

（2）在打开的“Word 选项”对话框中切换到“校对”选项卡，然后单击“自动更正选项”按钮，如图 18-12 所示。

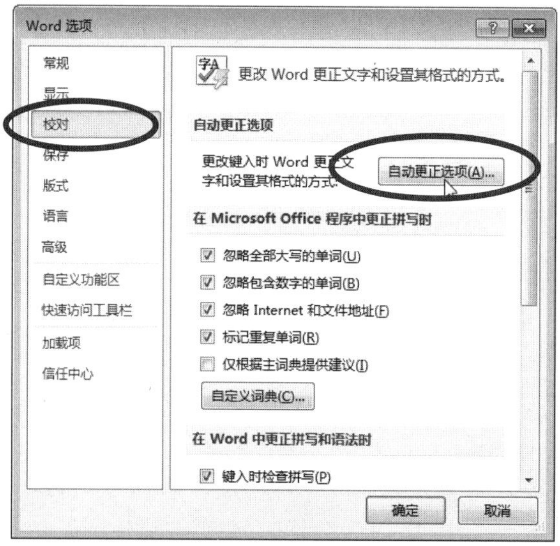

图 18-12 “Word 选项”对话框中的“自动更正选项”按钮

（3）打开“自动更正”对话框，在“自动更正”选项卡中设置自动更正选项，然后单击

“添加”按钮，如图 18-13 所示。

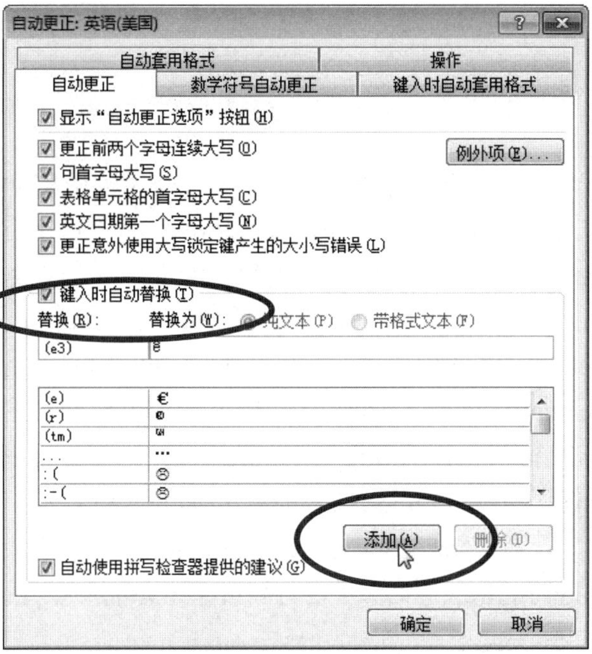

图 18-13　“自动更正”选项卡的设置

在“替换”和“替换为”编辑框中编辑字符库如下。

替换	替换为	替换	替换为	替换	替换为
(a3)	â	(e1)	ë	(u3)	û
(a4)	à	(e2)	é	(u4)	ù
(i1)	ï	(e3)	ê	(o3)	ô
(i3)	î	(e4)	è	(c5)	ç

温馨提示

法语特殊字母头上那些令人头疼的小东西很像小时候学的汉语拼音的四种声调，所以可以把这些特殊符号与四种声调 1234 相对应起来，如 ê 对应 e3。至于 ç 则把它对应了左手食指所对的数字 5。当然，大家也可以结合自己的实际情况，指定更适合自己的编码。（但要记着编一个就要单击一次“添加”按钮）

（4）单击“确定”按钮后，就可以自由流畅地输入法语了。例如，当输入（a4）后，就会打出 à。

法语中的基本字符、常用标点其实是与英文一致的，当解决了这些特殊符号的输入问题后，即使是在美式键盘上也能像输入英文一样轻松地录入法语文章了。

体验与探索

法语录入练习一

En face de la mer, le printemps doux, les fleurs épanouies
Haizi
A partir de demain, essayer d'être un homme heureux,
Nourrir des chevaux, fendre du bois, faire le tour du monde.
A partir de demain, se soucier du riz et des légumes.
J'ai une maison, en face de la mer, le printemps y est doux, les fleurs sont épanouies.
A partir de demain, entrer en contact avec tous les miens,
en leur disant mon bonheur.Tout ce que me dit l'éclair heureux,
je le transmettrai à chaque individu.
Donner un nom doux à toutes les rivières, à toutes les montagnes.
Inconnu, je vous adresse aussi mes voeux.
Voeu d'un avenir brillant,
Voeu d'un amour éternel,
Voeu d'un bonheur dans le bas monde.
Moi, je ne veux que faire face à la mer, le printemps doux, les fleurs épanouies

参考译文：

面朝大海，春暖花开

海子

从明天起，做一个幸福的人
喂马，劈柴，周游世界
从明天起，
关心粮食和蔬菜
我有一所房子，面朝大海，春暖花开
从明天起，和每一个亲人通信
告诉他们我的幸福
那幸福的闪电告诉我的，我将告诉每一个人
给每一条河每一座山取一个温暖的名字
陌生人，我也为你祝福
愿你有一个灿烂的前程
愿你有情人终成眷属
愿你在尘世获的幸福
我只愿面朝大海，春暖花开

法语录入练习二

Quelle belle chose qu'une forêt à l'heure du soir où le soleil glisse comme de l'or dans l'épaisseur des branches! De la joie, calme et sereine, rayonne autour des hêtre; ils élancent vers les hauteurs de l'air leurs troncs sveltes et nus. Le sol, débarrassé des broussailles, laisse le regard plonger dans les profondeurs de la forêt; de la lumière baigne la futaie et si des pas ou des voix s'y font entendre, ils y prennent une sonorité particulière, notamment s'il y a du brouillard.

La forêt au crépuscule est comme un temple avec des piliers puissants; il y a partout de la majesté; tout au loin, dans la zone la plus reculée du silence; brillent des rayons lumineux, doux à l'oeil comme du feu qui s'éteindrait lentement.

——André THEURIET: Les enchantements de la forêt

参考译文：

黄昏的森林真美啊！金黄的夕阳慢慢地滑落到一片白雾之中。山毛榉树林中弥漫着一种静谧安详的快乐，颀长裸露的树干笔直向上。地面上，透过荆棘丛，人们可以看到森林的深处，乔木林中光影摇曳，偶尔有些响动，尤其是当有雾的时候，那声音显得很特别。

黄昏的森林就像有着粗大柱子的庙宇，到处一片威严。在遥远的密林深处，阳光散落其间，就像团团火焰在熄灭，看上去很美。

——安德烈·特里埃：《森林的快乐》

法语录入练习三

Un beau jour d'été, Dieu veut donner un enseignement aux hommes. De ce fait, il fabrique un grand chapeau dont une moitié est d'un bleu brillant et l'autre d'un rouge vif. Il se rend ensuite dans les champs où travaillent, de part et d'autre d'une route, de nombreuses personnes. Là, le dieu se manifeste dans toute sa gloire ; personne ne peut manquer de le voir. Grand et rayonnant, coiffé d'un chapeau, il marche le long de la route. Tous ceux qui sont à droite de la route lâchent leurs binettes et lèvent leurs regards vers lui ; tous ceux qui sont à gauche de la route en font autant. Chacun est stupéfait. Puis il disparaît. Chacun s'écrie: " Nous avons vu Dieu ! Nous avons vu Dieu ! " Ils sont tous fous de joie, jusqu'à ce que quelqu'un du côté gauche de la route dise: " Il se trouvait là, dans tout son éclat et avec son chapeau rouge ! " Ceux qui sont sur la droite de la route répliquent: " Non, il portait un chapeau bleu ! "

Le désaccord s'amplifie au point qu'ils se mettent à construire des murs et à se lancer des pierres. Puis le dieu apparaît de nouveau. Cette fois, il marche en direction opposée et disparaît une fois de plus. Alors les gens se regardent les uns les autres et ceux qui sont à droite s'écrient : " Ah ! Vous aviez raison, il avait un chapeau rouge.

Nous sommes vraiment désolés, nous nous sommes trompés en le voyant. Vous aviez raison et nous avions tort. " Ceux qui sont de l'autre côté disent: " Non, non. C'est vous qui aviez raison. Nous avions tort. "

Sur le moment, ils ne savent plus s'ils doivent se battre ou devenir amis. La plupart d'entre eux sont perplexes. Alors le dieu apparaît de nouveau. Cette fois, il se tient debout au milieu et ensuite se tourne vers la gauche, puis fait demi-tour pour se tourner vers la droite et chacun se met alors à rire.

参考译文：

夏日的一天，上帝想给人类一个启示，于是他就制作了一顶很大的帽子，这顶帽子一半是亮蓝色，一半是鲜红色。然后他戴上它到一块农田里去，那里路两旁有很多人在干活。上帝在那尽情炫耀了一番，在场的人没有一个没看见他的。上帝戴着这顶帽子，光芒四射地沿着道路走着。所有路右边的人都放下手中的锄头抬头看着他，所有路左边的人也一样。每个人都惊讶不已。然后上帝便消失了。所有人都喊道：“我们看到上帝啦！我们看到上帝啦！”他们全都欣喜若狂，突然路左边有个人说：“他刚才就在那儿，戴着他的红帽子光彩耀人！”路右边的人却反驳道：“不，他戴的是一顶蓝帽子！”

他们各执己见，纷争愈演愈烈，结果双方都开始拆墙向对方扔石块。这时上帝又出现了。这一次，他沿着与上次相反的方向走了一遍之后便又消失了。人们都面面相觑，路右边的人喊道：“啊！你们说得对，他戴着一顶红帽子。我们真的很抱歉，是我们看错了。你们是对的，是我们错了。”路另一边的人说：“不，不，你们是对的，是我们错了。”

当时，他们也不知是该战该和。大部分人都茫然不知所措。上帝又现身了。这一次，他站在中间，先是向左转，然后又转身向右转，于是大家都笑了。

测试要求

要求随机抽取一个段落进行录入。在保证正确率的情况下，达到能力目标即为合格。

18.2 日语输入法简介

知识目标

- 了解日语输入法程序的安装与输入方法。

能力目标

- 能使用日语输入法进行文字录入、语句录入、文章录入。

● 成绩评价参考标准（测试时间为 10 分钟）：70 字/分钟。

知识要点

日语输入法提供了罗马字与直接按假名两种输入方式。罗马字输入，是指先输入对应的罗马音字母，然后由输入法自动转换成日语。而假名输入则是直接输入键盘上对应的假名字符键，但这种方法需要先记忆假名的键盘分布。因此，在日本虽然都是使用附有假名的日语键盘，但大多数人（无论是否日本人）仍是靠输入罗马字的方式来输入日语，只有小部分人使用直接按键盘上的假名的方法来输入。

现在将这两种输入法的优缺点总结如下。

输入方式	假名输入	罗马字输入
优点	可以直接输入按键上标记的假名，按键次数少。只要记住键位，输入用时会非常短	键位容易记忆，只需要记住 26 个英文字母。而且因为键位较少，指法的移动范围小，输入速度也可能很快
缺点	50 音和浊音点“ ゛”、半浊音点“ ゜”等所有的键位都需要记忆	大多数情况下需要按两个键才能输入一个假名

完整的日语输入包括平假名、片假名、汉字、普通的英语字符及标点符号。下面以罗马字输入方式为例，介绍一下 Windows 7 系统自带的日语输入法程序的安装、启用及录入规则。

1. 日语输入法的安装方法

日语输入法的安装与前面法语（法国）输入法程序的安装步骤相似，都是在 Windows 7 系统语言栏的图标上单击鼠标右键，选择“设置”选项，打开“文字服务和输入语言”对话框后单击“添加”按钮。在随后弹出的“添加输入语言”对话框中双击“日语（日本）”选项后，在下面的“键盘”选项中的子选项中要选中“Microsoft IME”复选框，然后单击“确定”按钮，如图 18-14 所示。

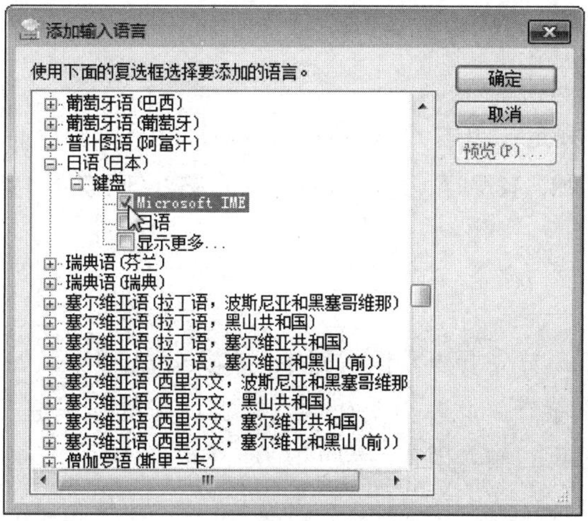

图 18-14　“添加输入语言”对话框

返回上级窗口后单击“确定”按钮即可完成日语输入法的安装。

温馨提示

日语输入法程序也是 Windows 操作系统自带的，如果是精简操作系统，同样需要先安装日语输入法补丁程序后才能进行设置。

2．日语输入法程序的启用

日语输入法程序安装完成后，单击 Windows 7 语言栏上的图标，将会弹出如图 18-15 所示的界面，选择“JP 日语（日本）”选项后，Windows 7 任务栏上将出现如图 18-16 所示的语言栏图标，表明已启动日语输入法。

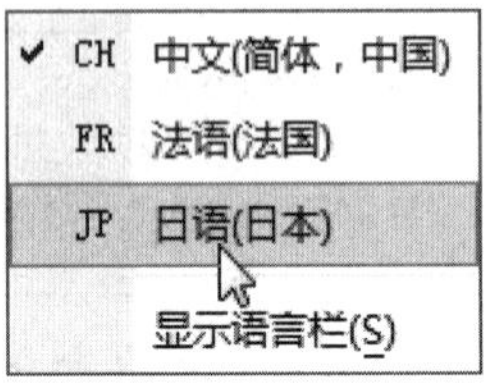

图 18-15　输入法列表

图 18-16　“日语（日本）”输入法语言栏

下面来认识一下日语输入法语言栏的界面。

 输入法标志：可切换输入法。

 键盘布局：可切换不同的键盘布局样式。

 输入模式：可切换平假名输入、全/半角片假名输入、全/半角英文数字输入。

 变换模式：可切换一般情况下输入、人名/地名、口语优先等。

 IME 工具箱。

 属性：可设定各项属性。

 帮助。

大写字母/片假名锁定：单击 CAPS 图标，CAPS 处于高亮显示时，表明已切换至大写状态；单击 KANA 图标，KANA 处于高亮显示时，则表示由罗马字输入切换至假名输入方式。

3．日语字符的录入

在日语输入法状态下，首先要查看语言栏中的输入模式图标。如显示为图标，则表示当前处于半角英文数字输入状态。此时需要在图标上单击鼠标左键，弹出如图 18-17 所示的菜单，根据需要选择相对应的输入模式，即可切换。

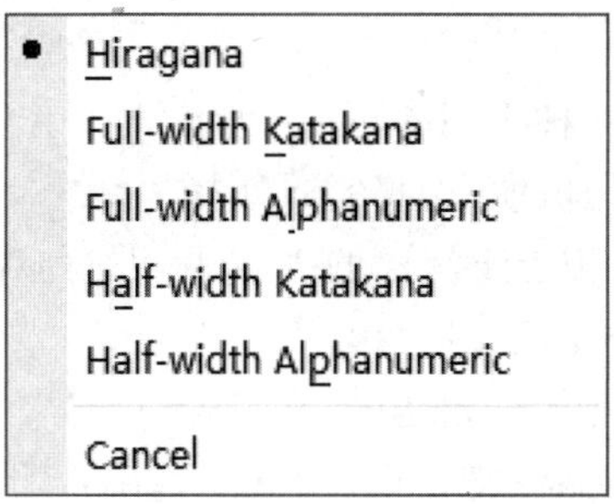

图 18-17 “输入模式”菜单

菜单各选项的含义简介如下。

Hiragana（あ）：平假名。

Full-width Katakana（カ）：全角片假名。

Full-width Alphanumeric（A）：全角英文数字。

Half-width Katakana（ｶ）：半角片假名。

Half-width Alphanumeric（A）：半角英文数字。

一般常用 Hiragana（平假名）模式输入。在选择好输入模式后，就可以开始进行日语字符录入了。

（1）平假名

切换至平假名输入状态，在键盘上输入罗马音后会自动转换成相对应的带虚线的平假名，如果是需要的字符可直接按 Enter 键确认。如果不是，按一下 Space 键就会出现相应的汉字，再按回车键确认输入即可。但如果出现的汉字不是自己所需要的，即这个读音对应有很多同音的汉字或词组时，应该像输入中文时选择同音词那样按空格键或翻页键“Page Down”来寻找自己所需要的汉字，然后按下相应的数字进行选择输入。

例如：在键盘上输入了罗马音“wa ta shi”，即可出现平假名“わたし”，这个时候单击 Space 键，可以选择日文汉字“私”。但如果这不是想输入的字符，可以再次按下空格键，这时将会出现同音字词列表，选择需要的字符，按 Enter 键即可。

（2）片假名

要想输入片假名，可单击语言栏上的A或あ图标，在图 18-17 所示的菜单中选择“Full-width Katakana”或“Half-width Katakana”选项后，即可输入全角或半角片假名。或者当你输入了平假名后不要按 Enter 键，即在字符下面还有条虚线的情况下，按一下 F7 键也可以将平假名转变为片假名字符。

温馨提示

输入罗马字之后，按 F6 键转换为平假名，按 F7 键转换为全角片假名，按 F8 键转换为半角片假名，按 F9 键转换为全角英文数字，按 F10 键转换为半角英文数字。

3）标点符号

（1）逗号。日语的逗号有两种不同的写法：竖写时写作“、”，对应按键为“，”；横写时多写作“，”对应按键为“，”外加两下空格键，选择“コンマ”输入。

（2）单引号“「”和“」”。相当于汉语的“”，“「”对应键盘的“ [”键，“ 」”对应键盘的“] ”键，单击后按 Enter 键确认即可。

（3）双引号“『”和“』”。相当于汉语的“《》”或“‘’”，先打“ [”或“] ”键但不要确定（即不按 Enter 键），按下 Space 键，再按 Enter 键确认即可。

（4）破折号“—”。先按“-”（减号键），再按两下空格键，选择“ダッシュ”输入。

（5）长音符号“ー”。直接按“-”（减号键）键输入即可。

（6）中点“・”。相当于汉语的“、”，直接按主键盘上的“ / ”键。

（7）日圆符号“￥”。直接按主键盘上的“ \ ”键。

（8）省略号“…”。先输入“さんてん”（sanntenn），然后按两下 Space 键，选择“三点リーダ”输入。或者连续输入三个句号，再按两下 Space 键，选择输入也行。

其他标点符号的输入方式与美式键盘标点输入相同。

4）其他特殊字符

（1）拨音ん。连续打两个 n 即可。

（2）促音：单词中输入促音也就是小っ，方式有两种。

① 双重输入后一发音的第一个字母后，会出现促音，如切符，きっぷ kippu、学校 がっこう gakkou；

② 单独输入小っ的时候可以使用直接输入 ltu 或 xtu。

（3）小ぁぃぅぇぉ。其他小假名的输入方式和上面促音 ii 里面说明的相同，只要在前面加上 x 或 l 就可以变成小假名（没有小假名的除外）。例如：输入字母“l”或“x”+ a、i、u、e、o，输入 la 得到ぁ，输入 xa 也得到ぁ，输入 li 得到ぃ。

（4）ぢ和づ。ぢ读音为 ji，但在输入时应该输入 di。づ读音为 zu，但在输入时应该输入 du。

（5）は和を的输入。は在作助词用时，读作 wa，但输入仍为 ha。を的读音为 o，但输入时为 wo。

5）古语假名ゐ和ゑ

ゐ输入 wi，ゑ输入 we，然后按 Space 键寻找就可以了。

温馨提示

使用罗马字输入方式来输入日语，就必须要掌握日语的发音。日语的每个假名代表一个音节（拨音除外），所以属于音节字母。日语的假名共有七十一个，包括清音、浊音、半浊音和拨音。其中表示四十五个清音音节的假名，按照发音规律，可排列成表，这个假名表成为五十音图，如图 18-8 所示。

	清音					拗音		
	あ段	い段	う段	え段	お段	や段	ゆ段	よ段
あ行	あ ア a	い イ i	う ウ u	え エ e	お オ o			
か行	か カ ka	き キ ki	く ク ku	け ケ ke	こ コ ko	きゃ キャ kya	きゅ キュ kyu	きょ キョ kyo
さ行	さ サ sa	し シ Shi	す ス su	せ セ se	そ ソ so	しゃ シャ sha	しゅ シュ shu	しょ ショ sho
た行	た タ ta	ち チ Chi	つ ツ tsu	て テ te	と ト to	ちゃ チャ cha	ちゅ チュ chu	ちょ チョ cho
な行	な ナ na	に ニ ni	ぬ ヌ nu	ね ネ ne	の ノ no	にゃ ニャ nya	にゅ ニュ nyu	にょ ニョ nyo
は行	は ハ ha	ひ ヒ hi	ふ フ fu	へ ヘ he	ほ ホ ho	ひゃ ヒャ hya	ひゅ ヒュ hyu	ひょ ヒョ hyo
ま行	ま マ ma	み ミ mi	む ム mu	め メ me	も モ mo	みゃ ミャ mya	みゅ ミュ myu	みょ ミョ myo
や行	や ヤ ya	い イ (i)	ゆ ユ yu	え エ (e)	よ ヨ yo			
ら行	ら ラ ra	り リ ri	る ル ru	れ レ re	ろ ロ ro	りゃ リャ rya	りゅ リュ ryu	りょ リョ ryo
わ行	わ ワ wa	い イ (i)	う ウ (u)	え エ (e)	を ヲ o			
	ん ン n							
浊音								
か行	が ガ ga	ぎ ギ gi	ぐ グ gu	げ ゲ ge	ご ゴ go	ぎゃ ギャ gya	ぎゅ ギュ gyu	ぎょ ギョ gyo
さ行	ざ ザ za	じ ジ ji	ず ズ zu	ぜ ゼ ze	ぞ ゾ zo	じゃ ジャ ja	じゅ ジュ ju	じょ ジョ jo
た行	だ ダ da	ぢ ヂ ji	づ ヅ zu	で デ de	ど ド do			
は行	ば バ ba	び ビ bi	ぶ ブ bu	べ ベ be	ぼ ボ bo	びゃ ビャ bya	びゅ ビュ byu	びょ ビョ byo
半浊音								
は行	ぱ パ pa	ぴ ピ pi	ぷ プ pu	ぺ ペ pe	ぽ ポ po	ぴゃ ピャ pya	ぴゅ ピュ pyu	ぴょ ピョ pyo

图 18-18　五十音图

背诵五十音图，熟记各行各段假名，是学习日语的第一步，也是能否掌握日语输入法的关键一步。因此在这里列出了各假名对应的罗马音，方便大家查阅。

知识链接

Windows 操作系统自带的日语输入法程序既支持罗马字输入，也支持直接输入假名，即使用键盘直接打出键位上对应的假名字符。

在日语输入法状态下，单击输入法状态条上的 KANA（假名）图标 KANA，当 KANA 图标呈现高亮显示时表明已切换到假名输入模式，此时键盘布局如图 18-19 所示。

图 18-19　假名输入方式下的键盘布局

记住键位，可以使用键盘快速输入假名字符。例如，按下 Q 键，输入た，按下 W 键，输入て……浊音符号通过“[”输入，半浊音符号通过“]”输入，促音、拗音和特殊拼法都是使用对应的键位直接输入。

有些键在录入的同时按住 Shift 键，输入的字符是不同的。例如，按下数字键 3，输入“あ”；按下 Shift + 3 组合键，则输入小号（半角）的“ぁ”。单击语言栏上的あ图标选择“Half-width Alphanumeric”选项切换至半角英文数字状态，此时按下数字键 3，可输入数字“3”；按下 Shift + 3 组合键，则输入“#”。

输入假名以后，转换为汉字的方法，切换到片假名和英文、数字状态的方法与使用罗马字输入是一样的。要了解有关的快捷键，可以在输入法的帮助里读到。如果想切换回罗马字输入模式，只要再单击一下 KANA 图标，取消它的高亮显示即可。

录入技巧

因为日语输入是基于平假名的，在输入时还需要转换成汉字、片假名、英语字符及各种标点符号，所以日语键盘上会多设计几个特殊按钮用于各种输入模式间的快速切换，因此空格键较短，如图 18-20 所示。但如果使用的是普通美式键盘，没有这些特殊按钮，各输入模式间的快速切换则可以借助快捷键来完成。

图 18-20　日语键盘的键位布局

（1）快捷键 Alt + ~（Esc 键下边的那个键）。可以在半角英文数字 Half-width Alphanumeric（图标A）和平假名 Hiragana（图标あ）间切换；

（2）快捷键 Alt + Shift。在日语输入法和其他输入法之间切换；

（3）快捷键 Alt +CapsLock 和 Ctrl + CapsLock。需要录入大量的片假名时，在平假名 Hiragana（图标あ）模式下，可以按 Alt + CapsLock 组合键切换到片假名 Katakana（图标カ）模式，输完按 Ctrl + CapsLock 组合键又可切回平假名 Hiragana 模式。

体验与探索

日语录入练习一

日本では、毎年 1 月第二月曜日は成人の日です。成人の日とは、20 歳を迎えて大人になった新成人をお祝いする日です。これを祝うためこの日を国民の祝日の一つとして、各市町村では儀式を行う。それからは、法律上では飲酒が許され、選挙権が与えられる。

この日には成人式があるけど、自由参加だから出ない人もいる。各地方公共団体などが、成人式を行う年度内に成人に達する人々を招き、激励、祝福する行事。講演会やパーティーを開いたり、記念品を送ったりする。街では色鮮やかな振袖に身を包んだ新成人たちの姿が見られる。賑やかな道でみんなが地元の友達と話しながら、会場に行く。あるいは鮮やかな着物を着て、神社に行く、神とか、祖先の庇いを感謝する。これからもっとよろしく。夜は家族でお祝い。家族のみんな、お寿司を食べたり、新成人を祝福する。この日から、親に庇われる子供たちは成人の社会に入る。新しい人生に始まる。ですから、この日にとつて、親とか、新成人たちとか、大切な日だと言える。

日本では、親は愛する娘のために、あまりお金を惜しまない。伝統的に、女子は美しい長袖の着物を着る。そして、その値段はピンキリあるが驚くほど高く百万円以上もするものもある。でも、一般的な家庭は賃借りをすることがある。最近の一般的な家庭では、親戚の人にもらうことが多い。美しさはもちろん記念を残すので、このとき記念写真を撮る。数年後、この記念写真を出すと、心の中に成人式の事が思わずに浮く。

伝統的な祝日として、成人式の魂は人々の心の中に届いた。単に行事ではなくて、生活の一部分になつた。成人式を機会に、新しい人生に入つた。

参考译文：

在日本，每年 1 月的第二个星期一为成人节。成人节是为了祝福迎来 20 岁的青年们正式成年的节日。作为传统的国民节日，这一天在各个城镇、乡村都会举行成人仪式。仪式过后则宣告这些青年从今以后在法律上被允许饮酒，同时享有选举权。

在举办成人礼的这一天，成年的青年出席活动与否取其自愿。各地区的公共团体会召集成年的青年们，在仪式上会为他们送上祝福与鼓励。除了开办演讲会、派对，还会赠送纪念品。这一天，在大街上随处可见身着鲜艳和服的年轻人，在热闹的街道上与家乡的好朋友一边畅聊一边前往会场。除了参加活动，也有人会身着和服前往神社，感谢神灵和先祖的庇佑，祈求从今往后也同样得到保佑。夜晚在家与家人恭贺，大家吃着寿司向成年的青年表达祝福之情。从这一天起，生活在父母羽翼下的孩子们就正式进入了社会，新的人生即将启程。所以，成人礼这一天对年轻人及其父母来说是非常具有意义的一天。

在日本，父母会为了心爱的女儿不惜花费重金。按照传统，女子在这天必须穿上长袖的和服。和服的价格非常惊人，有的甚至高达数百万以上。不过，对一般家庭而言，也会选择租和服。最近，亲戚赠送和服也很常见。当然，在成人节这一天身着和服的美丽姿态会拍摄照片用作纪念。几年后，拿出当时所拍摄的相片，关于成人礼的记忆也会渐渐在心底浮现。

作为传统的节日，成人礼的精髓铭刻在了人们的心中。它不仅仅只是一项仪式，而是生活的一部分。年轻人通过成人礼，从此人生迈出了新的一步。

日语录入练习二

外国人の心の中でも、桜は日本を代表している。中国でも日本で制作された宣伝用の絵を常に目にすることができる。絵の上部には、日本のシンボルとされる富士山がうっすらと雪化粧をしてそびえたち、その山麓（さんろく）をみめ麗しい新幹線が疾走する。手前の一角をみると、斜めに何本かの桜が満開して、薄いピンクと澄み切った青空とがよく映えている。たとえ、富士山を日本人の心の中の永遠の古里といえば、新幹線は日本経済の飛躍的発展を表しており、桜は日本人の自然に対する思い、美的風情のシンボルだと言えよう。

中国で花といえば、人々は豪華絢爛たる牡丹（ぼたん）を思い浮かべるだろう。また、優雅で奥ゆかしい蘭の花、雪の中で鮮やかに咲く梅の花、すらりと美しい蓮の花……地域の違い、経歴の違いによって、思い浮かべるものも多様である。日本と比べ、多くを包容している気がする。この点において、斎藤正二氏の見解はかなり面白い。同氏は、日本の国の花—桜は社会神話であり、民族主義、国家主義の産物であるという。これは、「花と言えば桜、人と言えば武士」という言葉からもその面影を見ることができる。

もちろん、日本人の桜に対する愛着を政治に帰結させることはできない。中国人と日本人の花を観賞する最も大きな違いは、中国人の対象拡散に対する日本人の集中だと言うより、中国人は開花」を観賞するのに対し、日本人は「落花」を観賞することだと言った方がいいかもしれない。中国人は、花が満開した時の鮮やかで美しい様子が好きであり、日本人は、花が散り去る時の淡々とした哀傷を観賞するようである。

桜の特徴は姿が消えやすいことで、普通 1 週間ももたず、しかも風や雨に会えば、一瞬にして散ってしまうのである。京都の有名な「哲学の道」に沿って散策すると、春日よりの日差しの切れ間から、ひとしきりひとしきりとそよ風が頬を撫でてゆく。それにつれて、桜の花びらが舞い落ちる。地面に落ち、谷川に落ちる。そして、さらさらと流れ去る川はこれらの精霊を運んでゆっくりと、しかも戸惑うことなく、遠くに流れ去る。確かに、ある種の生命のはかなさ、盛者必衰の感を覚えてしまう。

桜にはある種の魔力があるかもしれない。それでもって、遠い昔と今を結びつけ、慎重というものを奔放へと導き、無常の感嘆を現世の大事なものに変えているのかもしれない。桜を知り尽くせば、日本人を知り尽くすことになるのではないかと思われてならない。

参考译文：

在外国人心中，樱花也代表着日本。记得在国内常常可以看到日本制作的一幅宣传画：上面是被认为最具代表性的日本——青峻的富士山顶白雪皑皑，头部呈流线形的新干线高速列车由山麓呼啸而过，近处一角，是斜斜的几枝绽放的樱花，淡雅的粉红与澄净的蓝天相互映衬。如果说富士山是日本人心目中永远的故乡，新干线是日本经济腾飞的标志，那么樱花则是其自然感受，审美情趣的象征。

在中国，提到花，人们也许会联想起雍容华贵的牡丹，清幽素雅的兰花，傲雪怒放的梅花，婷婷玉立的荷花……，因地域不同，经历不同，浮现出的意象不一而足。相对日本而言，显现出一种多元包容的姿态。在这一点上斎藤正二的意见颇为有趣，他认为日本的国花樱花，是一种社会神话，是民族主义、国家主义的产物。这可以在“花推樱花，人数武士”的口号中看到一些影子。

当然，日本人对樱花喜爱不能归结于政治。中国人与日本人的赏花的最大的不同，也许并不在于中国人的对象扩散而日本人的集中，而在于中国人赏“花开”，日本人则是赏“花落”。中国人喜爱鲜花盛放时的娇艳美丽，而日本人则欣赏落花纷飞时那份淡淡的哀伤。

樱花的特点便是易逝，一般只能持续不到一周，而一遇风雨便会满树凋零。沿着京都著名的“哲学之道”漫步，春日斜阳之中，阵阵微风拂过，白色的樱花花瓣便飞舞而下，轻盈地散在地上，落入溪中，而淙淙的流水就轻轻载着这些精灵缓缓地，却是坚决地远去了。的确有一种生命易逝，盛者必衰的感触。

樱花也许是有一种魔力，联系着远古与今天，引导着拘谨走向奔放，将无常的感叹变为现世的珍惜。也许读懂了樱花，便会读懂日本人吧。

日语录入练习三

僕は三十七歳で、そのときボーイング 747 のシートに座っていた。その巨大な飛行機はぶ厚い雨雲をくぐり抜けて降下し、ハンブルク空港に着陸しようとしているところだった。十一月の冷ややかな雨が大地を暗く染め、雨合羽を着た整備工たちや、のっぺりとした空港ビルの上に立った旗や、BMW の広告板やそんな何もかもをフランドル派の陰うつな絵の背景のように見せていた。やれやれ、またドイツか、と僕は思った。

飛行機が着地を完了すると禁煙のサインが消え、天井のスピーカーから小さな音で BGM が流れはじめた。それはどこかのオーケストラが甘く演奏するビートルズの 「ノルウェイの森」だった。そしてそのメロディーはいつものように僕を混乱させた。いや、いつもとは比べものにならないくらい激しく僕を混乱させ揺り動かした。

僕は頭がはりさけてしまわないように身をかがめて両手で顔を覆い、そのままじっとしていた。やがてドイツ人のスチュワーデスがやってきて、気分がわるいのかと英語で訊いた。大丈夫、少し目まいがしただけだと僕は答えた。

「本当に大丈夫？」

「大丈夫です、ありがとう」と僕は言った。スチュワーデスはにっこりと笑って行ってしまい、音楽はビリー？ジョエルの曲に変った。僕は顔を上げて北海の上空に浮かんだ暗い雲を眺め、自分がこれまでの人生の過程で失ってきた多くのもののことを考えた。失われた時間、死にあるいは去っていった人々、もう戻ることのない想い。

飛行機が完全にストップして、人々がシートベルトを外し、物入れの中からバッグやら上着やらをとりだし始めるまで、僕はずっとあの草原の中にいた。僕は草の匂いをかぎ、肌に風を感じ、鳥の声を聴いた。それは一九六九年の秋で、僕はもうすぐ二十歳になろうとしていた。

前と同じスチュワーデスがやってきて、僕の隣りに腰を下ろし、もう大丈夫かと訊ねた。

「大丈夫です、ありがとう。ちょっと哀しくなっただけだから（It's all right now. Thank you. I only felt lonely， you know.）」と僕は言って微笑んだ。

「Well， I feel same way， same thing， once in a while. I know what you mean.（そういうこと私にもときどきありますよ。よくわかります）」彼女はそう言って首を振り、席から立ちあがってとても素敵な笑顔を僕に向けてくれた。「I hope you'll have a nice trip. Auf Wiedersehen!（よい御旅行を。さようなら）」

「Auf Wiedersehen!」と僕も言った。

参考译文：

我今年三十七岁。现在，我正坐在波音 747 的机舱里。这架硕大无比的飞机正穿过厚厚的乌云层往下俯冲，准备降落在汉堡机场。十一月冷冽的雨淹没大地一片雾蒙蒙的，穿着雨衣的整修工、整齐划一的机场大厦上竖着的旗、BMW 的大型广告牌，这一切的一切看来都像是法兰德斯派画里阴郁的背景。唉，又来到德国了。

这时，飞机顺利着地，禁烟灯也跟着熄灭，天花板上的扩音器中轻轻地流出 BGM 音乐来。正是披头士的“挪威的森林”，倒不知是由哪个乐团演奏的。一如往昔，这旋律仍旧撩动着我的情绪。不！远比过去更激烈地撩动着我、摇撼着我。

为了不让头脑为之迸裂，我弓着身子，两手掩面，就这么一动不动。不久，一位德籍的空中小姐走了过来，用英文问我是不是不舒服，我答说不打紧，只是有点头晕而已。

“真的不要紧吗？”

“不要紧，谢谢你！”我说道。于是她带着微笑离开，这时，扩音器又放出比利乔的曲子。抬起头，我仰望飘浮在北海上空的乌云，一边思索着过去的大半辈子里，自己曾经失落了的。思索那些失落了的岁月，死去或离开了的人们，以及烟消云散了的思念。

当飞机完全静止下来，人们纷纷解开安全带，开始从柜子里取出手提包、外套时，我始终是待在那片草原上的。我嗅着草香、聆听鸟鸣，用肌肤感受着风。那是在一九六九年秋天，我就要满二十岁的时候。

刚刚那位空中小姐又走了过来，在我身旁坐了下来，开口问我要不要紧。

“不要紧！谢谢。我只是觉得有些感伤而已。（lt's all right now.Thank you.I only felt lonely，you know.）”我笑着答道。

“Well，I fell same way，same things，once in a while.I know what you mean.（我也常常这样子。我能理解！）”说罢，她摇摇头，从座位上站起来，对着我展开一副美丽的笑容。“I hope you'll have a nice trip. AufWiedersehen!（祝您旅途愉快。再见！）”

“AufWiedersehen!”我也跟着说道。

测试要求

要求随机抽取一个段落进行录入。在保证正确率的情况下，达到能力目标即为合格。

数字录入训练指导

19.1 数字录入指法要求

知识目标

了解数字录入的指法。

知识要点

使用小键盘进行快速的数字录入（如货币金额或账号等）是金融、财会人员所必须掌握的一项基本技能，因此要重视小键盘的数字录入训练。要做到快速录入，实现盲打，这就需要经过一番严格、规范的指法训练。

小键盘的键位比大键盘少多了，但同样有一套规范的指法规则。该指法要求：只用右手进行键盘操作。中指定位于“5”（键上有一凸起的点，起定位作用），食指定位于“4”，无名指定位于“6”，这三键为基准键，食指负责“1”、“4”、“7”三个键，中指负责“/”、“8”、“5”、“2”四个键，无名指负责“*”、“9”、“6”、“3”、“.”五个键，大拇指负责 0 键，小指负责“-”、“+”、“Enter（回车）”三个键，如图 19-1 所示。

在练习的过程中，先练基准键，后练其他键，左右上下交叉练习。通过练习，很快会有上手的感觉，继而实现快速盲打。

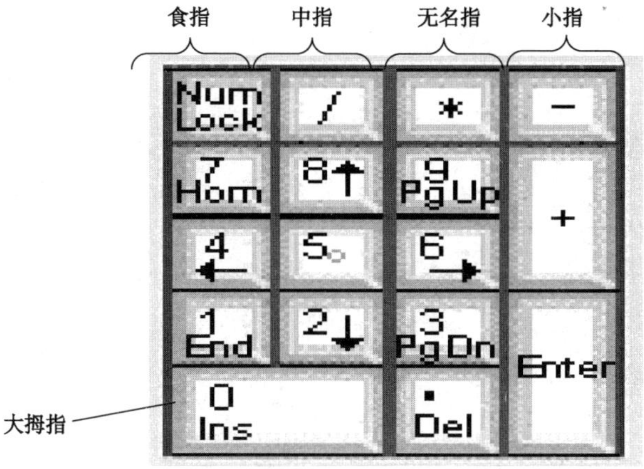

图 19-1　键位指法

知识链接

1．按下小键盘上的 Num Lock 键，使键盘上方的 Num Lock 指示灯亮后，才能输入数字。

2．小键盘的输入主要用在账单、分数、统计等数字出现较多的地方。录入员往往需要左手翻单据，右手输入数字。建议在输入熟练后，自行找单据进行模拟工作场景的左右手配合的录入训练。

体验与探索

1．把右手按指法要求放在小键盘上，闭上眼睛，感觉中指触到凸起的数字键。

2．用右手试着输入数字，看看能否顺利按键。

19.2　数字录入训练

能力目标

看稿录入的速度标准如下。

初级：120 个数位/分钟

中级：180 个数位/分钟

高级：250 个数位/分钟

训练指导

1. 指法要求

严格按照上一节的指法要求，要盲打。

2. 训练难点及突破要领

在训练初期，会觉得小指和无名指要“管”的键多，离基准键又远，不易准确定位，盲打很不习惯，会打错数字。有前面练习五笔字型输入法的经验，相信你经过坚持练习，会很快适应的。

看稿输入时，仍要求基本上只看稿打字，击键有一定的节奏感。

3. 训练过程

首先，进行只有基准键 4、5、6 和 Enter 键的练习，找出四指键位感及协调工作的节奏感。

其次，进行纯数字的输入练习，包括数字 0，使大拇指也进入练习状态。

最后，进行带小数点的数字混合输入练习，可先集中按几次“点”键，让无名指有击键的感觉，再进行练习。

体验与探索

下面给出了 5 篇分别用于不同练习目的的数字稿，请根据自己的需要选择练习。

下面给出了 5 篇分别用于不同练习目的的数字稿，请根据自己的需要选择练习。

数字录入练习 1（纯数字录入）

4654	1245	6421	5216	5869
6546	4621	6532	3236	7595
5464	4232	4553	2143	4697
5564	5126	2264	6532	5849
4655	6253	1513	6413	6759
6446	5542	5324	3126	7759
6654	2613	6614	5153	8594
4456	3235	4126	4263	8679
6544	2524	3516	1316	4598
5664	6135	2544	6341	6584
6545	2361	3362	4597	9764
5454	3546	1146	8567	4956
6554	1625	3651	9466	9576
6464	5631	2631	5768	9685
6645	2431	4134	4679	7564
3261	5261	6131	6594	8857

5974	7926	3715	8645	2468
8495	2639	6953	2076	4930
7674	8461	6072	1961	2549
4746	7082	3149	5971	3392
6946	5108	8216	7061	2370
4874	2608	8560	6292	4816
6958	9403	6235	8107	5746
5794	2518	1795	1247	8044
6759	5916	1607	2109	5109
5948	2396	2926	3958	5235
4966	1957	7018	9213	4105
7658	1864	7421	4601	3040
9546	5391	9012	1358	6590
5947	7362	8593	7115	4696
7588	1814	3129	6093	5538
4947	5917	1064	6841	6024
4674	2396	8531	9351	3108
8584	1705	5117	6327	3930
9647	2963	3906	1841	6230
5764	4240	1368	1975	8581
8957	4568	6102	9362	4923
7936	7602	2127	5936	5639
2587	1691	5199	7026	7461
3591	7460	1085	4193	7085
2673	3205	5173	1568	3108
4811	1695	4681	6508	6648
5736	8713	1953	3256	7413
1043	9062	2637	4538	2508
4039	5167	4181	6725	3916
8215	8631	7195	2138	2306
6195	9213	6932	6751	3957
2030	4610	6047	6042	2804
7591	1358	5023	2037	5301
4691	7115	5961	2409	8312
3537	6093	3178	4267	9814
7021	1419	2609	8405	6918
5309	2016	7615	8543	5316
6932	7212	9141	4017	6705
9240	9915	6235	9207	3993
5581	5810	2125	3159	6210

3568	8102	8362	5740	5819
9607	5120	6936	4707	5273
3695	5193	9026	6719	5071
6460	7085	5190	5719	6807
5207	1173	3568	8473	2158
4605	6781	4508	1583	9281
7710	1957	1256	8173	7561
6062	5637	4639	2718	3854
4163	4180	5725	1054	6928
6431	6195	3138	7821	7153
5213	6832	4761	5819	6483
4610	6044	4042	5467	7689
5358	8023	3037	1573	2418
5116	1961	1409	1248	9843
5073	6179	6267	8505	7281
3419	3609	7405	1473	6623
9015	3619	9543	2516	4237
8213	5141	6017	2718	9027
8915	4239	8208	3689	7529
3810	7125	3159	2504	2594
3915	7643	1468	2037	4832
7903	3076	5290	5618	6405
6070	5961	6437	2431	8487
8149	5901	2049	5720	9279
4213	6061	5304	5891	5542
7560	5292	7905	2670	8370
7245	9107	3419	1816	5489
3715	7247	5498	2471	5371
1907	3104	2468	8317	5164
2926	5918	4820	5943	8531
7029	8213	7924	2413	1648
8424	7609	8460	5422	8764
7015	2358	4837	8173	2537
9596	8115	5498	9274	6483
4120	1093	2431	6518	2150
1069	5821	4876	7156	3492
9531	7351	1830	2647	2473
6118	5329	8734	2482	6578
6906	1941	5872	3592	3549
4361	2975	9571	6472	5047

数字录入练习 2（纯数字录入）

46219381	75954697	71156093	84058543	61186906
12452470	65849764	14192016	40179207	43618102
26135672	49569576	72129915	31592468	51205193
32618672	47466946	58103715	49302549	70851173
55425498	88575974	69536072	33922370	67811957
51268103	84957674	31498216	48165746	56374180
62538137	96857564	85606235	80445109	61956832
42324723	48746958	17951607	52354105	60448023
23619815	57946759	29267018	30406590	19616179
25247846	49474674	74219012	46965538	36093619
61354872	76589546	85933129	60243108	51414239
32354168	59477588	10648531	39306230	71257643
35467531	59484966	51173906	85814923	30765961
16258467	85849647	13686102	56397461	59016061
56311645	57648957	21275199	70853108	52929107
65325953	79362587	10855173	66487413	72473104
52611057	35912673	46811953	25083916	59188213
64216381	48115736	26374181	23063957	76092358
24317156	10434039	71956932	28045301	81151093
45537915	82156195	60475023	83129814	58217351
22645430	20307591	59613178	69185316	53291941
41263810	46913537	26097615	67053993	29758362
53240485	70215309	91416235	62103568	69369026
66148197	69329240	21258645	96073695	51903568
15134830	55817926	20761961	64605207	45081256
35161579	26398461	59717061	46057710	46395725
61315216	70825108	62928107	60624163	31384761
11463651	26089403	12472109	64315213	40423037
26314134	25185916	39589213	46105358	14096267
25443362	23961957	46011358	51165073	74059543
32362143	18645391	71156093	34199015	60178208
65326413	73621814	68419351	82138915	31591468
85679466	59172396	63271841	38103915	52906437
42631316	17052963	19759362	79036070	20495304
63414597	42404568	59367026	81494213	79053419
31265153	76021691	41931568	75607245	54982468
57684679	74603205	65083256	37151907	48207924
65945869	16958713	45386725	29267029	84604837
86794598	90625167	21386751	84247015	54982431
58496759	86319213	60422037	95964120	48761830
77598594	46101358	24094267	10699531	87345872

95715740	57205891	38546928	87642537	43817539
47076719	26701816	71536483	64832150	24764572
57198473	24718317	76892418	34922473	48264507
15838173	59432413	98437281	65781537	84371075
27181054	54228173	66234237	54679571	15672189
78215819	92746518	90277529	26482348	10157198
54671573	71562647	25944832	65285831	22305492
12488505	24823592	64058487	20486816	15671823
14732516	64725819	92795542	81732054	20483192
27183689	52735071	83705489	96372540	54697908
25042037	68072158	53715164	31582047	12913815
56182431	92817561	85311648	98242054	23818128

数字录入测试1（带小数点的数字）

6542.54	254.62	4811.6	31498	7115.93
52324723	8567946	20307591	29267.8	4193
561356.72	45326413	8215.5	37961607	2138.51
226186	3236.3	35912673	859.29	65386725
4521938	52621316	693292	742190	24094.67
61268.1	576.79	7021.09	5117.06	6042.37
6253.137	31265.3	2639461	20648531	4017.7
12452	63414	5581.6	31275199	84.43
354675	659.69	260894.3	13686.2	650832
252.7846	77598.4	7082.08	6953.72	31592.8
61354.72	584967.9	469135	263.81	48.46
22354168	76795598	1864.91	46815	3392.70
236.98	759546	23961957	604.23	4930.49
36258467	6584.4	591723	59.78	8044.09
5261	49569576	7362.1	719569	469655
653.953	849.74	4240	10.55	304.90
56311.5	9685.4	17052.3	260976	49326230
642163	57946	25185	2076.61	6024
24.71	885759	16958.3	2125.45	5639.1
455379	48746.8	7460.05	62928.7	858.23
32646430	474666	863192.3	58717061	6648.13
6614.97	59477.8	90625	39.3	70.08
53240	76589546	7602169	1247.09	523541.5
4126381	858496.7	1419.16	9141.5	250.16
1513.30	5948.6	71156093	45011358	831298
26314	793.587	581015	63271	280.01
61315.6	57648957	72129.5	68.93	6705.3
11463651	49474	461.58	5936.6	69.16
3516.79	1043403	85.35	19759.2	960735

621035.8	63292941	54228	101.98	1572.51
460.10	58217.1	5943.13	15672.9	4853
6460.7	693.26	25042	156.23	8553.4
23063.7	29758.2	92.18	22305.2	4587.59
60624	45.56	248235.2	843.75	5465
511.73	51903.8	71562.7	1291.5	8234.4
461.58	5918.13	6807.8	54697.8	5853278
821389	4639.5	52.71	20483	842.56
3419	14096	38546.8	63819127	264.57
790.36	404.37	928.1	568.54	4520
38103.5	60178.8	7689.18	57920	51620.25
756.45	740.43	71536	384681	525024
8149.3	52906.7	64725.9	35972815	81287.1
643.13	31591	9843.81	64.45	52.21
37151.7	790.9	902.9	455458	5154326
95964	20495.4	662342.7	5561.25	4523
8424.5	3138.61	25944.2	488.23	5415329.2
61186.6	549824	83705	54534	756893
10699	54.31	82775542	33.51	26849.5
51205.3	94605837	8531.8	6534	546.57
53628102	87345.2	5371.4	183.56	8973.54
67811.7	487.30	648321	2891.45	5983.59
708.73	470767	876.37	215.5	523.64
2926.9	95715	65.37	2845.5	5782.24
56374	4820.4	34922.3	482.15	5933
6044.3	5719.73	640.7	15726	25498.55
61956.2	78.19	6528.1	482.56	51587.2
514.39	27181.4	2648.48	2145.5	8543
360936	12488.5	71722054	5183	268.24
20755961	546.3	2048.6	48268935	52.45
7125.43	2718.89	3158.47	5726	26589.45
5292.7	14732.6	96372	157.56	52589720
59.61	158.73	54679.1	256.54	4852.24
1961.79	57205.1	9824.4	1564.4	578180
724734	561.31	247.72	75493.2	543.58
81151.3	34718318	43817.9	51853.45	783.4
760.58	2670.16	4826.7	256.54	216708

数字录入测试 2（带小数点的数字）

561.72	452.8	254676	135.97	86311.5
72325721	61.21	252.6	26248468	54216
654255	72521.138	71364.82	4260	14317.6
326.6	32452.3	22364167	546.53	65.15

32645	259326	308551.3	59185.6	61903
56148.7	5932	1609.15	44605.07	79758.2
43240.5	1608.03	69717	52803468	850812.6
51263	7639.61	11258.45	56057	34096.67
251348	458179.6	5292.7	6116.73	69188.3
1631.34	7215.95	81416134	13063.7	76395.25
513152.6	908.08	2958.13	40626162	96092
3146.51	669135.7	32472.09	1804.01	60423.7
25163579	93621	58419	56105.8	50178.8
35443.2	13961.57	66011.58	72138.15	99053.19
756.66	6917.96	532718.1	85607	429.37
45326.13	35186916	4076.61	990360	21591.8
1236.43	5240.68	49368024	2810.15	64982.68
526313	27052.3	29759.62	271.07	804953.4
4768.79	96319.3	6538.25	7149.13	11384.1
2126.53	2695.13	519.68	4431.13	84049553
43.7	94603.5	21386	4118.06	64982.1
559458.9	286.91	50179.7	75964	74605834
9759.4	806251	34094.67	9424.15	8571
6849.59	96021.91	5042.37	241990.5	687618
76794.8	82129.5	8115.3	30699.1	67076.9
95954.97	713560.3	74058641	6120.93	98215.19
45849.64	48103915	55083.6	79267.9	682079.4
479467	241920	693025.9	87811.57	47178453
949.74	5610.58	5816.46	90851.3	646715.3
86857.4	3795.07	23922	51956731	1718.54
5874.58	2149.16	5159.68	46374	32488.5
985759.4	19267	29306	40487.3	2583.3
5956.6	41172906	5696.38	736181.2	1718.89
6746.46	959331.9	40405690	91257.43	64732.6
4947.88	8421.12	75824.23	16093819	77315629
89352587	95606.5	5024.08	2076.61	56701.6
95849.7	3064	463.61	39616	661824.1
6948.66	1127.99	4235.05	4292.07	1471.17
2043.9	5681.53	56487.3	69016.1	35042.7
4764.57	49526071	90853	61414.9	74229171
694746.4	363741.1	7044.09	8247.04	4943.13
86589.6	8195.32	35083.6	9115.93	815.47
68115.6	504.23	731298.4	893690.6	727465.8
303075.1	496131.8	86073.95	432919.1	14823.92
80215409	2368.02	570539.3	48218352	47205

7281.61	43715268	34764.2	792.58	1546823
42733078	34832	8467.71	158387.6	457240
2854.8	54058.87	35675827	445.12	682.04
447258.9	4578.37	2015.98	69.48	9243.47
9689.18	249224.3	356.89	77292183	586.47
815.83	9764.37	582645.7	157483.8	579271.6
4807.8	10486.16	32305.2	50418.7	8042341
78437.1	46482.8	7437.75	19723.5	59380
5623	91731056	4381.27	489204.7	423.59
70277.29	5528.31	84697.08	56240.45	2268.4
7531.48	4158.47	1048.92	4871.04	5905.45
937054.9	76372	32913.15	417238	265403.4
82795.42	638175.9	8726.15	89240453	892.47
1594.32	7824.54	45821	57.554	1259.46

数字录入测试 3（带小数点的数字）

482.18	17134	49746.3	72621.7	65536.02
75325723	283141.6	82845643	1895.14	27374.99
644259	2744.61	5347.81	15052.2	749569.1
262.4	16463.53	74589.7	28185217	6347.29
264671	3416.78	5964	94625.69	58613.2
63.26	31362.48	5148.65	72603.4	26762
71521.39	8767.69	713.82	8231.18	12855.5
31452.2	62326	49115.5	75155097	24097.17
541.71	322651.5	474.76	72021	547170.2
316.94	4863.17	1843.9	18192.13	2025.43
72364.83	5968.74	379126.4	4210.52	6492.07
21364.69	795985.6	22307.1	511037.8	95416138
5431.43	69413.97	8715.91	79129.3	30589.15
27248.64	63945.68	21378	465695.7	1947.06
41650	638497.7	653292	13951802	62417352
566.51	51493.57	75215.7	3849.17	430113.8
21645	837.96	72825.08	23267.6	62271.47
6521.81	729543.1	5881.21	59173.05	79560.3
28317.57	4823	28089.3	879.26	5036.28
4653.17	52946.8	25961953	71219.8	14759.1
165.98	869576.6	47913.34	15686.09	4338.28
6814.96	9885.63	14645.97	14648532	409315.7
5124.83	41466.3	43404.2	27275.8	2438.52
63315119	8457.71	54172890	43811.6	49172209

23094.5	36151.08	69177207	63725.8	4726.06
68421	804.16	780534.8	758.17	283.45
32592.4	6331523	5190.36	7053.82	71583.6
8305.42	60186.6	3059143	65234.6	4892.04
690837	9495	53982.7	9743.7	572.26
40302.5	8324.14	294953.3	99277.28	48042.9
43165842	42618.01	3038.6	67072.7	82950246
3992.7	19698530	86345.1	84311.7	570.54
81606.32	5020.92	5398330	807054.8	48692.4
32309	282670.8	83604.6	91794541	5201.57
41965.7	66119.6	94714	86642.36	62.57
38405	798511.2	4775	52715.3	8126.45
82814.25	60956.31	46076.18	63831	572029
61243.4	5536	7721.18	630584.6	242.67
50397.62	6944.22	472079.3	647813	583.04
59354.01	89445.08	56984.2	33922.72	547.62
6248.18	70257.2	53671.2	2494.31	74583.9
76853.09	350936.8	26181.53	2948.15	2451
20045.2	39764960	1148.4	25481347	2685.54
23084	1861.78	148381.2	80732.3	19958.57
8512.15	5192.6	26182688	53679.6	48235.4
93073.4	58015	13732.15	3058.46	81259.42
66053.97	750923.7	504142.8	9536	5104.56
67185.8	71473.3	2570.15	42816538	579213
68605109	8015.2	551823	972420.3	55239.54
63103.65	68369.25	237183.6	2376.71	515.29
42052	522918	24043036	64284830	2115.58
56165.8	57217.5	53228.2	1467.22	7452.62
210639.1	5090.67	5843.2	19157.7	156.57
6362433	287583.1	70562.46	146.88	7259.15
3019.17	4408.55	9174.17	11913.4	592.59
441053.6	130962.6	2382.1	2130.91	6528.49
8713.12	5818.12	562057	83371.4	218.54
74607346	453957.4	91816560	528193.6	71346817
77039	7305.42	5173.7	5369.07	524.65
37103.2	494.36	375469.7	29482191	19204.36

测试要求

测试时从数字录入测试中任选一篇进行考核。要求在基本熟悉纯数字录入后，即转入带小数点的数字录入训练。

汉字录入补充实训材料

常用汉字 2 500 字

一 乙 二 十 丁 厂 七 卜 人 入 八 九 几 儿 了 力 乃 刀 又 三 于 干 亏 士
工 土 才 寸 下 大 丈 与 万 上 小 口 巾 山 千 乞 川 亿 个 勺 久 凡 及 夕
丸 么 广 亡 门 义 之 尸 弓 己 已 子 卫 也 女 飞 刃 习 叉 马 乡 丰 王 井
开 夫 天 无 元 专 云 扎 艺 木 五 支 厅 不 太 犬 区 历 尤 友 匹 车 巨 牙
屯 比 互 切 瓦 止 少 日 中 冈 贝 内 水 见 午 牛 手 毛 气 升 长 仁 什 片
仆 化 仇 币 仍 仅 斤 爪 反 介 父 从 今 凶 分 乏 公 仓 月 氏 勿 欠 风 丹
匀 乌 凤 勾 文 六 方 火 为 斗 忆 订 计 户 认 心 尺 引 丑 巴 孔 队 办 以
允 予 劝 双 书 幻 玉 刊 示 末 未 击 打 巧 正 扑 扒 功 扔 去 甘 世 古 节
本 术 可 丙 左 厉 右 石 布 龙 平 灭 轧 东 卡 北 占 业 旧 帅 归 且 旦 目
叶 甲 申 叮 电 号 田 由 史 只 央 兄 叼 叫 另 叨 叹 四 生 失 禾 丘 付 仗
代 仙 们 仪 白 仔 他 斥 瓜 乎 丛 令 用 甩 印 乐 句 匆 册 犯 外 处 冬 鸟
务 包 饥 主 市 立 闪 兰 半 汁 汇 头 汉 宁 穴 它 讨 写 让 礼 训 必 议 讯
记 永 司 尼 民 出 辽 奶 奴 加 召 皮 边 发 孕 圣 对 台 矛 纠 母 幼 丝 式
刑 动 扛 寺 吉 扣 考 托 老 执 巩 圾 扩 扫 地 扬 场 耳 共 芒 亚 芝 朽 朴
机 权 过 臣 再 协 西 压 厌 在 有 百 存 而 页 匠 夸 夺 灰 达 列 死 成 夹
轨 邪 划 迈 毕 至 此 贞 师 尘 尖 劣 光 当 早 吐 吓 虫 曲 团 同 吊 吃 因
吸 吗 屿 帆 岁 回 岂 刚 则 肉 网 年 朱 先 丢 舌 竹 迁 乔 伟 传 乒 乓 休

伍伏优伐延件任伤价份华仰仿伙伪自血向似后行舟全会
杀合兆企众爷伞创肌朵杂危旬旨负各名多争色壮冲冰庄
庆亦刘齐交次衣产决充妄闭问闯羊并关米灯州汗污江池
汤忙兴宇守宅字安讲军许论农讽设访寻那迅尽导异孙阵
阳收阶阴防奸如妇好她妈戏羽观欢买红纤级约纪驰巡寿
弄麦形进戒吞远违运扶抚坛技坏扰拒找批扯址走抄坝贡
攻赤折抓扮抢孝均抛投坟抗坑坊抖护壳志扭块声把报却
劫芽花芹芬苍芳严芦劳克苏杆杠杜材村杏极李杨求更束
豆两丽医辰励否还歼来连步坚旱盯呈时吴助县里呆园旷
围呀吨足邮男困吵串员听吩吹呜吧吼别岗帐财针钉告我
乱利秃秀私每兵估体何但伸作伯伶佣低你住位伴身皂佛
近彻役返余希坐谷妥含邻岔肝肚肠龟免狂犹角删条卵岛
迎饭饮系言冻状亩况床库疗应冷这序辛弃冶忘闲间闷判
灶灿弟汪沙汽沃泛沟没沈沉怀忧快完宋宏牢究穷灾良证
启评补初社识诉诊词译君灵即层尿尾迟局改张忌际陆阿
陈阻附妙妖妨努忍劲鸡驱纯纱纳纲驳纵纷纸纹纺驴纽奉
玩环武青责现表规抹拢拔拣担坦押抽拐拖拍者顶拆拥抵
拘势抱垃拉拦拌幸招坡披拨择抬其取苦若茂苹苗英范直
茄茎茅林枝杯柜析板松枪构杰述枕丧或画卧事刺枣雨卖
矿码厕奔奇奋态欧垄妻轰顷转斩轮软到非叔肯齿些虎虏
肾贤尚旺具果味昆国昌畅明易昂典固忠咐呼鸣咏呢岸岩
帖罗帜岭凯败贩购图钓制知垂牧物乖刮秆和季委佳侍供
使例版侄侦侧凭侨佩货依的迫质欣征往爬彼径所舍金命
斧爸采受乳贪念贫肤肺肢肿胀朋股肥服胁周昏鱼兔狐忽
狗备饰饱饲变京享店夜庙府底剂郊废净盲放刻育闸闹郑
券卷单炒炊炕炎炉沫浅法泄河沾泪油泊沿泡注泻泳泥沸
波泼泽治怖性怕怜怪学宝宗定宜审宙官空帘实试郎诗肩
房诚衬衫视话诞询该详建肃录隶居届刷屈弦承孟孤陕降
限妹姑姐姓始驾参艰线练组细驶织终驻驼绍经贯奏春帮
珍玻毒型挂封持项垮挎城挠政赴赵挡挺括拴拾挑指垫挣
挤拼挖按挥挪某甚革荐巷带草茧茶荒茫荡荣故胡南药标
枯柄栋相查柏柳柱柿栏树要咸威歪研砖厘厚砌砍面耐耍
牵残殃轻鸦皆背战点临览竖省削尝是盼眨哄显哑冒映星
昨畏趴胃贵界虹虾蚁思蚂虽品咽骂哗咱响哈咬咳哪炭峡

罚贱贴骨钞钟钢钥钩卸缸拜看矩怎牲选适秒香种秋科重
复竿段便俩贷顺修保促侮俭俗俘信皇泉鬼侵追俊盾待律
很须叙剑逃食盆胆胜胞胖脉勉狭狮独狡狱狠贸怨急饶蚀
饺饼弯将奖哀亭亮度迹庭疮疯疫疤姿亲音帝施闻阀阁差
养美姜叛送类迷前首逆总炼炸炮烂剃洁洪洒浇浊洞测洗
活派洽染济洋洲浑浓津恒恢恰恼恨举觉宣室宫宪突穿窃
客冠语扁袄祖神祝误诱说诵垦退既屋昼费陡眉孩除险院
娃姥姨姻娇怒架贺盈勇怠柔垒绑绒结绕骄绘给络骆绝绞
统耕耗艳泰珠班素蚕顽盏匪捞栽捕振载赶起盐捎捏埋捉
捆捐损都哲逝捡换挽热恐壶挨耻耽恭莲莫荷获晋恶真框
桂档桐株桥桃格校核样根索哥速逗栗配翅辱唇夏础破原
套逐烈殊顾轿较顿毙致柴桌虑监紧党晒眠晓鸭晃晌晕蚊
哨哭恩唤啊唉罢峰圆贼贿钱钳钻铁铃铅缺氧特牺造乘敌
秤租积秧秩称秘透笔笑笋债借值倚倾倒倘俱倡候俯倍倦
健臭射躬息徒徐舰舱般航途拿爹爱颂翁脆脂胸胳脏胶脑
狸狼逢留皱饿恋桨浆衰高席准座脊症病疾疼疲效离唐资
凉站剖竞部旁旅畜阅羞瓶拳粉料益兼烤烘烦烧烛烟递涛
浙涝酒涉消浩海涂浴浮流润浪浸涨烫涌悟悄悔悦害宽家
宵宴宾窄容宰案请朗诸读扇袜袖袍被祥课谁调冤谅谈谊
剥恳展剧屑弱陵陶陷陪娱娘通能难预桑绢绣验继球理捧
堵描域掩捷排掉堆推掀授教掏掠培接控探据掘职基著勒
黄萌萝菌菜萄菊萍菠营械梦梢梅检梳梯桶救副票戚爽聋
袭盛雪辅辆虚雀堂常匙晨睁眯眼悬野啦晚啄距跃略蛇累
唱患唯崖崭崇圈铜铲银甜梨犁移笨笼笛符第敏做袋悠偿
偶偷您售停偏假得衔盘船斜盒鸽悉欲彩领脚脖脸脱象够
猜猪猎猫猛馅馆凑减毫麻痒痕廊康庸鹿盗章竟商族旋望
率着盖粘粗粒断剪兽清添淋淹渠渐混渔淘液淡深婆梁渗
情惜惭悼惧惕惊惨惯寇寄宿窑密谋谎祸谜逮敢屠弹随蛋
隆隐婚婶颈绩绪续骑绳维绵绸绿琴斑替款堪搭塔越趁趋
超提堤博揭喜插揪搜煮援裁搁搂搅握揉斯期欺联散惹葬
葛董葡敬葱落朝辜葵棒棋植森椅椒棵棍棉棚棕惠惑逼厨
厦硬确雁殖裂雄暂雅辈悲紫辉敞赏掌晴暑最量喷晶喇遇
喊景践跌跑遗蛙蛛喝喂喘喉幅帽赌赔黑铸铺链销锁锄锅
锈锋锐短智毯鹅剩稍程稀税筐等筑策筛筒答筋筝傲傅牌

堡 集 焦 傍 储 奥 街 惩 御 循 艇 舒 番 释 禽 腊 脾 腔 鲁 猾 猴 然 馋 装
蛮 就 痛 童 阔 善 羡 普 粪 尊 道 曾 焰 港 湖 渣 湿 温 渴 滑 湾 渡 游 滋
溉 愤 慌 惰 愧 愉 慨 割 寒 富 窜 窝 窗 遍 裕 裤 裙 谢 谣 谦 属 屡 强 粥
疏 隔 隙 絮 嫂 登 缎 缓 编 骗 缘 瑞 魂 肆 摄 摸 填 搏 塌 鼓 摆 携 搬 摇
搞 塘 摊 蒜 勤 鹊 蓝 墓 幕 蓬 蓄 蒙 蒸 献 禁 楚 想 槐 榆 楼 概 赖 酬 感
碍 碑 碎 碰 碗 碌 雷 零 雾 雹 输 督 龄 鉴 睛 睡 睬 鄙 愚 暖 盟 歇 暗 照
跨 跳 跪 路 跟 遣 蛾 蜂 嗓 置 罪 罩 错 锡 锣 锤 锦 键 锯 矮 辞 稠 愁 筹
签 简 毁 舅 鼠 催 傻 像 躲 微 愈 遥 腰 腥 腹 腾 腿 触 解 酱 痰 廉 新 韵
意 粮 数 煎 塑 慈 煤 煌 满 漠 源 滤 滥 滔 溪 溜 滚 滨 粱 滩 慎 誉 塞 谨
福 群 殿 辟 障 嫌 嫁 叠 缝 缠 静 碧 璃 墙 撇 嘉 摧 截 誓 境 摘 摔 聚 蔽
慕 暮 蔑 模 榴 榜 榨 歌 遭 酷 酿 酸 磁 愿 需 弊 裳 颗 嗽 蜻 蜡 蝇 蜘 赚
锹 锻 舞 稳 算 箩 管 僚 鼻 魄 貌 膜 膊 膀 鲜 疑 馒 裹 敲 豪 膏 遮 腐 瘦
辣 竭 端 旗 精 歉 熄 熔 漆 漂 漫 滴 演 漏 慢 寨 赛 察 蜜 谱 嫩 翠 熊 凳
骡 缩 慧 撕 撒 趣 趟 撑 播 撞 撤 增 聪 鞋 蕉 蔬 横 槽 樱 橡 飘 醋 醉 震
霉 瞒 题 暴 瞎 影 踢 踏 踩 踪 蝶 蝴 嘱 墨 镇 靠 稻 黎 稿 稼 箱 箭 篇 僵
躺 僻 德 艘 膝 膛 熟 摩 颜 毅 糊 遵 潜 潮 懂 额 慰 劈 操 燕 薯 薪 薄 颠
橘 整 融 醒 餐 嘴 蹄 器 赠 默 镜 赞 篮 邀 衡 膨 雕 磨 凝 辨 辩 糖 糕 燃
澡 激 懒 壁 避 缴 戴 擦 鞠 藏 霜 霞 瞧 蹈 螺 穗 繁 辫 赢 糟 糠 燥 臂 翼
骤 鞭 覆 蹦 镰 翻 鹰 警 攀 蹲 颤 瓣 爆 疆 壤 耀 躁 嚼 嚷 籍 魔 灌 蠢 霸
露 囊 罐

次常用汉字1 000 字

匕 刁 丐 歹 戈 夭 仑 讥 冗 邓 艾 夯 凸 卢 叭 叽 皿 凹 囚 矢 乍 尔 冯 玄
邦 迂 邢 芋 芍 吏 夷 吁 吕 吆 屹 廷 迄 臼 仲 伦 伊 肋 旭 匈 凫 妆 亥 汛
讳 讶 讹 讼 诀 弛 阱 驮 驯 纫 玖 玛 韧 抠 扼 汞 扳 抡 坎 坞 抑 拟 抒 芙
芜 苇 芥 芯 芭 杖 杉 巫 杈 甫 匣 轩 卤 肖 吱 吠 呕 呐 吟 呛 吻 吭 邑 囤
吮 岖 牡 佑 佃 伺 囱 肛 肘 甸 狈 鸠 彤 灸 刨 庇 吝 庐 闰 兑 灼 沐 沛 汰
沥 沦 汹 沧 沪 忱 诅 诈 罕 屁 坠 妓 姊 妒 纬 玫 卦 坷 坯 拓 坪 坤 拄 拧
拂 拙 拇 拗 茉 昔 苛 苫 苟 苞 茁 苔 枉 枢 枚 枫 杭 郁 矾 奈 奄 殴 歧 卓
昙 哎 咕 呵 咙 呻 咒 咆 咖 帕 账 贬 贮 氛 秉 岳 侠 侥 侣 侈 卑 刽 刹 肴
觅 忿 瓮 肮 肪 狞 庞 疟 疙 疚 卒 氓 炬 沽 沮 泣 泞 泌 沼 怔 怯 宠 宛 衩
祈 诡 帚 屉 弧 弥 陋 陌 函 姆 虱 叁 绅 驹 绊 绎 契 贰 玷 玲 珊 拭 拷 拱

挟 垢 垛 拯 荆 茸 茬 荚 茵 茴 荞 荠 荤 荧 荔 栈 柑 栅 柠 枷 勃 柬 砂 泵
砚 鸥 轴 韭 虐 昧 盹 咧 昵 昭 盅 勋 哆 咪 哟 幽 钙 钝 钠 钦 钧 钮 毡 氢
秕 俏 俄 俐 侯 徊 衍 胚 胧 胎 狰 饵 峦 奕 咨 飒 闺 闽 籽 娄 烁 炫 洼 柒
涎 洛 恃 恍 恬 恤 宦 诫 诬 祠 诲 屏 屎 逊 陨 姚 娜 蚤 骇 耘 耙 秦 匿 埂
捂 捍 袁 捌 挫 挚 捣 捅 埃 耿 聂 荸 莽 莱 莉 莹 莺 梆 栖 桦 栓 桅 桩 贾
酌 砸 砰 砾 殉 逞 哮 唠 哺 剔 蚌 蚜 畔 蚣 蚪 蚓 哩 圃 鸯 唁 哼 唆 峭 唧
峻 赂 赃 钾 铆 氨 秫 笆 俺 赁 倔 殷 耸 舀 豺 豹 颁 胯 胰 脐 脓 逛 卿 鸵
鸳 馁 凌 凄 衷 郭 斋 疹 紊 瓷 羔 烙 浦 涡 涣 涤 涧 涕 涩 悍 悯 窍 诺 诽
袒 谆 祟 恕 娩 骏 琐 麸 琉 琅 措 捺 捶 赦 埠 捻 掐 掂 掖 掷 掸 掺 勘 聊
娶 菱 菲 萎 菩 萤 乾 萧 萨 菇 彬 梗 梧 梭 曹 酝 酗 厢 硅 硕 奢 盔 匾 颅
彪 眶 晤 曼 晦 冕 啡 畦 趾 啃 蛆 蚯 蛉 蛀 唬 啰 唾 啤 啥 啸 崎 逻 崔 崩
婴 赊 铐 铛 铝 铡 铣 铭 矫 秸 秽 笙 笤 偎 傀 躯 兜 衅 徘 徙 舶 舷 舵 敛
翎 脯 逸 凰 猖 祭 烹 庶 庵 痊 阎 阐 眷 焊 焕 鸿 涯 淑 淌 淮 淆 渊 淫 淳
淤 淀 涮 涵 惦 悴 惋 寂 窒 谍 谐 裆 袱 祷 谒 谓 谚 尉 堕 隅 婉 颇 绰 绷
综 绽 缀 巢 琳 琢 琼 揍 堰 揩 揽 揖 彭 揣 搀 搓 壹 搔 葫 募 蒋 蒂 韩 棱
椰 焚 椎 棺 榔 椭 粟 棘 酣 酥 硝 硫 颊 雳 翘 凿 棠 晰 鼎 喳 遏 晾 畴 跋
跛 蛔 蜒 蛤 鹃 喻 啼 喧 嵌 赋 赎 赐 锉 锌 甥 掰 氮 氯 黍 筏 牍 粤 逾 腌
腋 腕 猩 猬 惫 敦 痘 痢 痪 竣 翔 奠 遂 焙 滞 湘 渤 渺 溃 溅 湃 愕 惶 寓
窖 窘 雇 谤 犀 隘 媒 媚 婿 缅 缆 缔 缕 骚 瑟 鹉 瑰 搪 聘 斟 靴 靶 蓖 蒿
蒲 蓉 楔 椿 楷 榄 楞 楣 酪 碘 硼 碉 辐 辑 频 睹 睦 瞄 嗜 嗦 暇 畸 跷 跺
蜈 蜗 蜕 蛹 嗅 嗡 嗤 署 蜀 幌 锚 锥 锨 锭 锰 稚 颓 筷 魁 衙 腻 腮 腺 鹏
肄 猿 颖 煞 雏 馍 馏 禀 痹 廓 痴 靖 誊 漓 溢 溯 溶 滓 溺 寞 窥 窟 寝 褂
裸 谬 媳 嫉 缚 缤 剿 赘 熬 赫 蔫 摹 蔓 蔗 蔼 熙 蔚 兢 榛 榕 酵 碟 碴 碱
碳 辕 辖 雌 墅 嘁 踊 蝉 嘀 幔 镀 舔 熏 箍 箕 箫 舆 僧 孵 瘩 瘟 彰 粹 漱
漩 漾 慷 寡 寥 谭 褐 褪 隧 嫡 缨 撵 撩 撮 撬 擒 墩 撰 鞍 蕊 蕴 樊 樟 橄
敷 豌 醇 磕 磅 碾 憋 嘶 嘲 嘹 蝠 蝎 蝌 蝗 蝙 嘿 幢 镊 镐 稽 篓 膘 鲤 鲫
褒 瘪 瘤 瘫 凛 澎 潭 潦 澳 潘 澈 澜 澄 憔 懊 憎 翩 褥 谴 鹤 憨 履 嬉 豫
缭 撼 擂 擅 蕾 薛 薇 擎 翰 噩 橱 橙 瓢 蟥 霍 霎 辙 冀 踱 蹂 蟆 螃 螟 噪
鹦 黔 穆 篡 篷 篙 篱 儒 膳 鲸 瘾 瘸 糙 燎 濒 憾 懈 窿 缰 壕 藐 檬 檐 檩
檀 礁 磷 瞭 瞬 瞳 瞪 曙 蹋 蟋 蟀 嚎 赡 镣 魏 簇 儡 徽 爵 朦 臊 鳄 糜 癌
懦 豁 臀 藕 藤 瞻 嚣 鳍 癞 瀑 襟 璧 戳 攒 孽 蘑 藻 鳖 蹭 蹬 簸 簿 蟹 靡
癣 羹 鬓 攘 蠕 巍 鳞 糯 譬 霹 躏 髓 蘸 镶 瓤 矗

比较常用双字词组练习

Ⅰ

人才 考核 技术 探讨 可以 工厂 美国 电脑 公司 创建
竞争 激烈 今天 开发 重要 改革 多年 部门 制度 进行
取得 一定 成绩 秩序 伯乐 方法 改变 贡献 风气 正确
合理 公开 几年 实践 暴露 确定 体现 平等 原则 员工
感情 难免 先生 时常 最大 缺陷 没有 规定 明确 指标
很多 评语 只能 随着 社会 市场 经济 体制 建立 不能
形势 迫切 要求 法制 科学 根据 企业 素质 标准 规定
明确 指标 事实 定性 结合 分析 考察 企业 从而 达到
目标 设计 方面 情况 工艺 爱国 爱情 帮忙 帮助 表达
表格 表面 表明 表示 表现 表演 表扬 博士 薄理 不错
不管 不过 不仅 不能 不然 不如 不是 不要 不用 才能
裁判 采访 采取 彩电 参观 参加 参展 厂长 场合 超过
陈述 成本 成长 成功 成果 成绩 成立 成熟 成为 承包
承认 城市 城乡 城镇 出版 出产 出厂 出口 出来 出名
出纳 出勤 出去 出入 出身 出生 出世 出台 出席 出现
出于 出租 除外 春秋 磁盘 聪明 存储 存放 存款 存贮
达到 大胆 大地 大夫 大海 大会 大家 大量 大脑 大小
大型 大学 大约 大专 胆量 到达 到来 地点 地方 地理
地面 地皮 地球 地铁 地址 东北 东边 东部 东方 东西
动脉 动物 动员 队伍 对称 对付 对面 对外 对象 对于

Ⅱ

对照 夺取 而且 二月 范围 防止 防治 非常 厘米 奋斗
丰收 奉献 否定 否认 否则 夫妻 服从 服务 附近 附属
干部 干活 干净 赶快 感动 感激 感觉 感情 感谢 革命
革新 更加 工厂 工程 工地 工夫 工会 工具 工人 工商
工事 工业 工资 功夫 功课 功率 功能 攻关 攻击 恭喜
巩固 共建 共同 共享 贡献 孤立 古代 股份 股票 股市
鼓舞 故事 故乡 故障 顾客 顾问 观点 观看 观念 观众
规定 规范 规格 规矩 规律 规模 规则 规章 过程 过错

过渡 过后 过去 函授 欢乐 欢喜 欢迎 还要 还有 环境
黄金 或许 或者 获得 获奖 获胜 基本 基层 及格 及时
嘉奖 艰苦 艰难 降价 胶卷 脚步 教材 教程 教练 教师
教室 教授 教学 教训 教育 阶段 阶级 节目 节日 节省
节约 节奏 截止 理想 进步 进口 进去 警察 敬礼 静止
巨大 开放 开会 开始 开心 开学 考察 考核 考虑 考勤
考试 考验 克服 劳动 老师 老实 理论 理由 历来 历年
联合 联欢 联接 联络 联网 联系 联想 了解 零件 隆重
垄断 陆地 落成 落后 落空 落实 马路 马上 矛盾 茅盾
面积 面临 面前 某地 某时 某些 某月 某种 耐心 耐用
南北 南方 难办 难道 难得 难点 难度 难过 难说 难题
难听 难忘 能否 能够 能力 能量 欧洲 培训 培养 培育

Ⅲ

朋友 聘任 聘书 苹果 破坏 期间 期限 欺骗 其次 其他
其它 其中 起来 起立 切实 勤奋 勤劳 青春 区别 区分
区域 趋势 取代 取得 取消 确定 确认 确实 荣获 荣誉
若干 三月 散步 散文 甚至 声音 声誉 胜利 盛大 十分
十月 石油 世纪 世界 示范 事件 事实 事物 事业 速度
随便 随时 随着 台湾 太阳 态度 天空 天气 天然 天下
通告 通过 通俗 通信 通讯 通用 通知 土地 脱离 万元
威力 违约 卫生 卫星 未能 无论 无数 无私 无限 五月
下边 下列 下午 夏季 夏天 现金 现实 现象 限度 限止
项目 形成 形容 形式 形势 形象 形状 幸福 须知 需求
需要 压力 压迫 压缩 牙齿 研究 阳光 药材 药品 也是
也许 一般 一点 一定 一共 一起 一切 一些 一月 一直
一致 医生 医学 医药 医院 医治 艺术 阴谋 英雄 英勇
英语 盈利 营业 勇敢 用法 用功 用途 用心 尤其 友好
友谊 有关 有理 有利 有名 有时 有无 有效 有益 有用
又是 又要 右边 于是 予以 预备 预料 预习 元旦 原来
原因 原则 远方 远近 院长 院校 愿意 月份 运算 运行
运用 再见 在职 增大 增多 丈夫 真实 真是 真正 事情
整理 整齐 整天 正常 正规 正好 正确 正如 正式 政策
政府 政治 支持 支票 支援 直达 直到 职称 职工 职能

Ⅳ

职位 职务 职业 职责 至此 至今 至于 逐步 逐渐 专家
专利 专门 专心 专业 专用 子女 子孙 走路 阻力 阻止
左手 左右 珠算 平面 平原 平均 平静 平常 平时 平凡
平安 平等 平衡 平方 珍贵 珍惜 珍重 素质 互相 班车
虚实 皮肤 肯定 上下 上来 上班 上学 目光 上层 目的
目标 上述 上午 目前 上课 步骤 叔叔 步伐 战士 战争
战斗 睡觉 眼睛 眼前 具有 此外 此刻 江南 江河 满足
江山 港币 满意 治理 治安 治疗 汉语 汉族 法院 法规
法治 汗水 法则 法制 法庭 清理 清洁 清晨 清早 清凉
波动 小学 小心 小组 小说 消防 消耗 消灭 水平 消毒
水泥 水电 消息 消费 温暖 温度 湿度 学院 学历 学习
学业 学校 学籍 学问 演说 深夜 光荣 光明 光线 当成
当然 当今 兴奋 举行 流通 流水 注重 注意 液体 浪费
最大 最小 最少 最初 最多 最后 最近 最先 最新 最好
最佳 最低 坚定 紧张 明显 里面 时间 时刻 日期 日常
日报 日记 电大 电压 电脑 电流 电视 晚上 星期 昨天
昨晚 照顾 照样 中期 中专 中央 器材 兄弟 听说 呼吸
只有 因素 因此 团圆 国际 国家 车票 四面 四月 四周
驾驶 回去 加强 思考 软件 困难 轿车 图象 同志 同时
同意 由于 风险 风格 网络 内存 内部 收藏 收获 收取

Ⅴ

收支 收购 悄悄 快慢 快乐 改革 性能 发现 发展 必定
必然 性质 发扬 性格 必要 改造 习惯 飞机 恰好 心目
心情 以后 以前 类别 精通 精确 业务 火车 燃烧 数学
数字 数据 数值 宽广 字母 农场 农民 农业 农村 家乡
家庭 冠军 完善 宝贵 宇宙 富裕 宣判 审察 审批 军事
安静 安排 安全 宾馆 初步 角色 解放 解释 客观 空气
牢固 宁肯 然后 容量 社会 实习 实验 视察 突然 外面
鲜花 祝贺 祖国 外资 近期 算术 综合 绝对 外语 乐观
句子 名字 免费 负责 负担 钢笔 包括 包含 多少 金额
多余 忽然 独立 犹如 争论 留学 贸易 拒绝 报导 反动
反映 反抗 拥护 质量 技术 后来 后果 看见 年纪 提示

担心 提醒 提前 损坏 操作 缺点 制造 投资 制度 所以
探索 的确 哲学 打球 手册 手势 手术 手续 接着 拼音
热爱 搜索 搜查 推动 失败 指示 批评 模块 权力 权利
标题 材料 本来 本质 相互 朴素 想象 相关 相应 查明
可能 可是 歌颂 机构 构思 禁止 概貌 要是 概念 概率
核心 季度 智力 知道 先后 等待 赞美 德育 重大 垂直
重要 生长 重复 生物 得出 利用 利害 复印 利益 复杂
复合 积累 各种 种种 各个 各级 程度 向下 向上 身边
秋天 称职 称号 物资 冬天 税务 很多 每月 第十 每天
每当 每年 第九 系统 往来 往年 美国 美好 美化 美育
童年 单词 总理 总结 总统 交流 交易 效果 资产 效益
交代 尊重 新闻 颜色 阅读 准备 辨别 即日 妈妈 姑娘
那个 录用 灵活 仔细 优质 优秀 优良 会谈 合格 合适
全部 合资 介于 保安 保留 你我 爸爸 你们 体质 分寸
分别 从略 人民 华侨 依据 经受 经典 费用 强度 疑问
毕业 编译 统计 享受 熟悉 计划 讲课 讲话 讲座 讨论
评定 语词 主义 评论 语言 高原 调解 调查 设施 变得
这里 这是 这种 这次 义务 放学 良心 夜晚 广告

双字词组提高综合练习

工期 工艺 工区 工匠 工友 工厂 工地 工场 工夫 工事
戒严 工具 工龄 工党 工时 工业 戒烟 工农 工钱 匿名
工兵 工本 式样 工程 工种 工委 工装 工商 工资 工段
工会 工件 工作 工分 工人 工序 节能 节奏 节目 节水
蒸汽 节省 节日 蒸发 节制 蒸气 茁壮 节余 节俭 节约
节育 茅台 茅屋 茅盾 期限 苦难 欺骗 基础 茂盛 基地
若干 期刊 甚至 基于 项目 基点 期满 勘测 若是 其中
基因 基层 苦恼 基数 茂密 其实 勘察 其它 项链 基金
勘探 基本 期待 期间 苦闷 其次 甚好 基建 其他 期货
勘误 基调 期望 藏族 斯文 散布 菜场 散步 散发 散装
菜刀 散会 散件 散文 某某 甘草 蒜苗 芙蓉 甘蔗 鞋子
甘愿 某月 某地 甘露 勒索 某事 某些 某时 鞋帽 甘心

鞋袜 著名 鞭策 某种 鞠躬 著称　革新 甘肃 革命 某个
某人 七月 七一 巧遇 苹果 戈壁　葬礼 七律 巧妙 七绝
邪恶 牙齿 雅兴 雅量 邪路 牙刷　卧室 卧铺 邪气 鸦片
牙膏 邪说 雅座 菠菜 茫茫 东欧　东面 落成 落地 落款
东南 荡漾 范畴 范围 东边 东风　落实 落空 茫然 落后
东西 落选 东部 东北 范例 薄弱　东京 东方 萌芽 草鞋
草药 莫大 草地 蓝天 蓝图 草图　草帽 草案 蓝色 慕名
幕后 募捐 草拟 摹仿 草率 勤劳　勤奋 或者 或是 勤勉
勤务 勤恳 勤俭 或许 功臣 功劳　莲花 苏联 功能 功夫
功勋 蔑视 功名 荔枝 苗条 苗头　功效 功课 苏州 功率
英勇 英雄 英寸 贡献 黄河 英明　恐吓 巩固 英国 恐慌
恐怖 恐惧 恐怕 英尺 黄色 英名　黄金 英镑 英杰 英姿
英俊 英语 英亩 英豪 蔬菜 巨著　蔚蓝 巨大 世面 世故
世袭 世态 巨型 世事 巨响 世界　巨额 蔚然 艺术 世间
世俗 世纪 巨变 世族 劳工 劳苦　蒙蒙 荣获 蒙蔽 蒙古
蒙胧 劳动 营救 荣幸 荣耀 荣誉　蒙昧 劳驾 劳力 劳累
劳改 营业 劳模 营长 营私 营利　劳务 营养 劳资 荣立
营建 营房 芝麻 蒙族 警戒 区划　葡萄 菊花 获取 警卫
欧阳 敬爱 获胜 区域 敬献 敬酒　欧洲 区别 警惕 警察
敬礼 警钟 警句 殴打 匹配 区长　警告 敬重 获得 警备
区委 欧美 敬意 获奖 获准 欧姆　敬佩 敬仰 区分 苛刻
医药 医院 攻克 攻击 董事 攻占　医治 医学 医嘱 攻打
攻势 医护 医术 医生 医务 医科　医疗 攻关 萎缩 攻读
菩萨 薪水 薪金 切切 切磋 切断　切割 切实 切身 萧条
切记 苍茫 恭敬 茶花 芬芳 苍劲　共有 共存 共用 共需
共进 恭喜 共事 茶具 巫婆 苍蝇　莅临 茶叶 共鸣 恭听
恭贺 共同 花朵 共性 茶馆 苍白　茶杯 共处 共和 共商
共建 恭候 恭维 共享 茶座 蕴藏　药品 药材 蕴含 药费
药店 药房 药方 芳菲 芦苇 蘑菇　芳龄 蔗糖 芳香 蓄意
蓄谋 陈列 陈旧 陈述 陈设 子孙　子宫 子弟 子女 子弹
取胜 取消 取得 取决 取代 聚集　取缔 堕落 堕胎 随时
承办 承包 随后 承担 陌生 随身　堕入 随着 随意 随即
承建 随便 承诺 承认 阴阳 阴险　阻碍 阴历 阴云 阴雨
阻击 阴天 阻止 阴沉 阴暗 阴影　阻力 阴性 阻塞 阻挠
阻挡 阻拦 阴谋 陵墓 陆地 陵园　陆军 陆续 耳环 耳目
卫星 耳朵 隔壁 隔断 卫兵 陕西　耳机 卫生 耳闻 隔阂

隔绝 隔离 耳语 耻辱 孙子 逊色 函授 阳历 阳光 阳性
职工 职能 职责 职别 职员 职业 职权 职务 职称 职位
阵营 孟子 阵阵 阵地 阵雨 阵容 阵线 出工 出勤 出世
出院 出台 出厂 出面 聘用 出动 出去 出卖 出境 出于
出事 出现 出来 出游 出题 出路 出口 出国 出力 聘书
出发 出错 出色 出钱 出外 出名 出租 出生 出版 出身
出入 出差 出资 出产 出门 出嫁 聘任 出众 出售 出纳
出席 聘请 出庭 出诊 孔子 孔隙 也是 了解 也好 了望
也许 耿直 院落 院子 院士 辽宁 耽搁 院校 院长 辽阔
院部 耽误 隐藏 隐蔽 隐隐 聊天 隐瞒 隐晦 隐患 陷害
陶醉 隐私 陷入 陶瓷 隐含 隐约 聊斋 孤独 孤单 孤立
阿姨 降落 降职 隆隆 降压 降雨 降水 降温 降临 隆重
降低 降价 联营 联队 联欢 障碍 联邦 聪明 陪同 联网
联名 联播 联接 联想 联机 联系 隧道 联合 联贯 联结
联络 联席 限期 限于 限止 限量 限定 限额 限制 限度
除非 队形 附带 队列 除法 附注 队员 聆听 附加 附图
险峰 阶层 险情 附属 除外 除名 除夕 附近 队长 附和
队部 坠毁 附录 阶段 队伍 附件 阶级 附言 陛下 防范
孩子 防震 防止 防洪 防治 防潮 防汛 防火 防守 防空
孩儿 防护 防备 防御 防病 防疫 防盗 防线 防弹 戏院
驱逐 戏曲 戏剧 劲头 预期 预防 驰骋 预感 预支 预示
预考 预测 预演 预兆 柔软 预见 预展 豫剧 柔情 预习
予以 预料 预赛 预定 预审 骤然 预报 矛盾 预想 预知
预选 预告 预先 柔和 预备 预约 预计 预订 预言 骏马
骚动 又是 骚扰 又要 骚乱 参预 参观 骑马 参考 参政
参与 参战 参照 参加 参见 参展 参赛 参军 参看 参赞
参阅 参谋 通通 能耐 通用 能动 能干 勇士 通过 勇于
能否 能源 通常 能量 通畅 通电 通顺 通史 能力 通风
勇敢 能够 熊猫 勇猛 通报 勇气 能手 通栏 通知 通盘
通告 通行 通牒 通向 通称 通往 通病 通商 通道 通俗
通信 通令 通缉 通统 通讯 通话 对联 对面 圣地 对于
对流 圣贤 对照 对岸 对内 对外 对象 对换 对手 对抗
对敌 对待 对策 对称 对立 对门 对付 圣人 圣经 圣旨
对比 对话 对於 对方 台阶 驯服 台胞 台湾 台风 怠慢
台币 驯养 台北 骡子 骡马 劝告 劝说 观感 观点 观测
观赏 观光 观察 观礼 观看 观众 观念 观望 观摩 马匹

马达 马克 马列 马虎 马上 马路 马车 马力 巴西 巴黎
欢喜 欢呼 驳回 鸡肉 鸡蛋 欢迎 欢乐 驳斥 鸡毛 欢笑
欢送 驳倒 允许 牟取 骆驼 骄傲 艰苦 艰巨 艰险 艰难
艰辛 难受 难堪 难过 难点 难题 难听 难办 难民 难怪
验收 难以 难免 难看 验算 难处 难得 难闻 难关 难道
难度 难忘 难说 骗子 驻防 驻地 驻沪 驻足 驻守 驻军
驻华 驻京 左右 左面 砸碎 左派 左边 砸烂 厮杀 厮打
左手 左侧 左倾 顾及 厄运 顾虑 顾客 顾委 顾问 顾全
雄厚 友爱 友情 雄性 雄心 码头 雄壮 雄辩 友好 雄伟
友人 友谊 大臣 大陆 大队 大肆 大胆 大脑 大地 大雨
大专 大夫 大型 大致 大事 厌恶 大叔 大战 大小 大学
大海 大洋 大量 大路 大车 大力 大同 大局 大炮 大米
厉害 大家 大宗 大写 大军 大象 大多 大气 大批 大楼
大校 大概 大街 大笔 大半 大意 大部 大将 厦门 大妈
大姐 大嫂 大娘 大会 大使 大爷 大伯 大体 大众 大约
大庆 大衣 大方 有限 有用 有趣 有无 有幸 有理 有时
有力 有心 有数 有害 有名 有所 有机 有利 有关 有意
郁闷 有效 有益 有偿 有缘 有为 夺取 奔驰 夸大 奔腾
奔赴 砖瓦 奔波 夸耀 奔流 奔跑 压力 夺冠 压制 压迫
压抑 夺权 夺标 磕头 夸奖 压倒 奢侈 硅谷 压强 压缩
夸张 奔放 石匠 古董 古巴 石灰 石碑 厂矿 三月 威胁
感受 感动 厂址 古老 威武 威严 石油 感觉 感激 感染
厨师 感冒 感叹 石器 威力 古典 三峡 威风 威慑 感情
古书 感慨 石料 厂家 研究 三角 研制 感想 石板 厂长
古籍 古物 石头 古装 厂商 三好 古代 硬件 古人 威信
硬度 研讨 厂主 感应 威望 厨房 古迹 石膏 感谢 硬座
古文 破获 在职 破除 丰硕 存在 丰厚 丰碑 破碎 丰采
存款 破坏 夏天 在于 破灭 破裂 破旧 在此 丰满 夏日
存贮 在内 丰收 破烂 夏粮 在家 丰富 破案 丰年 存折
存档 破格 存根 夏季 在先 在前 在意 丰姿 破产 丰产
破例 存货 存储 契约 存放 在座 耕地 硝酸 耕种 耕作
悲观 非法 非常 非洲 百日 非凡 悲惨 悲剧 悲愤 百米
厘米 百家 百年 百般 百科 悲痛 悲壮 百姓 悲伤 百倍
百分 百货 鹌鹑 悲哀 右面 右派 右边 右手 右侧 右倾
右顷 奋勇 奋起 历来 奋战 历时 历史 奋力 历届 历年
历程 奋斗 历代 布鞋 布匹 面子 面孔 面对 页码 面貌

而且	耐用	面目	面临	布景	布置	布局	耐心	面料	布料
页数	面粉	面容	面色	而后	厕所	布告	面积	面向	面条
面前	面部	面交	布什	碉堡	尤其	成功	万世	万能	成对
盛大	成套	盛夏	尴尬	万丈	迈进	万元	成才	成都	盛开
成天	万一	万事	迈步	盛誉	万里	成果	成品	成员	成因
盛典	万岁	成败	盛情	万家	盛宴	成名	成年	成材	成本
成长	盛行	万籁	万物	盛装	盛况	成效	成亲	盛产	成立
成婚	万代	盛会	成全	成倍	万分	成人	成份	成绩	成熟
成语	成就	成为	万户	成文	盎甲	达成	达到	牵涉	牵连
牵制	碗筷	牵头	牵线	牵引	确切	确有	克服	确凿	确定
确实	克制	确立	确保	确认	确诊	原著	原子	原有	原故
原地	原封	原形	原理	原来	原油	原野	原因	原则	原煤
原料	原棉	原籍	原物	原稿	原状	愿意	原始	原价	愿望
原谅	奇异	奇怪	厅长	奇特	奇闻	奇妙	奇迹	故障	寿辰
帮助	故地	故土	故事	帮派	故里	寿星	故国	故居	帮忙
故宫	故意	寿命	故乡	磁场	磁带	磁力	磁性	磁针	辜负
磁铁	碰撞	磁盘	磁疗	磁头	磋商	肆意	春节	奉承	春联
奉劝	春耕	春雨	秦朝	奉献	春光	春游	泰国	泰山	春风
秦岭	春色	奏乐	春播	春季	奉行	春秋	奉送	泰斗	奏效
奉命	袭击	垄断	龙头	龙门	矿藏	矿区	太阳	硫磺	矿石
太原	太太	丈夫	碎裂	太平	矿山	矿业	太空	太后	硫酸
矿物	矿产	态度	朦胧	肛门	服用	服饰	乳牛	服气	服务
服装	孕妇	服从	乳房	肥大	肥厚	肥胖	肥沃	肥肉	肥料
肥猪	肥皂	盈利	肥瘦	盈余	须要	须知	月薪	豹子	朋友
月历	月刊	月球	貂皮	月光	月初	豺狼	月票	月息	月份
月终	月亮	月底	肚子	脖子	肝胆	膨胀	肝脏	肚皮	脚步
肝火	肝炎	肤色	肝癌	助工	助威	县城	助教	助理	悬殊
助学	助兴	县办	悬崖	悬空	悬挂	助手	县长	县委	肺病
肺部	县份	胆量	胆略	胆怯	胆识	股东	肌肉	股金	股票
股长	股息	股分	股份	股市	肠胃	受苦	爱慕	受聘	受骗
爱戴	受到	受理	逐步	逐渐	爱国	受累	受罚	受贿	爱惜
爱民	爱情	受精	受害	受审	爱抚	逐年	爱护	受奖	受益
爱好	逐个	受伤	爱人	胸怀	胸襟	胸部	脆弱	遥遥	遥远
脾气	遥控	采取	采矿	彩霞	彩虹	彩电	彩照	采购	彩灯
彩色	采集	采纳	采访	用功	用劲	胳膊	腹腔	胜地	用场
用于	用具	用法	腹泻	用时	用品	用力	胜败	胳臂	用心

胜负 用处 胜利 腹痛 用意 胜仗 胜似 用途 胜任 用语
用户 胜诉 脱节 胖子 脱险 腾腾 腾飞 腾空 胶印 脱稿
胶卷 脱产 脱贫 膳食 脱离 妥协 妥当 妥善 脸皮 脸色
脸盆 脂肪 脑子 肮脏 脑海 及时 脑力 脑炎 脉搏 及格
脏乱 脑筋 脑袋 脉络 栽培 截止 霸占 载波 栽赃 裁定
裁军 霸权 载重 栽种 堪称 裁判 裁剪 裁决 载体 地基
地勤 地区 地面 地震 地址 地雷 地形 地球 地下 地理
地带 地皮 地步 地点 地图 地名 地铁 地狱 地质 地势
地板 地毯 地委 地产 地段 地位 地线 地主 地方 动工
动荡 去世 支出 支队 动态 云彩 运用 翅膀 动脉 运载
运动 云南 去声 云雾 动静 运河 支流 云贵 动员 动听
动力 运输 支书 支援 动摇 支持 去年 支撑 运气 动手
支票 支配 动机 支柱 运行 运算 动身 动物 支委 运往
运送 支部 支付 动作 云集 运费 动词 震荡 城区 垮台
需用 震动 需求 城里 城内 震憾 震惊 城镇 震撼 城楼
需要 城关 城郊 城门 城建 城乡 城市 款式 款项 寺院
封存 封面 土地 土豆 土法 墙壁 土改 堵塞 填写 填补
填空 封锁 墙报 土木 款待 封闭 土产 封建 填充 土豪
封底 干劲 干预 十成 二月 十月 博爱 干脆 博士 二进
雨露 干事 干涉 雨水 博学 干活 干旱 博览 坏蛋 干燥
干扰 士兵 士气 干杯 干校 雨季 干部 干净 十倍 十分
干线 雨衣 超期 起草 真切 超出 起劲 直观 起码 直达
直爽 起用 超脱 超载 超支 越南 超过 越境 直到 真正
超速 起来 起点 超龄 起源 直觉 直流 赶紧 超时 真是
趣味 走路 超员 起因 直辖 越剧 超导 真情 赶快 起飞
真心 起家 赴宴 超额 真实 真空 直角 直播 直接 趋势
盐酸 真相 趁机 颠覆 颠簸 直径 真知 超重 超前 超产
起立 超群 颠倒 真假 赶集 超级 直线 真诚 起义 起诉
走访 示范 求职 未能 示威 求爱 求教 未来 求学 救济
救国 未必 救灾 未免 求援 救护 求知 求和 示意 未曾
未婚 示例 示弱 埋藏 埋葬 坦荡 进取 朝阳 进出 乾隆
进驻 进而 坦克 刊载 进去 乾坤 堤坝 朝霞 进来 进步
进餐 埋没 朝晖 进口 进展 进军 埋怨 坦然 朝鲜 朝夕
朝气 坦白 进行 进程 朝向 刊物 进入 埋头 进退 朝代
埋伏 刊登 进修 进货 进度 坦诚 坦率 喜欢 鼓励 喜爱
鼓动 喜事 鼓掌 鼓吹 露骨 喜剧 喜悦 嘉宾 吉祥 鼓舞

吉林 吉利 嘉奖 喜好 喜人 喜庆 喜讯 雷达 协助 雷雨
雷电 协力 协同 协定 雷锋 协和 协商 协会 协作 协约
协议 献花 南非 南面 南海 南昌 南边 南宁 献礼 南瓜
南极 献策 献身 南美 南部 南北 南疆 献给 献计 南京
献词 南方 专项 专著 专区 专职 场院 场面 志愿 专用
场地 专款 专刊 专场 专政 声速 违法 声学 霞光 声誉
声明 专题 专电 专员 声响 专车 韬略 专心 专业 专家
专案 违犯 违反 声援 亏损 专制 场所 声势 专栏 专长
专利 专程 志向 声称 专科 声符 声音 违背 专门 场合
专人 声母 违约 声张 卖给 声调 声望 专座 专访 赤子
赤字 赦免 赤道 赤诚 过节 过期 过硬 过去 过境 过于
过来 过滤 过渡 过时 索赔 过错 过后 过年 过程 过敏
过瘾 过问 过分 索引 过细 过度 无期 远东 无际 无耻
无聊 无限 无能 远大 无奈 无非 无故 无辜 无须 元月
无用 无不 无理 无赖 元素 无法 远洋 元旦 元帅 远景
顽固 无畏 无边 无力 远见 无愧 无数 元宵 无穷 无视
远销 无锡 均匀 元气 远近 顽抗 无机 无私 无知 远航
均等 远征 远处 远程 均衡 无关 无意 无效 元首 无益
无偿 元件 无从 顽强 无疑 无比 远离 无误 远望 无论
远方 考勤 考取 才能 考验 都有 考古 都城 才干 霉素
考虑 都督 老汉 老婆 教学 教师 老师 教员 教导 老家
教室 老实 考察 教授 老年 教材 考查 老板 都要 考核
才智 教程 教条 教养 老爷 才华 教练 老乡 考试 教育
考证 教课 教训 都市 增大 幸而 境地 幸运 垃圾 幸亏
丧事 增添 霎时 境界 增删 增收 幸福 幸免 增多 丧失
培植 增长 增生 培养 增产 增益 幸好 增值 增强 培育
培训 增设 雪茄 雪花 雪山 雪白 雪亮 规范 规划 零碎
夫妻 零点 零星 规则 规定 规模 堆栈 规格 规矩 规程
规律 规章 夫妇 替代 零件 零售 坟墓 形式 开幕 武艺
武警 开花 开除 形码 形成 形态 开采 开支 开封 刑事
武汉 刑法 弄清 开水 开学 武昌 武器 开车 武力 开办
开展 开辟 开发 开心 开业 武断 武官 形容 形象 开拓
形势 武松 武术 开往 开头 形状 武装 开阔 开端 开始
开垦 开刀 开创 开会 形体 开设 开户 开放 开朗 顿时
顿号 到期 致敬 致函 到达 到场 至于 到来 到点 至此
至少 致电 致力 到家 致富 至多 致辞 到处 致病 致意

到会 致使 至今 致词 到底 致谢 至于 天花 天地 天坛
天真 天才 天天 天下 天平 天涯 天堂 天河 天津 天时
天边 天山 天数 天灾 天空 天色 天然 天气 天桥 天生
天资 天体 天线 蚕丝 天文 青工 青菜 表功 表面 表达
青春 表态 表示 表露 青天 静静 表现 静止 表演 青海
表明 青蛙 静电 青山 表情 青铜 青岛 青年 表扬 表白
表哥 表格 青松 敷衍 表彰 表决 表妹 表语 琢磨 表率
球队 玩耍 玩弄 玩具 于是 球赛 玩笑 玩命 一切 一共
一阵 王码 一面 一月 五月 五脏 一起 一直 环境 一致
一下 一带 一再 一来 一点 一些 一举 一时 一旦 一早
五星 一味 一只 王国 一边 一周 一同 一心 一定 五官
五金 五岳 一手 五指 一样 一概 一般 一生 王牌 一向
一律 一半 一旁 一道 环保 一伙 五谷 一贯 一度 一齐
正式 正巧 正东 正职 下降 下马 下面 下达 正确 正月
下地 下去 下雨 正直 政协 正南 下场 正规 下列 下班
玻璃 正点 政治 政法 政党 正常 正派 下海 正当 下游
正是 下跌 正品 下边 正轨 政界 下周 政见 下属 正宗
政审 正视 下旬 正负 正气 政权 正西 下午 政策 政务
下笔 政委 下次 正北 正好 正如 正经 下级 下乡 正比
正统 正误 政变 正义 下放 政府 正文 不能 不对 不难
不顾 不大 还有 不成 还原 还须 不用 还需 不过 不幸
不平 不止 不满 还清 不觉 不当 不时 还是 不是 不易
不足 不只 歪曲 不同 还帐 否则 歪风 不惜 不敢 不慎
不懈 不怕 不必 不断 不料 不宜 否定 不安 不容 不错
不然 不解 不够 不多 不久 还想 不可 不禁 还要 不要
不知 不行 不息 不利 不得 不管 不曾 还将 不准 不如
不妨 不仅 还会 不便 不但 不分 还价 不停 不比 还应
不许 不良 否认 不该 理事 理睬 理顺 更加 理由 理发
理解 更多 更换 理想 理智 理科 更新 更好 理应 理论
事项 豆子 副职 整套 噩耗 吾辈 速成 事故 事态 带动
逼真 副刊 整形 整顿 整天 整理 整整 带来 整洁 融洽
逗号 整风 事情 事业 整数 事宜 速写 事实 整容 带鱼
逗留 事后 整年 副手 副本 事先 事务 事物 带头 事前
事端 速决 速效 事例 整个 整修 事件 整体 融化 副食
整编 速度 整齐 副词 事迹 豆腐 速率 画面 画家 画报
现有 再三 现在 两面 现成 遭受 现款 瑞士 现场 两者

瑞雪 遭到 珊瑚 再现 刺激 现时 遭遇 两边 瑞典 再见
两性 现实 现钞 现象 现金 两年 曹操 两手 两样 现行
再生 再版 责备 现状 两间 两旁 再次 刺刀 现代 再会
两个 责任 现货 再度 瓦解 瓦特 与会 来函 严防 严厉
来历 恶霸 来到 严正 恶毒 来源 恶劣 亚洲 严明 来电
恶果 来临 来回 严峻 恶习 严寒 亚军 严密 来宾 来年
严禁 严格 晋升 严辞 严惩 严重 来自 来往 恶意 严肃
恶化 来信 严谨 灭亡 来访 烈士 歼击 死者 歼灭 残渣
遨游 残暴 列车 烈属 烈火 列宁 残酷 赘述 残疾 残忍
残余 列强 列席 残废 死亡 珠海 珠宝 珠算 碧绿 麦子
玫瑰 麦收 平台 平面 平原 平地 平坦 平均 平壤 平静
平整 平淡 平常 平时 平日 平易 平凡 平民 平局 平炉
平安 平等 平衡 平价 平房 平方 妻子 珍藏 珍珠 珍贵
珍惜 珍宝 珍视 珍重 素菜 毒草 互助 毒素 毒性 毒害
素质 素材 互相 素养 毒辣 斑马 玉石 斑点 玉器 班车
玉米 班机 班长 班次 斑痕 班组 虚岁 虚心 虚实 虚拟
虐待 虚假 虚伪 虚弱 虚词 皮革 皮肤 皮包 皮棉 皮毛
皮货 肯定 瞌睡 歧视 歧途 睦邻 上马 上面 上月 上去
上进 止境 上下 上来 上班 目睹 上学 目光 上海 上当
上涨 上游 上边 上周 上层 上司 上空 上旬 上报 目的
目标 上校 上述 上升 上午 上税 止痛 上头 目前 上帝
目次 目录 上任 上级 上衣 上课 步子 步骤 叔叔 步履
步兵 步枪 步行 频繁 频道 步伐 督促 频度 眺望 频率
卓著 桌子 卓越 桌椅 卓识 战友 占有 战胜 战士 战场
战壕 战果 战略 点心 战火 点燃 战争 战报 占据 战术
战船 战备 战役 点头 战斗 战况 占领 点缀 战线 瞩目
餐具 餐馆 瞻仰 餐费 睡眠 睡觉 眼下 眼睛 眼泪 眼光
眼力 眼界 眼神 眼色 眼镜 眼看 眼科 眼前 具有 齿轮
具备 具体 盼望 雌雄 此地 此致 此事 柴油 此时 雌性
紫色 此外 此后 此处 此刻 江苏 满面 满腔 泄露 江南
港元 港督 浇灌 江河 港澳 灌溉 满足 港口 满员 灌输
江山 满怀 泄密 港客 汇报 泄气 江西 灌木 港务 港币
满意 港商 渠道 满族 港府 池塘 治理 涌现 治学 治国
汉字 治安 治标 治本 渗透 治疗 治病 汉语 汉族 湖南
沥青 湖泊 尖锐 尖端 湖北 汲取 浮动 浮现 滔滔 浮浅
浮雕 淫秽 削减 肖像 削弱 污蔑 渎职 法院 污辱 尘土

污垢 法规 法治 汗水 潮湿 澎湃 污染 潮流 法国 潜力
法办 法则 法定 法宝 法官 法案 法制 法权 污秽 法律
潜伏 法人 法令 法纪 法语 法庭 法郎 法文 清除 清脆
清真 清朝 清静 清理 清点 清洁 清洗 汪洋 清澈 清晨
清明 清早 浅显 清晰 添置 清风 清官 滞销 清白 清扫
清醒 清查 清楚 清秀 清算 清香 清单 清净 清闲 清凉
清退 清贫 清华 清高 清廉 渺茫 小子 小队 小孩 涉及
波动 小型 小麦 波涛 婆娑 泪水 小学 波澜 沾染 波浪
小时 濒临 小路 小贩 小心 小米 涉外 小鸟 波折 波长
小商 小姐 波段 小组 小结 小费 波纹 小说 沙子 消除
消防 消耗 沙龙 沙土 消灭 水平 消毒 沙漠 沙滩 水泥
水电 水果 沙发 消炎 沙丘 消失 消极 消息 水利 水产
消退 水分 消化 消费 消磨 温柔 温存 瀑布 温带 漫画
漫漫 湿润 温暖 温习 温室 漫长 温和 温差 温度 湿度
渴望 渐进 渐渐 油菜 测验 没有 油泵 油布 油腻 沿用
油脂 尚未 油漆 沿海 测量 油墨 油田 没收 油料 测定
油印 沿着 沿途 沿线 测绘 测试 泥土 泥沙 漏税 淡薄
淡淡 淡季 淡化 学期 深切 沈阳 演出 学院 常驻 学友
常有 浓厚 深厚 学历 演奏 深受 常用 学士 深圳 掌声
学者 常规 沉静 党龄 学龄 学潮 深浅 沉没 常常 党派
深渊 溶液 演唱 沉默 深思 赏罚 赏赐 深山 党内 深层
觉悟 党性 学习 学业 常数 深究 觉察 溶解 党外 学报
堂皇 常年 学制 掌握 演播 掌权 学校 党校 学术 深长
学籍 党籍 深透 学徒 深造 学生 演算 深处 觉得 常务
深奥 深秋 学科 党委 常委 深入 沉痛 沉着 党章 学问
沉闷 学会 常任 学位 深化 深信 党组 学费 党费 党纲
浓缩 浓度 深度 演讲 党课 常识 深刻 演变 党旗 学说
演说 深夜 光荣 光芒 光阴 沟通 光顾 光彩 逃走 沟壑
汹涌 光泽 淘汰 泡沫 光滑 光学 光辉 光明 光电 光临
光景 逃跑 兆周 渔民 逃避 渔业 辉煌 渔船 渔产 光华
光线 光亮 激励 激动 激起 激烈 激素 浙江 汽水 汽油
激光 激昂 派遣 派别 汽车 激情 激发 汽船 派生 汽笛
激怒 激化 酒巴 酒厂 洒脱 河南 湘江 沐浴 河流 漆黑
酒类 渣打 酒杯 河北 酒会 酒店 漂亮 海鸥 洛阳 海防
海参 海面 海豹 海域 活动 省城 渊博 省事 海带 海上
海战 海港 海潮 洗漱 海水 泛滥 洗澡 活泼 海滨 洗涤

海洋 洗染 海湾 海浪 澳洲 海里 少量 海边 省略 海峡
海风 海内 少尉 省悟 洗刷 少数 海军 海鲜 海外 海鸟
海岛 海报 海拔 少年 洗手 劣势 少校 省长 省得 省委
海关 少将 海产 澳门 少女 少爷 省份 省级 海疆 涤纶
少许 省府 滚动 滚珠 润滑 滂沱 滚滚 滋味 滚蛋 滋补
滋长 洋人 洋货 当面 当成 当地 当场 当天 沼泽 当时
当日 当中 津贴 当局 当心 染料 当家 当初 染色 当然
当年 当选 当前 当即 当代 当做 当作 当今 举世 兴隆
兴奋 兴盛 兴致 澄清 沧海 脊梁 兴旺 举国 举办 涂改
举行 举重 脊背 兴建 举例 兴修 洽谈 溺爱 沸腾 涨价
浪花 洲际 游戏 流通 液压 游历 流域 流动 流露 济南
渡过 游玩 流速 流毒 注目 渡江 浪潮 流水 渡河 渡海
游泳 流量 浏览 游览 渡口 注册 游客 注视 注解 注销
注重 流利 流程 流血 注射 注释 注入 浪头 注意 流产
渡假 液体 游人 液化 浪费 流氓 澈底 游说 暴动 暴露
暴光 暴风 暴发 蜡烛 暴乱 暴徒 暴利 最大 最小 最少
最最 最初 最多 最后 最近 最先 最新 最好 最佳 最低
最终 最高 贤能 坚硬 贤慧 肾脏 坚韧 贤惠 紧紧 坚固
肾炎 坚守 坚定 紧密 坚实 紧急 坚持 紧缺 紧迫 紧接
紧凑 坚决 坚信 坚强 紧缩 紧张 晨光 晨曦 盟友 明确
明天 暖流 明明 暧昧 明显 明暗 明年 暖气 明白 暖和
明辨 明媚 明细 明亮 明朗 时节 时期 时髦 时辰 里面
野地 时速 野战 野餐 时常 时光 时兴 时时 里边 时局
野心 旱灾 野外 时钟 时势 时机 旱季 野生 里程 时差
时装 时间 野兽 时效 时代 时候 时分 时刻 野蛮 师范
师大 是非 旺盛 师专 晴天 是否 题材 师长 旺季 题辞
师徒 师生 师资 虾仁 师傅 师父 晴纶 量度 题词 量变
晴朗 早期 早茶 虫子 冒险 畅通 早春 冒进 早班 早上
早点 早餐 早晨 申明 冒昧 早日 早晚 冒号 早已 虫害
虫灾 早安 畅销 早饭 申报 早操 申斥 申述 早稻 早先
冒牌 早间 申辩 早退 早婚 早熟 申请 申诉 日期 日子
日历 昌盛 日月 日用 暴露 日元 日常 日光 日报 日后
日本 日程 日前 日产 日益 晶体 日记 日夜 日文 蜈蚣
蜗牛 曼谷 螺丝 螺纹 螺旋 遇险 遇难 愚蠢 愚顽 愚弄
遇到 愚昧 映照 愚味 遇见 愚民 映象 映射 愚笨 电工
电子 电阻 电能 电台 电码 电大 电压 电磁 电脑 电动

电场 电教 电表 电汇 电池 电源 电波 电流 电影 电路
电器 电车 电力 电网 电焊 电灯 电料 电炉 电容 电视
电镀 电报 电气 电机 电梯 电告 电疗 电站 电线 电缆
电讯 电扇 电话 电文 显著 显示 显现 显影 显然 显得
晕车 晚期 晚辈 晚霞 晚上 晚餐 昂贵 晚安 晚饭 晚报
晚年 晚间 晚婚 晚会 果子 果真 果品 果园 果敢 果断
果实 果然 果树 果木 星期 昨天 监督 临时 昨日 昨晚
蜘蛛 蟋蟀 鉴别 临界 星火 鉴定 蜂蜜 监察 监视 监狱
临近 监禁 晌午 临床 暗藏 蝉联 暗示 暗淡 暗伤 归功
归队 照顾 归于 归还 照旧 照常 照耀 照明 归国 照办
归属 归类 照料 归宿 昭然 照看 照抄 照相 归档 照样
照片 照射 照管 归并 归公 照会 照例 归侨 归纳 照应
昆明 昆虫 昆仑 影子 影院 蝙蝠 蚊蝇 影星 影响 影剧
影视 景色 景象 景气 影片 景物 影像 影集 哎呀 呕吐
叹息 顺利 顺便 顺序 吸取 吸毒 吸收 吸引 叶子 味精
鄙视 喷泉 叶片 喷射 嘲笑 味道 嗜好 号码 呈现 哽咽
呈报 号召 嘈杂 吨位 哺育 呈请 中期 中东 中医 中药
路子 跟随 贵阳 中队 跑马 忠厚 中原 跳动 遗址 跃进
中专 路过 足球 中毒 中肯 跑步 中点 中餐 中波 中学
中游 踪影 踊跃 跟踪 遗嘱 中国 中央 中山 中层 中性
中心 中断 中农 贵宾 贵客 忠实 踏实 中外 中旬 足够
中年 跳舞 中西 中校 中秋 跟着 跟前 遗产 中立 贵姓
遗体 路途 中华 路线 路费 中继 距离 忠诚 跳高 足迹
贵州 中文 吵架 哨兵 吵闹 呻吟 虽然 唱歌 唱片 虽说
串联 口腔 噪声 口才 器具 哭泣 口号 器皿 串连 口岸
器官 品质 口气 器械 器材 品格 品德 品种 口头 口音
口袋 器件 嚣张 口语 别墅 咖啡 咽喉 另外 别名 别扭
员工 呐喊 吊唁 勋章 叫喊 嘱咐 嘱托 叫做 喧哗 哆嗦
吹嘘 呜呼 史册 吹风 史料 吹捧 吹牛 兄长 兄弟 史诗
听取 啤酒 听见 听候 听任 听众 听信 听课 听话 听说
叮嘱 叮咛 吃苦 吃亏 呼吸 吃喝 吃力 吃惊 吃饭 响彻
咱们 响应 响亮 嘀咕 哪能 哪些 哪里 叨唠 哪怕 哪儿
哪样 哪个 唯恐 只限 只能 只顾 只有 只须 只需 唯一
只是 吩咐 吟咏 只见 只怕 唯独 只要 只得 只管 唯物
只好 吟诗 只许 咳嗽 轻工 轻声 轻型 轻易 轻快 轻视
轻松 轻重 轻微 轻装 轻便 轻率 因子 固有 因而 因故

固态 恩爱 罪恶 因素 因此 因果 恩赐 恩情 固定 恩怨
固然 罪名 罪犯 固执 罪状 固体 固化 罪证 因为 胃口
胃炎 胃酸 胃病 胃癌 罢工 园艺 围攻 罢了 围观 默契
转达 转用 转载 园地 转动 转正 转速 转眼 团龄 墨水
黑暗 团员 默默 团圆 围困 转帐 转发 转业 黑色 黯然
罢免 围拢 转换 转折 转播 围棋 黑板 园林 团校 团长
转告 转向 转移 团委 转入 团部 转交 转产 转录 团体
黑人 转化 围绕 团结 团费 转让 罢课 转变 默认 车工
国葬 国营 国际 车队 国防 车厢 辅助 国土 国都 国境
车夫 国王 车速 国画 车皮 国法 车辆 国力 车轮 国民
辅导 国情 国家 国宝 国宴 国军 国宾 国外 车票 国歌
国籍 国策 国务 国徽 车站 车间 车次 国产 国君 国会
国债 国体 国货 车费 畏缩 国庆 国语 国库 车床 国旗
四通 四面 四月 四肢 四声 四海 四川 四边 四周 四则
四角 四季 四处 四化 四方 加工 架子 驾驭 驾驶 回顾
回去 加元 圆规 圆形 加速 回来 加班 加上 圆满 加深
加紧 圆圈 圆周 加剧 回避 回忆 圆心 回家 加密 加急
回想 加重 回答 加入 加减 加仑 加强 男子 男孩 田地
田野 田园 男性 男儿 男排 田径 男生 田间 男女 男人
男方 轴承 思索 思考 思虑 思潮 思路 思想 思维 边区
边际 边陲 连队 边防 边远 边境 连连 边界 连同 连忙
连接 连长 边疆 连续 连绵 边缘 鸭子 罗马 罗列 逻辑
鸭蛋 软盘 软件 软弱 软席 软座 暂且 暂用 暂定 暂行
暂借 困惑 困难 困境 困扰 困乏 图示 图形 图表 图画
力学 力量 轿车 图书 图案 图解 图象 力争 力气 图样
图片 略微 图章 图例 图像 图纸 略语 圈子 圈套 较少
较量 较多 圈阅 较低 较高 轨道 轨迹 轮子 输出 界限
办事 办法 办学 轮流 轮换 轮船 输入 输送 办公 界线
轮廓 累赘 累加 累计 罚款 典范 曲子 曲直 典型 典礼
曲解 曲折 曲线 曲谱 邮政 邮电 邮购 邮局 邮寄 邮票
邮箱 邮资 邮递 邮件 邮费 凤凰 贻误 岩石 央求 崎岖
贿赂 岩层 盎然 骨干 崩溃 骨肉 骨气 骨科 骨头 周期
赌博 周刊 周到 财政 周末 周围 周岁 财富 周密 财贸
周报 周年 周折 财权 赌徒 财务 财物 雕塑 财产 财会
周全 雕像 财经 财主 雕刻 周率 同期 赋予 同感 同辈
同胞 同志 同一 同事 同步 同龄 同学 同盟 同时 同路

同居 同性 同心 同类 同名 同年 同样 同等 同意 同仁
同伙 同伴 峡谷 同化 同乡 贴切 帽子 贝壳 由于 由来
账目 由此 帷幄 贴近 账本 帆船 帐篷 幅度 帐户 崭新
删节 山东 山区 册子 删除 山脚 山腰 山脉 山地 山坡
山水 山沟 山河 山川 山冈 山峰 山岭 删改 婴儿 山势
山村 山西 山头 岗位 山谷 山庄 岂能 岂非 岂止 岂敢
凯歌 凯旋 贮藏 崇敬 贮存 崇拜 贮备 崇高 刚巧 风险
风骚 见面 岁月 风采 风云 风雨 风趣 风雷 风声 风霜
刚才 网球 风尘 风波 风沙 风湿 风尚 风光 风流 风暴
风景 风味 购置 风力 峥嵘 刚刚 购买 岁数 风灾 见解
风气 风格 风行 购物 见闻 赡养 风韵 见效 刚好 风俗
风华 刚强 网络 风度 见识 风扇 风靡 贩运 贩卖 败坏
几时 巍峨 败类 巍然 几年 几乎 贬值 贬低 几何 几度
赔款 赠送 赠阅 赔偿 内蒙 内陆 内参 内存 内脏 内地
内政 内战 肉眼 内涵 内心 肉类 内宾 内容 内外 内销
内行 内务 内向 内科 内部 内疚 内阁 内弟 内奸 内债
肉食 内线 赃款 凡事 凡是 嵩山 赃物 凡例 民工 民警
展出 异彩 民用 展示 展开 民政 懂事 展现 民法 异常
民盟 展览 展品 惜别 民办 异同 民情 慌忙 展销 民兵
民权 民歌 异样 慌乱 民航 懂得 民委 民间 民众 民主
展望 民族 异议 屈辱 屈服 敢干 敢于 敢想 敢做 怪事
惨遭 惨淡 惨案 怪物 惨痛 剧院 忧郁 剧烈 忧虑 居中
剧团 居民 剧情 居然 居留 剧本 恢复 忧愁 忧伤 居住
慰藉 慰劳 丑陋 导致 迅速 丑恶 导演 导游 导师 导电
愤愤 愤恨 愤慨 迅猛 导航 慎重 导向 慰问 层次 愤怒
导体 导线 导弹 导论 导言 情节 屋子 司马 刁难 情感
情愿 情形 情理 懒汉 司法 情景 懒惰 司空 情报 情操
司机 司长 情意 情况 怀念 司令 情绪 怀疑 情调 收藏
收获 收取 收成 收支 收到 收回 收购 惧怕 收发 收买
蛋类 蛋糕 收割 收容 收据 蛋白 收拾 收悉 收条 收税
眉头 收音 收益 收录 收件 收货 收费 收缩 收缴 悼词
悄悄 犀利 慢慢 慢性 避孕 避开 避免 譬如 惭愧 届时
局限 局面 书刊 快速 快餐 快活 快车 快慢 快乐 快报
局势 书本 局长 书籍 羽毛 局部 已婚 忌妒 尸体 已经
书店 书记 屡次 惋惜 愧疚 改期 改革 发出 性能 履历
发布 发达 必须 必需 改进 发型 发表 属于 改正 发现

发泄 发源 发觉 发光 发明 发电 性别 发回 发财 发展
发愤 性情 忏悔 发烧 发火 发家 必定 必然 发报 性质
发扬 发挥 发誓 发抖 发热 发票 发酵 性格 必要 发行
履行 改造 发生 发射 发愁 发稿 改善 改装 性病 发音
发问 发疯 必将 改建 性命 发作 发货 发信 改组 改编
发育 改变 发亮 发放 改良 发言 屏幕 屏蔽 悦耳 屏障
飞奔 买卖 飞速 习题 飞跃 憧憬 飞快 憎恨 习惯 飞舞
习气 飞机 飞船 飞行 飞翔 习俗 恰巧 惟恐 惟有 恰当
怜惜 愉快 怜悯 恰恰 戳穿 惟独 恰好 恰如 恰似 屁股
惯用 惯例 惊险 心愿 惊奇 忙碌 心肝 心肺 心肠 心爱
心胸 心脏 惊动 尺寸 惊喜 心坎 迟到 忙于 以下 心理
心事 以来 心目 心潮 心里 迟早 惊叹 心中 心思 尽力
惊慌 心情 慷慨 心神 迟钝 以外 以免 心急 以后 惊醒
忙乱 心得 心血 尽管 以往 心头 以前 心意 心疼 恼怒
心灵 以便 迟缓 心绪 惊讶 以为 惦记 惊诧 昼夜 烧鸡
煤矿 煤油 煤田 煤炭 炼钢 烧饭 炼铁 煤气 烧毁 粪便
类型 烦琐 糊涂 烦躁 类别 类同 烦恼 类推 烦闷 类似
粗暴 粗心 粗糙 粗鲁 粗犷 粗壮 粗细 精巧 精英 精子
精通 精确 精彩 精干 精致 糟蹋 精力 精髓 精辟 精心
糟糕 精密 精神 精锐 精选 业务 精简 精装 精美 业余
精华 业绩 精细 精度 精诚 精良 炒菜 爆破 爆发 爆炸
爆竹 炽热 烟草 烟台 烟灰 烟雾 烟叶 烟煤 烟囱 炯炯
灿烂 断定 断然 断送 断绝 火花 炎夏 火柴 火车 火焰
火炉 炎热 迷茫 迷惑 迷雾 迷惘 熔炉 熔解 迷失 迷人
熔化 迷信 迷恋 炊事 炊具 燃烧 燃料 炮兵 炮制 炮弹
灯具 灯光 灯泡 灯火 灯笼 炸药 熄灭 烙印 炸毁 炸弹
料理 糕点 烂漫 数目 数学 数量 数字 数据 数值 粉碎
粉刷 粉笔 炉子 煽动 粮油 糖果 糖精 米粉 米饭 粮票
粮棉 粮站 粮食 粮店 粮库 宽大 宽敞 宽慰 宽容 宽松
宽阔 宽余 宽度 宽广 字节 字形 字表 字号 字典 字帖
字句 字据 字根 字符 字音 字体 字母 字库 字义 寄予
宏观 寄存 宠爱 害虫 害怕 寄托 寄生 害处 寄送 害病
寡妇 寄信 寄费 寄语 农药 农历 家用 农场 农夫 家具
农活 家电 家史 农田 农民 家属 农忙 农业 农村 家长
农行 家务 家产 农会 家伙 家乡 农户 家庭 家畜 完工
守卫 赛马 完成 宗教 完整 完满 宗派 寒流 守则 寒风

完蛋 冠军 守护 完备 完税 完善 完美 寒冷 完好 完婚

完全 完结 宗旨 完毕 定期 写出 富有 宝石 宣布 定型

定于 定理 富丽 宣战 定时 宝贵 宝贝 定居 定局 定性

写字 宝宝 宇宙 定额 富裕 室外 宝钢 富饶 宣扬 宣誓

宇航 宣告 定向 宣称 定律 定稿 宣判 定单 定产 宣传

宝剑 写作 定位 定价 定货 写信 富强 宣读 宝库 定义

宣言 寂静 寂寞 审理 审定 审察 审批 审查 审校 审核

审稿 审判 审美 审问 宴会 宴席 审计 宴请 审讯 寓言

审议 宫殿 军工 军区 军医 军队 军用 军事 军龄 军团

军车 军民 军属 军火 军官 军权 军校 军长 军籍 军舰

军种 军备 军衔 军委 军装 军部 军阀 军人 军令 军费

军纪 军训 军方 冗长 密切 官职 密码 密布 蜜月 官腔

密封 官场 密电 蜜蜂 官员 官办 官司 寥寥 官兵 官气

官衔 密闭 官商 官僚 密件 密集 密度 密谋 官府 官方

灾区 灾荒 灾难 灾民 灾情 灾害 灾年 之一 之下 之上

之中 之内 之类 之外 之后 之前 之间 宛若 冤屈 冤案

冤枉 宛如 冤仇 牢骚 牢固 牢牢 宾客 宾馆 宾主 牢记

宁夏 宁愿 宋朝 宁静 宋平 宁肯 宁可 宋体 宋健 客观

客厅 客运 宪法 客车 额定 额外 宪兵 客气 客票 客栈

额头 客商 客人 客货 客店 客房 客户 初期 被子 袜子

裤子 实际 实验 实在 补助 被动 实干 补救 实惠 裙带

实现 袖珍 初步 实践 初中 实力 补贴 襟怀 实习 实心

实业 寝室 衬衫 被迫 衬托 实权 宰相 实物 初稿 实况

实效 实例 初级 补充 衬衣 初衷 初恋 实施 安葬 安静

安置 安慰 案情 安心 安家 安定 安危 安排 安息 安徽

安稳 安装 安全 案件 案语 安放 安详 窝藏 穷苦 宿营

窗子 窃取 空隙 突出 窗台 突破 容貌 空运 突起 突击

窝囊 空虚 空洞 容量 容易 窗口 突围 穷国 穷困 突飞

空心 空军 窗帘 突然 空气 空白 穿插 穿梭 空想 空头

空前 空闲 窍门 空姐 容忍 宿舍 穷人 容纳 窗户 突变

空话 它们 礼节 祖孙 社队 神通 神圣 祖辈 祝愿 神奇

祝寿 神态 礼貌 祈求 神志 神速 礼堂 祝酒 视野 礼品

社员 祖国 祝贺 神情 祸害 祖宗 视察 祝福 神色 礼拜

神气 社长 祖籍 福利 神秘 礼物 社交 福建 社会 神仙

祖父 神经 祖母 神州 福州 神话 社论 钳子 错觉 错误

迎面 迎春 凶恶 迎战 凶器 鸳鸯 迎风 迎宾 凶杀 凶狠

凶猛 凶手 迎接 迎新 勾通 色彩 色素 色泽 勾当 色情
色样 勾结 色调 危险 然而 危害 危急 然后 危机 危重
希望 解散 角落 解除 角逐 钥匙 角色 解释 解答 锄头
解剖 解决 角度 解雇 解放 解说 针对 镇压 镇静 镇定
针灸 针织 鲁莽 鲜花 鲜艳 印染 鲜明 鱼虾 鲜果 印鉴
钱财 印刷 印发 印数 鲤鱼 印象 钱票 鲜血 印章 鲜红
铺张 外出 外观 钻研 外面 外貌 外用 外地 外形 外表
外事 外来 外汇 外婆 外流 外电 外因 外围 外国 外边
外界 外宾 外销 外贸 外长 外籍 外行 外币 外科 外头
外部 外商 外交 外资 外伤 外线 外衣 外语 外调 外设
外文 乐队 乐观 乐趣 乐于 销量 销路 乐器 乐园 乐团
乐曲 钞票 乐意 销毁 销假 销价 销货 销售 象棋 象样
象征 名菜 名著 名茶 句子 免职 免除 勉励 名胜 名声
钟表 逸事 钟点 名堂 名酒 名誉 名贵 名册 钟情 名烟
锅炉 名字 名家 名额 名气 名牌 免得 名称 免税 逸闻
钟头 名单 免疫 名次 名优 名人 免费 勉强 名词 名义
名言 链子 链锁 负荷 铜矿 负载 钢琴 负责 铜器 负数
铅字 铅印 钢铁 负担 钢材 钢板 钢筋 钢管 铅笔 钢笔
铜像 负伤 钢丝 包工 饭菜 饺子 饭碗 饭厅 饮用 乌云
饱满 乌黑 包围 包办 饮料 饲料 包袱 饭后 包括 馆长
饲养 饭前 包产 包修 饮食 包含 饭店 包裹 包庇 金工
金黄 金子 金矿 多彩 金融 多少 金星 金刚 金属 多数
金额 金色 金鱼 金钱 金银 多久 多年 金杯 多么 金牌
多种 金币 金笔 多半 多次 匈奴 钦佩 多余 金价 铭记
多变 多谢 铁匠 铁矿 铁路 铁器 铁轨 匆忙 忽然 匆匆
铁钉 铁树 锦标 铁道 锦绣 锦纶 铁证 锦旗 钉子 刹车
杀害 刹那 杀伤 儿子 夕阳 狭隘 犹豫 独裁 猛增 犯规
猛烈 犯法 猜测 犯罪 狂风 狭窄 猛然 狡猾 狼狈 独白
狂热 猜想 狼籍 独自 独特 儿科 犯病 独立 犹如 儿女
独创 犯人 狂妄 狭义 镜子 锐气 锐利 镜头 锐意 银幕
急切 银子 争取 争夺 银矿 争胜 急需 急于 急速 争光
银河 急流 急电 急躁 争吵 争鸣 银川 急剧 急忙 争气
银白 争执 争权 键盘 银行 急病 争端 急促 急件 急诊
争论 争议 欠妥 欠款 欠帐 锻炼 欠安 铃铛 欠缺 锻造
欠条 欠债 卵子 留职 留存 留成 留用 久远 留学 贸易
留影 岛屿 留心 鸟类 留名 镀金 镀锌 留校 留美 留意

卯巢 镰刀 留任 留念 久经 留恋　留底 留言 搭救 摸索
撒野 描图 描写 搭配 描述 措辞　撕毁 拒绝 描绘 撒谎
措施 报刊 报考 报到 报表 拙劣　摄影 报国 报导 报社
摄氏 报销 报名 摄制 报批 报酬　报告 报复 报务 拙笨
报答 报送 报道 报偿 摄像 报纸　报废 反攻 反共 瓜子
把戏 反对 反驳 反感 反而 反面　反动 反击 反正 反常
反省 抬举 反映 瓜果 反响 返回　反思 反悔 反之 返销
反馈 把握 反抗 返航 摊牌 反复　反向 反叛 抬头 摊商
反帝 返修 瓜分 反华 返乡 反比　掩蔽 排队 排除 振奋
振动 排球 排列 排泄 振兴 拜见　排字 掩饰 扼杀 拜拜
拜年 拜托 掩护 拓朴 扼要 排长　扰乱 排版 翱翔 掩盖
拜会 振作 拜谢 拜访 授予 拥有　援助 拥戴 援救 摇晃
援外 扔掉 摇摆 拥抱 拥护 摇篮　援引 技工 技巧 技艺
技能 挂历 质量 挂帅 拷贝 持久　抚摸 扶持 技校 技术
挂靠 挂牌 抚养 质问 持续 遁词　质变 质询 后期 后勤
捕获 丘陵 后面 兵士 抨击 后者　后天 后来 后果 兵团
后边 兵力 后悔 捕鱼 抹杀 捕捞　捷报 捕捉 捷径 兵种
后头 搏斗 皇帝 后退 岳父 岳母　后方 看出 牛马 扑克
年月 牛顿 看到 年青 看来 年龄　看法 年轻 爬山 看见
牛肉 看书 看守 年初 年报 年年　看待 年头 看病 牛奶
年代 看做 年会 看作 年份 年级　年纪 年终 年度 看望
年底 抄袭 撑腰 挑战 泉源 泉水　抄写 抄报 挑拨 搅拌
撑船 挑选 挑衅 抄送 抄录 抄件　揭幕 担子 提出 提成
提款 提示 揭露 揭开 提法 担当　揭晓 提早 担架 担忧
揭发 担心 提炼 提案 揭穿 担负　提拔 担搁 提醒 提要
提升 捏造 提前 提问 提交 提供　提倡 担保 担任 提价
提货 提练 提纲 提高 提议 扣除　拐骗 损耗 捐款 损坏
捐献 操场 捉弄 捐赠 操心 损害　损失 操作 操练 操纵
舞台 摆布 舞厅 摆脱 舞场 舞蹈　舞曲 舞剧 押金 押送
舞弊 舞姿 舞女 舞会 舞伴 摆设　缺勤 缺陷 投降 制服
制裁 制表 摧残 缺点 缺少 投影　制品 制图 抽屉 抽烟
制定 缺额 抽空 抽象 缺损 投票　抽查 投机 制造 制版
制备 投身 缺乏 抽签 投入 投稿　投送 投资 投产 投递
摧毁 制作 制度 投诉 制订 投放　气功 所有 气压 所在
氮肥 所需 拨款 据点 据此 气温　气泡 气派 气流 气味
扭转 气愤 所属 气概 所以 拟定　撰写 扎实 气象 抉择

气质 气氛 气魄 气势 所长 气息 据悉 气门 气候 气体
氧化 氢弹 所谓 拟订 据说 拟议 扬言 近期 按期 迫切
探险 探索 近来 探测 按时 近日 按照 迫害 近视 擦拭
近年 控制 挖掘 控告 近程 近况 探亲 迫使 探讨 按语
探望 控诉 按摩 挽联 抵达 的确 的士 挽救 欣喜 拘束
抵赖 抵消 拘泥 欣赏 挽回 欣慰 捣蛋 鬼神 抱怨 欣然
抵触 抱负 挽留 拘留 抵挡 抵押 捣鬼 抵抗 魁梧 捣乱
欣悉 抵御 抱歉 捣毁 魁伟 抵债 白菜 逝世 拆除 白面
折腾 掀起 拍卖 白天 哲理 誓死 折旧 哲学 白酒 拆洗
抓紧 誓师 拍照 魄力 白发 白糖 白银 拍摄 拆卸 折扣
白杨 白桦 折算 拆毁 拆建 折价 誓词 折磨 打破 打动
打垮 打击 打开 打球 打渔 打骂 打听 打架 打赌 打败
打断 打字 打针 打印 打猎 打捞 打扰 打气 打手 打扫
打扮 打枪 打算 打拳 打杂 打仗 打倒 手工 拖鞋 插队
手套 插页 手脚 托运 搬运 手表 手掌 卑劣 手电 卑鄙
括号 手足 插图 插曲 手帕 手巾 手册 手臂 搬家 托福
拖把 挺拔 拖拉 手势 手指 手枪 手术 搬迁 播种 手稿
插入 播送 播音 手段 手续 手绢 括弧 播放 拉萨 接受
抖动 接替 接班 接洽 接吻 接连 接见 接收 拼写 接触
拉拢 拼搏 摘抄 接近 皎皎 摘要 接待 接生 摘自 接着
拼音 摘录 拼命 接续 接线 摘编 招工 执著 扫荡 扫墓
执勤 热切 殷切 招聘 扫除 热能 热爱 挪用 搜索 招考
执政 热带 热烈 热点 热源 热潮 热泪 扫兴 热浪 热量
执照 招呼 势力 热情 招收 热忱 势必 热心 扫描 搜捕
招揽 热气 招手 招标 搜查 热核 招待 执行 招生 招牌
势利 热血 执笔 执着 热闹 热门 扫帚 垫付 搜集 热线
抛弃 热诚 热衷 扫盲 推荐 失落 推出 抢险 抢夺 推动
失真 抢救 推进 拾零 抢占 失眠 推测 扮演 失学 推举
失踪 推崇 抢购 失败 抢收 推迟 失业 推断 失火 推销
失掉 推卸 失控 挫折 推选 推行 失策 推算 失利 推翻
推移 失效 失灵 推倒 抢修 失误 推敲 失恋 推论 推广
指出 批示 指示 指教 指责 指点 指法 拂晓 指明 批转
指导 批发 指数 指定 指挥 指标 批复 批判 批斗 批准
批件 指令 指引 批语 批评 指望 扩散 撤职 搞通 扩大
掠夺 搞垮 护士 搞到 斥责 搞清 撤消 搞活 护照 撤回
扩展 扩军 抗灾 扩印 撤销 抗拒 撤换 擅长 擅自 抗病

搪瓷 搞好 撤退 扩建 扩张 撤离 扩充 邀请 抗议 模式
模范 柜子 模块 模型 模具 栋梁 框图 模糊 模拟 模样
模特 模仿 李鹏 椭圆 橘子 权限 权威 权力 权势 树木
树林 权利 权衡 树立 权益 椅子 顶替 顶点 顶峰 枯燥
橱窗 椿树 极其 极限 极左 极大 极点 极力 极端 极度
枝节 飘荡 杆菌 桂花 桔子 村子 票面 标致 杜甫 飘带
标点 飘浮 飘渺 标明 标题 杜鹃 枝叶 村办 材料 桂冠
剽窃 飘然 棱角 飘逸 标兵 飘舞 票据 飘扬 桔柑 植树
标本 植株 桂林 标榜 村长 植物 标签 标准 标价 票价
杜绝 村庄 标语 标记 西式 西藏 西贡 西欧 西医 西药
杯子 本子 本职 本能 配套 西面 西服 本月 酷爱 西南
本事 本来 本末 西餐 本港 西汉 酿酒 西洋 酷暑 配置
本国 西边 西山 西风 酌情 本性 本家 西宁 西安 本色
配角 本钱 酬金 本报 西瓜 本质 本年 配制 酷热 酝酿
本息 配备 本身 本着 西装 酸辣 配音 西北 配合 配偶
配件 本位 本领 本乡 本义 酬谢 西文 本文 相通 相对
相貌 相爱 相干 相声 想来 相互 朴素 想法 相当 相加
相思 相连 相同 想见 想象 相反 相近 相机 相等 相处
相片 相称 相关 相交 相似 想像 相位 想念 相信 相继
相比 相离 相应 相识 桃花 档案 桃李 桃树 查获 棍子
查对 查封 查清 查明 查办 查收 查找 查看 查抄 查处
查问 查阅 查证 查房 查询 可敬 可耻 可能 可观 可爱
可喜 歌声 可否 可恶 可是 歌星 可鄙 可贵 歌唱 歌曲
可见 可惜 歌剧 可怕 可恨 可怜 可以 可乐 歌舞 可知
可靠 可行 可笑 可亲 歌颂 杏仁 哥们 可疑 可比 歌词
可变 机警 机能 机动 机场 机时 机电 枫叶 机器 机车
机密 机制 机械 机构 机要 机智 机务 机关 机会 机修
机组 机房 机床 杨柳 杰出 楼台 楼下 楼板 楼梯 楼群
杰作 楼房 榨菜 榕树 棺材 枕头 构成 橡胶 橡皮 构思
构图 桅杆 构造 攀登 构件 棉花 棉布 柏油 板车 棉田
棉被 板报 柏树 柏林 板凳 棉线 棉纱 棉纺 棉衣 木工
林区 禁区 木匠 木耳 森严 禁止 木炭 木雕 禁忌 焚烧
林业 木棒 木材 梦想 木箱 木头 林立 焚毁 禁令 格式
梅花 桥墩 覆灭 梅毒 桥梁 格局 格外 桥牌 格律 覆盖
格调 格言 样式 样子 梯队 校对 校友 樟脑 校址 校刊
校正 校园 梯田 校风 样本 样机 样板 榜样 校长 校舍

校庆 根子 根除 概貌 要求 要不 要素 要点 根源 要紧
要是 根号 要员 概略 要害 根据 概括 根本 概述 要么
概算 要闻 概况 要好 要命 要件 要价 要领 概念 概论
概率 检验 检索 检测 检举 松紧 松懈 检字 检察 松树
枪杆 检查 松柏 检疫 检阅 检修 枪弹 枪毙 楷书 楷模
楷体 柱子 核对 核心 核算 杭州 长工 长期 长辈 长寿
长城 长远 长江 长沙 升学 长跑 长官 长安 长久 长年
长短 长征 长处 长篇 升值 长途 升级 长度 彻底 长方
季节 季刊 季度 私营 私有 私心 私自 私利 私立 私人
私货 短工 短期 甜菜 筹划 辞职 矩阵 智能 敌对 乔石
智慧 适用 矩形 知青 适龄 短波 知觉 甜酒 辞海 适当
适时 适量 适中 短路 辞别 敌国 笼罩 短暂 智力 筹办
辞典 敌情 适宜 敌军 甜蜜 敌视 知名 筹措 敌后 甜酸
稽查 敌机 短短 短程 徘徊 筹备 知悉 敌我 舌头 甜美
知音 敌意 智商 知道 辞退 筹建 适合 短促 敌人 籍贯
适度 智育 短评 适应 知识 短文 稻草 盘子 舰队 船厂
盘存 租用 透露 透过 秀才 航天 秀丽 盘点 透明 船员
船只 稻田 租界 稻米 航空 透视 租金 船票 船长 透彻
舰艇 船舶 船头 租赁 稻谷 盘货 船主 盘旋 徒工 徒劳
毯子 选取 先驱 行驶 千古 先辈 造成 赞成 千克 赞助
选用 行动 告示 先进 徒刑 造型 等到 先天 等于 行政
千瓦 先烈 毛皮 午餐 赞赏 选派 选举 选题 待遇 赞叹
先遣 告别 德国 靠边 千周 赞同 毛巾 靠山 选购 迁居
待业 行业 毛料 千米 午宴 行军 造福 等外 造句 午饭
千金 先锋 告急 选择 选拔 先后 赞扬 靠近 选手 丢失
行李 选票 待查 赞歌 告辞 等待 德行 等等 先生 选种
千秋 迁移 街头 告状 先前 赞美 等效 街道 赞颂 先例
等候 午休 等价 选集 等级 待续 毛线 选编 告诫 德育
毛衣 德语 造就 行为 街市 告诉 德文 重叠 重大 生存
生成 生态 征服 重用 生动 垂直 征求 重型 生理 生死
生平 重点 惩治 重油 生活 重量 重申 生日 策略 惩办
惩罚 征购 征收 生怕 重心 重视 生铁 征兵 生气 重迭
重要 生长 重复 生物 征税 征稿 生前 生病 生意 生效
重新 生产 生命 重任 征集 生育 重庆 征订 版式 延期
牌子 自卫 算了 怎能 自大 篡夺 片面 版面 自愿 自助
自爱 自动 处境 处理 彼此 自满 自治 算法 自学 自觉

鼻涕 算是 臭虫 牌照 牌号 版图 处罚 彼岸 自由 自居
自己 自发 延迟 片断 鼻炎 算数 自家 延安 鼻祖 自然
自杀 自制 臭氧 自卑 版权 版本 算术 处长 怎么 自知
算盘 自选 自重 处处 自身 自称 自我 版税 自尊 自立
处女 片段 自传 自修 延伸 篡位 处分 牌价 自从 自信
延缓 延续 自费 自给 自主 片刻 自豪 处方 稍稍 稍微
稍许 香蕉 得出 利用 得志 利索 得到 香港 得法 香水
香油 复活 利润 得当 复兴 复员 得罪 得力 利民 复辟
复习 得以 香烟 香料 利害 复写 复印 香皂 复制 得失
复查 得知 利息 得意 利弊 得奖 利益 复杂 复合 得体
得分 利率 程式 各项 积蓄 和蔼 种子 积压 积肥 各地
积雪 和平 和睦 各国 各界 积累 种类 各类 和气 程控
积极 种植 积木 各自 各处 各种 种种 各个 各位 积分
各级 程度 程序 各族 和谐 各方 备荒 血压 备用 备考
血型 血球 备战 血汗 血泪 血液 备注 血肉 务必 备料
务农 备案 箩筐 血管 备件 备课 躲藏 微薄 秧苗 身世
身子 微观 射击 微型 向下 向来 向上 微波 微小 微量
身边 微风 向导 躲避 微粒 微米 稠密 身材 徽标 秧歌
微机 身长 身躯 奥秘 微笑 向往 奥妙 微妙 身体 身份
射线 微弱 身高 颓废 筷子 乞求 乞丐 秘书 秘密 乞讨
秘诀 秘方 番茄 翻腾 秋天 秋波 翻滚 秋风 秋收 悉尼
翻案 秋色 秋季 翻版 翻身 翻新 翻阅 翻译 释放 管子
管理 管辖 管家 管制 管道 稀薄 称职 稀有 稀奇 稳妥
称霸 移动 稀土 稳步 稳当 黎明 称号 称呼 稳固 移民
稀疏 稳定 稀罕 稀饭 移植 称赞 稳重 移交 称谓 犒劳
特区 特大 特有 特地 特刊 牧场 物理 特殊 特点 我党
牧师 特号 物品 特别 我国 物力 牡丹 牧民 特快 牧业
特定 特写 我军 特色 物质 特邀 特权 特长 特务 牺牲
特意 物资 特产 特例 物件 物体 我们 物价 特级 特约
秩序 物主 牲畜 我方 箱子 条款 条理 笨蛋 笨重 条条
条例 条件 条约 条纹 笔直 笔者 笔墨 笑容 笔名 笔锋
笔试 笔调 笔记 笔迹 笑话 简陋 乘除 科研 简历 科协
冬天 科目 冬眠 乘法 科学 简明 简易 乘车 简略 税收
科室 乘客 简报 冬瓜 科技 简捷 简朴 乘机 简要 科长
冬季 简短 乘船 乘积 税务 简称 科委 简装 简单 科普
简便 简介 剩余 简化 简练 简编 简讯 乘方 很能 很大

很小	委派	律师	委员	委曲	委屈	很多	委托	很热	很冷
很好	很低	委任	很高	签到	符号	签署	签收	签发	签字
答案	签名	答复	答卷	答辩	符合	答应	签订	答谢	每项
第七	繁荣	第三	敏感	每月	第十	第二	每天	每当	每时
每日	第四	每回	繁忙	系数	繁多	敏锐	敏捷	每年	繁重
每秒	第六	繁杂	第九	繁体	第八	每人	繁华	系统	稿子
入场	入境	往事	往来	入学	往常	入党	往日	入口	入团
篇幅	往返	往后	往年	篱笆	往复	往往	篇章	入门	入伍
稿件	入侵	稿费	稿纸	入座	瓶子	并联	并非	并且	并于
并不	并列	并举	迸发	并行	并重	疟疾	冻结	逆境	逆流
塑料	闻名	疗程	疗养	疗效	塑像	竣工	痛哭	痛快	痛恨
痛心	冶炼	冶金	瘫痪	关节	凑巧	关切	着陆	关联	养成
状态	减肥	头脑	羊城	养老	关于	善于	送还	减速	养殖
头目	差点	着眼	减法	叛党	养活	减少	关注	关照	头号
差距	判别	差别	减轻	判罪	叛国	差异	羞愧	头发	关心
判断	养料	卷宗	差额	翔实	送礼	差错	减免	关键	善后
着手	着想	叛乱	头等	叛徒	郑重	着重	头版	关税	关系
头痛	关头	关闭	养病	善意	判决	减产	关门	减退	凑合
减低	养分	减价	送货	送信	头绪	减弱	养育	叛变	郑州
善良	关於	前期	前辈	前面	前奏	剪彩	前进	前者	前来
前列	前沿	前景	前边	毅力	毅然	前夕	前后	前年	前提
前程	前身	前往	前头	遂意	前门	前途	前人	前线	前言
闭幕	壮观	壮大	半截	装运	斗志	半天	半球	壮丽	壮烈
半点	壮举	凌晨	半日	半路	半响	装置	半边	装饰	斗争
半岛	半年	装卸	装配	半径	装备	壮阔	闺女	闭会	装修
半价	装货	装订	壮族	半夜	羡慕	病菌	盖子	美观	病历
病故	病态	美貌	美元	病理	美丽	病死	病毒	美满	美酒
美洲	美味	病号	病因	美国	凄惨	病情	病害	美容	病危
盖印	美名	美金	病逝	辣椒	美梦	美术	美德	病痛	症状
病症	盖章	病况	凄凉	美好	美妙	病例	病假	病休	病人
美化	美育	病房	病变	美言	疲劳	站台	疲软	站岗	站长
疲惫	疲乏	站立	疲倦	冰雹	冰霜	冰雪	阔步	冰山	冰糖
阔气	冰棍	冰箱	冰冻	冰冷	章节	间隔	音码	意愿	意志
单元	单一	音量	单日	意味	音响	意思	意图	竭力	韶山
意见	竟敢	间断	意料	单数	单字	竟然	意外	音乐	单独
音质	童年	单据	间接	音标	章程	单间	单产	音像	单位

单价 韶华 单纯 间谍 竭诚 单衣 意识 音调 单调 单词

意义 童话 总工 问世 总共 部队 总参 冲破 况且 总裁

冲动 冲击 部下 总理 兑现 总督 冲淡 冲洗 总是 问题

问号 部署 总则 冲刷 总局 部属 总数 竞赛 总之 总额

冲突 冲锋 竞争 总后 兑换 部标 总机 剖析 部长 竞选

总算 总得 总和 总务 总管 总称 部委 问答 总装 癌症

总部 总产 部首 部门 问好 总值 总会 问候 部件 总体

部位 部分 部份 总结 总统 总编 总计 冲剂 问讯 曾经

商场 端正 商量 商品 商团 商贩 商业 疯狂 商标 商榷

商行 商务 弊病 弊端 商会 商人 商讨 商店 商谈 凋谢

端详 商议 决裂 决战 决心 决赛 决定 决策 决算 决议

普通 普及 普查 普选 普遍 帝王 帝国 旁边 帝制 郊区

交际 交通 奖励 资历 姿态 资助 盗用 将士 盗卖 交替

将来 交互 交班 交战 资源 交涉 酱油 奖赏 交流 将帅

交易 效果 奖品 效力 交界 盗贼 交情 资料 次数 将军

盗窃 郊外 资金 奖金 交锋 将近 交换 交接 姿势 资格

将要 次要 交待 奖惩 净利 奖状 奖章 资产 效益 交代

交货 交纳 次序 交谈 咨询 效率 新式 奠基 尊敬 亲切

亲友 亲戚 新春 亲朋 亲爱 新型 亲王 尊严 新兴 新星

遵照 新风 新书 亲属 遵守 奠定 亲密 尊容 亲近 新近

亲手 亲热 新生 尊重 亲自 亲身 尊称 遵循 亲笔 新闻

新装 新婚 闲杂 新娘 遵命 亲人 新华 亲信 新疆 新颖

新诗 新郎 疾苦 产区 首脑 产地 首都 阁下 道理 产量

道路 产品 阁员 痴情 首届 产业 颜色 产销 产权 首相

首长 道德 首先 产生 产物 疙瘩 疼痛 疾病 首次 痢疾

道歉 产妇 产值 产假 首席 道义 道谢 立功 立夏 阅历

立春 立场 立法 阐明 阐述 立秋 立冬 立即 立体 阅读

立刻 立方 兼职 兼顾 歉收 兼容 歉意 歉疚 兼任 冷藏

冷落 准确 冷却 冷静 冷漠 冷淡 闪耀 冷暖 准时 闪电

准则 冷风 闪烁 冷饮 冷气 准备 冷笑 冷冻 疮疤 闪闪

痊愈 冷谈 准许 北欧 辫子 凝聚 兹有 北面 慈爱 递增

北海 背景 弟兄 凝固 北国 北边 北风 背心 递补 慈祥

背后 北极 慈善 背叛 北美 北部 递交 弟弟 弟妹 北纬

北约 背离 背诵 北京 北方 辛苦 辛勤 门面 凉爽 门厅

六月 闹事 门路 辨别 闹剧 门类 辩解 闹钟 辩护 门票

辛酸 门徒 门牌 辩证 辨识 门市 门户 辩论 门诊 毁灭

媒介 好感 好奇 好坏 好些 好汉 好听 好吃 好转 好心
好象 好多 好看 好处 她们 好比 始末 即时 既是 即日
怒吼 努力 始发 怒火 既然 怒气 既要 即将 妈妈 奴隶
即使 始终 即席 即刻 姑且 姑表 姑妈 姑姑 姑娘 姑父
恳切 退职 恳求 姐夫 退还 退步 奶油 退回 奶粉 姐姐
奶奶 姐妹 退伍 退休 退化 退缩 恳请 妹子 妓院 建成
寻址 寻求 妹夫 那些 奸污 建党 寻常 那是 建国 寻思
那边 建军 那儿 寻找 建树 建材 那样 建筑 那么 建造
那种 奸商 建交 建立 妹妹 妓女 那个 建设 那麽 建议
录取 剥夺 录用 妙用 肃静 妙龄 剥削 肃清 隶属 录像
逮捕 录制 肃穆 录入 录音 嫦娥 录像 剿匪 娼妓 娼妇
如若 如愿 召开 如下 如此 如果 召唤 如同 如实 娱乐
如意 如何 召集 如今 舅舅 舅父 舅母 姻缘 姗姗 刀子
刀具 刀枪 灵巧 灵感 灵魂 灵活 灵敏 巡回 巡逻 巡视
婶婶 婚姻 杂志 杂粮 杂质 杂技 杂乱 杂牌 杂音 杂交
杂货 杂费 杂谈 杂文 娇柔 娇艳 九龙 九月 九霄 姓氏
姓名 群岛 娇气 妊娠 姊妹 媳妇 群体 群众 君主 嫡系
婵娟 嫉妒 女工 女子 妇联 女孩 女士 女王 女性 女神
女儿 女排 女兵 女生 妇科 女装 女婿 女人 妨碍 忍耐
忍受 妒忌 妨害 娘家 娘儿 忍痛 袋子 代码 借故 借助
借用 借支 供需 供求 侥幸 代替 代表 代理 供水 代沟
供暖 供电 借鉴 代号 借口 代办 代购 代数 供销 代销
借据 代管 借条 借债 代价 供给 供应 借调 代词 创刊
创汇 创举 创办 创见 创收 创业 仓皇 创造 创新 创立
创始 创建 仓促 创作 创伤 他们 他人 仔细 仓库 他说
公式 公共 公职 公有 公历 公用 公款 公元 公开 公正
公理 公平 仅此 公演 公里 公路 公署 公园 公民 公司
公尺 公粮 公家 公寓 公安 公社 公然 公馆 公报 公制
颂扬 公斤 公升 公私 公告 公德 公务 公物 公章 公道
仅仅 公债 公休 公分 公众 公顷 公费 公约 公主 公证
公亩 公认 公文 做工 段落 做功 做出 做成 优胜 优越
做到 优惠 做事 优点 做法 优劣 优异 做官 做客 做饭
优质 优势 做梦 优秀 估算 伏特 优美 做人 估价 优化
优育 估计 做主 优良 俘虏 仍旧 仍然 佳期 值勤 付出
伟大 传达 传奇 舒服 传动 付款 传真 会场 传教 值班
值此 付清 传染 舒畅 会员 传呼 传略 会见 传导 儒家

付印 佳句 什锦 传授 传播 会长 什么 舒适 值得 传闻

传送 传单 佳音 传阅 传递 传颂 伎俩 侍候 佳作 传统

会计 传记 传遍 会谈 仁义 佳话 传说 舆论 会议 使节

例子 登陆 便函 全能 倒台 全套 全面 全盛 合成 便服

合肥 全貌 使用 命脉 命运 倒塌 倒卖 全场 倒霉 全天

全球 便于 合理 全速 全副 拿来 全党 倒流 例题 全景

全力 合同 登山 全民 傲慢 倒数 全家 便宜 全军 全然

例外 命名 使馆 登报 倒挂 全年 全权 合格 合适 全盘

例行 便利 全程 债务 便条 合并 债券 倒闭 全部 合资

全新 倒退 登录 例如 全优 全会 使命 倒爷 全体 合作

命令 便衣 合计 债主 登高 登记 全文 企求 修正 修理

个别 企图 个性 修改 企业 个数 修补 侦察 修饰 悠久

悠扬 侦探 修配 侦查 修筑 修复 修养 悠闲 修建 俱全

悠悠 个体 修缮 修订 倘若 偿还 俏皮 但愿 介于 伸曲

伸展 倡导 偶然 偶尔 介质 介入 介意 偶像 伸缩 伸张

介绍 俚语 介词 倡议 保卫 保障 保险 堡垒 保存 促成

促进 保温 保守 保密 保安 保留 保持 保护 保重 仲秋

保管 保养 保姆 保佑 促使 保修 侃侃 保健 保证 侧面

佩服 催款 催还 催眠 侧重 仙女 催促 假若 假期 亿万

追赶 追求 假冒 假日 追加 追悼 假定 追究 假象 假名

追捕 追查 伺机 似乎 假装 假如 假借 假使 假设 假说

伙伴 伙食 伙计 低落 低薪 父子 低能 低压 父辈 父老

斧正 低频 低潮 低温 低沉 低劣 父兄 低档 低等 你我

斧头 像章 父亲 低产 爹妈 你俩 爷爷 爸爸 你们 低价

低级 父母 低度 低廉 伯乐 伯父 伯伯 伯母 体验 体面

休克 体裁 体坛 体形 休整 体现 休止 体温 休学 体力

体贴 何必 休业 体质 体操 体制 体魄 体检 何等 体重

休息 体积 体委 体系 休养 何况 体会 休假 体育 体谅

任期 任职 作出 侮辱 伤感 斜面 八成 八月 八股 侨胞

作用 余地 余款 作协 作者 作画 作恶 作战 侨汇 作法

伤口 作品 伤员 俄国 作曲 作风 侨民 作怪 伤心 作业

伤害 作家 余额 凭空 任免 傻瓜 作操 凭据 伤势 叙述

途径 作乱 任务 作物 伤痛 侨眷 任意 伤痕 凭借 任命

作假 任何 任凭 斜线 凭证 俄语 作为 作废 俄文 作文

伴随 伴奏 位于 傍晚 位置 倍数 伞兵 伴侣 分工 分期

贫苦 分散 分子 分队 分厂 分成 侵袭 盆地 分寸 分开

分裂 分歧 侵占 分清 分泌 分明 分别 贫困 侵略 分界
贫贱 分贝 贫民 颁发 仇恨 忿恨 分类 分数 分米 侵害
分割 贫农 贫寒 贫富 贫穷 仇视 分解 分外 分钟 侵犯
分兵 分担 分批 分配 分档 分析 仇敌 分行 分秒 贫血
健身 贫乏 侵入 分头 健壮 健美 分部 颁奖 分辨 分会
健全 仇人 分化 分离 分店 分为 健忘 健康 人工 人世
谷子 人参 人马 从而 人士 丛刊 人均 人才 从政 从事
从严 从来 价目 从此 从小 人口 人员 从轻 从略 人力
人民 人情 丛书 从属 人心 人类 从宽 人家 从军 从容
偷窃 价钱 众多 人权 坐标 俭朴 丛林 价格 人选 人生
人身 人称 人物 谷物 从简 从头 从前 人间 从商 偷盗
人道 耸立 人群 从优 价值 人命 从命 人体 从今 伦敦
俗语 人证 欲望 化工 华东 化验 化肥 华南 佛教 华丽
倾泄 华沙 化学 倾听 倾销 倾向 货物 华北 华侨 华人
化纤 华裔 仪式 储藏 停薪 储蓄 停职 住院 依附 含有
储存 集成 邻邦 偏爱 食用 信用 领域 领土 信封 住址
停顿 今天 仪表 领带 依赖 焦虑 信皮 停止 依旧 焦点
俯瞰 贪污 食堂 伪劣 领海 信誉 今日 停电 今晚 依照
信号 集中 仪器 食品 集团 停车 贪图 集邮 焦炭 偏见
贪赃 邻居 领导 信心 含糊 食粮 住家 信守 伪军 住宅
领袖 住宿 俯视 依然 集镇 集锦 焦急 今后 今年 仿制
依据 邻近 食指 集权 贪婪 领先 依靠 信笺 住处 信息
储备 偏向 依稀 食物 信箱 偏差 念头 伪装 禽兽 偏旁
集资 依次 停产 信贷 集合 偏僻 信仰 信件 集体 信任
食欲 仿佛 偏偏 信念 信纸 集训 集市 住房 含义 练习
红色 练兵 红旗 经营 经验 经历 经受 经过 经理 经常
经济 经办 经典 经销 经贸 经商 经纬 经线 经费 经纪
经络 绑架 缅怀 缅甸 缭绕 组成 级别 组长 缓和 组稿
组装 组阁 组建 组合 组件 组织 结束 结晶 结果 结账
结局 结业 结实 贯穿 结社 结构 结核 贯彻 结算 续篇
结婚 结合 续集 续编 纬度 结论 绪言 母子 母鸡 线索
纯正 纯洁 线路 线性 纯粹 纯朴 母校 纯毛 纯利 线条
母系 纯净 母亲 线段 引荐 引出 引用 引起 引进 绰号
引路 引力 引导 引诱 引言 费用 绅士 旨意 废话 绳子
强劲 强大 强硬 织布 强盛 绳索 强者 强烈 强国 强制
强迫 强壮 强盗 强化 强弱 强度 强调 细节 细菌 细腻

细胞 细雨 细致 细小 细则 幼儿 幼年 细长 幼稚 幼女
纳粹 纲要 纳税 纳入 绸缎 纪元 纠正 纽带 纪实 幻想
纪要 纪委 纪律 纪录 纪念 纽约 纠纷 纠缠 继承 继续
缩小 缩影 缩写 综述 缩短 缩减 综合 绝对 约束 绚丽
弥漫 约定 绝密 弥补 纸币 纸箱 绝妙 约会 纸盒 纸张
绝缘 绝望 缴获 缴纳 绵绵 疑惑 缝隙 疑难 乡土 乡下
疑虑 终止 终日 疑心 肄业 终究 乡镇 终年 乡村 乡长
终生 终身 疑问 终端 乡亲 匕首 终结 缝纫 纤维 疑义
弹药 弹子 弹奏 弱者 弹琴 弱点 弱小 弹力 弹性 弹簧
缔造 弹头 缔交 弹道 缔结 缔约 弹劾 绿茶 绿色 纵队
给予 绘画 给与 纵情 纵然 维持 维护 纵横 给养 纵使
维修 纷纭 纷纷 幽雅 比划 缘故 幽静 比喻 幽默 比较
毕业 比赛 比拟 比重 毕竟 比如 比值 比例 比分 比价
丝毫 比率 比方 编著 编队 编码 编者 统一 统战 统治
编号 编辑 统购 编剧 编导 编写 编审 编印 编外 统销
编排 编制 统配 统筹 编造 编纂 编程 统管 统称 编委
统建 编组 纺纱 纺织 缠绵 编译 统计 统率 诬蔑 席子
谋取 诬陷 谨防 试验 试用 度过 试点 试题 试车 谋略
谨慎 试飞 度数 谋害 试销 试看 试制 试探 试想 谋私
试行 试卷 试问 度假 席位 诺言 离散 离职 离队 享受
离开 离心 离家 烹饪 离校 熟悉 离婚 敦促 离休 离任
熟练 烹调 译者 序列 育龄 充满 充当 充电 译电 充足
译员 充实 译制 弃权 译本 育种 译音 充分 序言 译文
庆功 庞大 庆幸 庆贺 诚心 诚实 庆祝 诚然 诚挚 诚意
诚恳 庞杂 诽谤 衣服 哀求 衣裳 哀叹 哀思 哀悼 衣料
哀乐 衣物 哀伤 计划 讨厌 诗刊 读者 讲理 庄严 讲学
讲演 计时 讲师 计量 计较 读书 讲究 讲解 诗句 读报
讲授 诗歌 讲述 计策 计算 庄稼 读物 讲稿 读音 诗意
讨嫌 讨债 诸位 计分 诗人 诗集 计谋 讲课 诗词 讲义
讲话 讲座 讨论 讲议 评功 主观 请愿 主动 请示 请求
请进 请教 评理 请柬 请战 语汇 语法 主演 主流 证明
主题 请罪 主力 主办 主导 证书 评定 评审 请客 证实
主角 语句 主持 证据 语气 主权 主要 评述 语辞 评选
主管 主笔 证券 评判 语音 主意 请问 主次 评奖 评阅
语录 评估 请便 请假 证件 主体 主任 评分 评价 主食
评级 主张 评比 主编 主席 评语 语调 语词 主义 评论

语言 评议 让步 店员 店铺 讣告 就职 应聘 京戏 应有

应用 应运 京城 京都 就此 应当 就是 京剧 应届 就业

应急 就近 应邀 应酬 就算 应付 就任 就绪 应变 就座

应该 课堂 课时 课题 谩骂 课本 课程 齐备 齐全 课余

课文 误码 识破 误用 吝啬 误事 谴责 误餐 误时 识别

衷情 衷心 识字 误解 误差 衰退 误会 训练 衰弱 为了

为难 库存 颤动 为止 为此 为名 禀报 颤抖 为着 亩产

为准 为何 谓语 库房 调节 市区 高薪 调职 设防 调戏

高能 高雄 高大 高压 调研 高原 调用 调动 高干 高超

调协 市场 高考 市政 调理 高速 调整 讽刺 调皮 高频

调频 高龄 设法 高潮 高温 高尚 高深 高粱 高兴 高涨

高明 高昂 高喊 高中 调遣 高呼 设置 高山 高峰 市内

市民 高层 市尺 高烧 调料 高炉 设宴 高空 市容 调解

市镇 市制 调拨 调换 市斤 高招 调配 设想 高档 调查

高歌 高攀 高校 市长 高等 调和 设备 市委 调养 高效

市郊 高产 设立 庙会 高傲 高低 调任 高位 高价 调价

高级 高度 调离 设计 市亩 设施 市府 调谐 鹿茸 刻苦

房东 刻划 记功 启蒙 房子 废除 遍布 永磁 雇用 启用

肩膀 遍及 记载 遍地 启动 启示 永远 记者 盲目 词汇

记号 户口 废品 雇员 妄图 记帐 望见 房屋 永恒 记忆

启发 词类 废料 房客 词句 肩负 废铁 永久 忘掉 废气

盲打 忘本 妄想 记要 房租 废物 房间 房产 记录 亡命

赢余 记分 盲从 词组 废纸 刻度 废弃 词语 词库 忘记

词义 废话 谬论 盲文 变革 变通 变成 恋爱 变动 蛮干

变形 变更 变速 变法 变量 弯路 弯曲 变色 迹象 变质

变换 蛮横 变相 变迁 变得 变种 谈判 变化 变幻 谜语

谈话 谈论 膏药 亭子 这下 这点 这些 亮光 这时 这里

这是 这回 这边 诧异 毫米 这儿 亮相 这样 这么 这种

这次 这个 豪华 亮度 底下 底层 谄害 义气 底版 底片

义务 底稿 询问 诡辩 底细 诡计 底座 诉讼 麻子 魔王

磨灭 麻雀 麻风 麻烦 糜烂 床铺 磨擦 魔鬼 摩托 麻醉

麻木 魔术 订单 麻痹 麻将 订阅 订婚 麻袋 摩登 床位

订货 摩仿 磨练 施工 放荡 旗子 诈骗 放大 放肆 施肥

施用 放开 放学 旅游 放映 放电 旅顺 诱因 放置 旋转

施加 旗帜 施展 诱导 放慢 放心 放火 放炮 放宽 旅客

旗袍 放空 旅社 旅馆 许多 许久 放手 许可 放松 州长

旅长 施行 旅行 旅程 放射 放牧 旋律 谢意 施舍 放假
放像 旅途 旅伴 旅费 谢绝 放纵 放弃 谢谢 谦逊 说服
廉政 谦虚 廉洁 说明 谱曲 详情 详尽 谱写 详解 廉价
详细 说谎 谦让 说话 良药 庸碌 唐朝 良心 良机 康复
良种 良好 庸俗 朗读 论著 认出 夜大 认真 夜班 论点
诊治 认清 诠注 夜里 论题 夜晚 认罪 认输 认帐 腐败
诊断 论断 腐烂 认定 夜空 认错 夜色 腐蚀 论据 腐朽
认可 论述 认得 夜间 座次 座位 腐化 诊费 认识 认为
论调 讹诈 论文 庇护 谐和 畜牧 谐调 方式 文革 广东
文艺 文职 文联 广大 方面 文坛 文献 广场 文教 文武
文具 方法 文学 广泛 文明 议题 议员 方圆 庐山 文风
文书 文字 方案 谅解 方针 广播 文摘 广柑 广西 文本
文档 言辞 广告 文选 议程 方向 文物 文笔 文科 文稿
广阔 文章 访问 文娱 方便 文件 文体 文凭 方位 议价
文化 文集 广度 言语 文盲 言谈 文豪 广义 广州 议论
言论

一般三字词组扩展训练

黄花菜 葡萄酒 工艺品 蔚蓝色 茫茫然 芭蕾舞 莫斯科 欧共体
医药费 英联邦 警卫员 警卫连 茅台酒 巧克力 蒙古包 斯大林
基础课 蒙古族 莫须有 敬老院 劳动者 莫过于 东南亚 劳动日
劳动力 东南风 劳动局 或者说 甚至于 莫不是 共青团 董事长
董事会 基督教 工具书 某些人 工学院 医学院 荣誉感 荧光屏
蒸汽机 荣誉奖 蓄电池 划时代 共患难 世界观 黄连素 世界上
世界杯 芝加哥 世界语 共同社 共同体 燕尾服 戈壁滩 慕尼黑
警惕性 工业区 工业品 营业员 工业国 工业局 营业额 营业税
工业化 工农业 工农兵 蒸馏水 花名册 基金会 匿名信 基本功
基本上 基本法 艺术品 艺术家 工本费 东西方 警备区 获得者
花生油 工程师 勤务员 颐和园 共和国 花生米 医务室 菲律宾
工程兵 共和制 医务所 革委会 获奖者 东半球 共产党 革新派
营养品 东北风 工商业 医疗所 劳资科 医疗费 东道主 工商户
甘肃省 工作台 工作服 工作者 工作量 革命家 著作权 工作站

工作间革命化工作组工作证苏维埃菜市场勘误表英文版
散文集散文诗出勤率联欢会卫戍区出成果出厂价聘用制
孔夫子降雨量陈列室陆海空孙中山附加税附加费出发点
孙悟空职业病辽宁省孤儿院承包商防护林函授生陕西省
卫生院卫生厅出生地出入境卫生员出租车卫生巾卫生局
出版社卫生所卫生站卫生间卫生部联系人卫生纸出入证
出生率取决于子弟兵防疫站联合国联合会联合体联络员
阴谋家联席会艰巨性双职工参观者参观团马克思双月刊
通用性参考书对不起邓小平台湾省能源部参加者双轨制
戏剧性马尼拉戏剧片观察员观察家马铃薯对角线预制板
马拉松预备队对得起预处理通知书双重性预选赛预备生
通行证对立面台北市难道说通信班通信连通信兵圣诞节
参议院通讯员通讯社圣诞树参谋长通讯录硬功夫胡萝卜
尤其是大工业石英钟大革命大功率太阳能艳阳天原子核
太阳系三联单原子弹万能胶万能表大熊猫夏威夷左右手
大面积太原市有助于大脑炎百老汇大无畏大老粗碰运气
大规模大专生成都市万元户大理石太平洋三环路故事片
太平间龙王爷有没有感兴趣大洋洲非党员大学生耗电量
夏时制大师傅有时候大跃进大中型大踏步历史剧历史性
百叶窗成品率大罢工三轮车大团结硬骨头大幅度大发展
厅局级研究院研究员研究室大字报研究所研究生百家姓
研究会石家庄大家庭三角形面包车非金属大多数三角板
大扫除大气压万年青大批量大兵团大气层成年人克格勃
大西洋原材料大检查三极管太极拳大西北有利于大循环
大自然矿物质有效期三门峡龙卷风大奖赛成交额原单位
大部分大辩论大杂烩秦始皇三八式三八节夏令营大体上
大会堂存储器百分数百分之大使馆大伙儿三合板大集体
大众化百分比成绩单原计划万言书友谊赛硬设备石膏像
月台票朋友们肝硬化脱脂棉肥胖症受教育月平均用不着
县政府助学金及时性助听器胆固醇县团级采购员乳制品
乳白色服役期服务台服务员服务业服务站服务部服务费
服装厂助记词袁世凯地区性雪茄烟塔斯社老黄牛坏东西
干革命救世主雪花膏教职工雷阵雨嘉陵江进出口教职员
无限制老古董十三陵老大难老太太盐碱地示威者超大型

老太婆无非是教研室志愿军志愿兵老大哥地面站雷达站
老百姓老大娘老大爷教研组动脑筋地县级运动鞋运动队
十二月运动场运动战超声波元老派云南省过去时需求量
运动员霹雳舞二进制十进制老规矩运动会老一辈十一月
进一步地下室老天爷无政府老婆子教学法老婆婆无党派
喜洋洋直流电示波器救济金载波机教学楼干电池南昌市
地中海云贵川进口车进口货运输队动力学运输机运输线
直辖市井冈山喜剧片专业性专业化专业课专业户无穷大
真实性老祖宗吉祥物专案组南宁市超负荷朝鲜族老掉牙
献殷勤无损于地质学救护车二把手动手术走后门无所谓
吉林省南极洲需要量动植物老板娘规格化博物院专利法
专利号动物园进行曲规律性未知数博物馆专利权起重机
教务长老先生土特产支委会无条件增长率老前辈无产者
十六开走资派南美洲裁判员吉普车示意图老头儿干着急
老资格真善美超产奖专门化培养费未婚夫未婚妻城建局
老奶奶老好人坏分子起作用老八路老人家干什么进修生
老爷爷零售价进化论无线电教练员教练机无纪律培训班
超高频教育界教育局教育处教育部南京市天花板理工科
开幕词一阵子现阶段不能不表达式青春期一辈子两面派
麦克风正确性亚非拉不在乎表面化麦乳精副县长互助组
青霉素平均数正规军一块儿副教授开场白还需要班干部
平均奖平均值正规化再教育五一节一下子还不能下一步
还不错还不够玻璃钢理事长开玩笑理事会青海省整流器
政治局政治性政治家政治犯青少年副省长政治部政治课
天津市武汉市一览表到时候一口气表兄弟一回事列车员
列车长不见得不由得还必须殖民地理发师不必要副局长
玉米面事业心事业费不定期一家子事实上烈军属天安门
形容词五角星现金账天然气形象化更年期亚热带豆制品
青年团五指山开后门青年人武术队还可能副标题还可以
不得了来得及五笔型不得不五笔画一系列一等品不得已
严重性五笔桥一等奖再生产弄得好一般化还将有副总理
副产品青壮年表决权一部分现代戏责任感责任田环保局
责任心一会儿责任制一个样更何况致命伤现代化副食店
副经理正弦波还乡团开绿灯正比例五线谱天文台一方面

王 府 井 天 主 教 正 方 形 天 文 学 王 永 民 平 方 米 更 衣 室 天文馆
副 主 席 死 亡 率 虚 荣 心 瞎 胡 闹 皮 肤 病 上 下 班 上 下 文 柴油机
上 海 市 上 星 期 旧 中 国 旧 社 会 旧 金 山 紫 外 线 卡 拉 奇 目的地
瞎 指 挥 卢 森 堡 凸 透 镜 上 半 年 战 斗 机 具 体 化 江 苏 省 波斯湾
水 蒸 气 游 艺 机 小 孩 子 消 防 车 海 陆 空 派 出 所 没 出 息 沈阳市
浮 夸 风 水 龙 头 小 百 货 活 页 纸 小 朋 友 活 受 罪 洗 脸 间 游击队
波 士 顿 游 击 战 河 南 省 湖 南 省 海 南 省 活 动 家 海 南 岛 汇款单
党 支 部 济 南 市 水 平 面 党 政 军 清 一 色 小 青 年 当 事 人 水平线
省 政 府 学 龄 前 清 洁 工 游 泳 场 游 泳 池 浙 江 省 渤 海 湾 激光器
小 汽 车 流 水 帐 江 泽 民 小 学 校 洗 澡 间 党 小 组 流 水 线 光洁度
游 泳 衣 洗 染 店 洗 涤 剂 清 明 节 水 电 局 水 电 站 水 电 部 水果店
党 中 央 小 吃 部 小 兄 弟 演 唱 会 海 口 市 小 品 文 没 办 法 小轿车
省 辖 市 小 册 子 海 内 外 党 内 外 活 见 鬼 海 岸 线 津 贴 费 学习班
洗 发 膏 小 数 点 少 数 派 消 炎 片 小 业 主 省 军 区 小 家 伙 游乐场
游 乐 园 油 印 机 小 儿 科 洋 白 菜 洋 鬼 子 小 摊 贩 少 年 宫 少年犯
汇 报 会 法 西 斯 洛 杉 矶 少 林 寺 江 西 省 劣 根 性 学 徒 工 少先队
注 射 器 流 行 性 小 算 盘 学 生 装 流 行 病 小 生 产 常 委 会 党委会
水 利 化 源 程 序 学 生 证 混 凝 土 注 意 到 少 壮 派 河 北 省 湖北省
小 商 品 注 意 力 法 兰 西 没 关 系 洋 娃 娃 学 杂 费 小 伙 子 小分队
党 代 表 学 分 制 液 化 气 混 合 物 党 代 会 消 费 者 消 费 品 小组长
水 磨 石 洞 庭 湖 满 州 里 小 夜 曲 小 市 民 洽 谈 室 洗 衣 机 温度计
星 期 三 星 期 天 归 功 于 星 期 五 星 期 一 星 期 日 星 期 四 星期六
电 子 表 电 子 琴 电 子 学 电 子 管 电 磁 场 电 磁 波 日 月 潭 日用品
电 动 机 野 战 军 日 光 灯 临 时 工 电 影 院 临 时 性 电 影 机 电影片
电 唱 机 电 风 扇 影 剧 院 野 心 家 电 灯 泡 电 业 局 电 烙 铁 监察院
电 视 台 监 视 器 电 视 剧 影 视 业 电 视 机 鉴 定 会 畅 销 书 显象管
影 印 件 畅 销 货 电 热 器 电 报 局 紧 接 着 电 气 化 照 相 馆 照相机
里 程 碑 日 程 表 景 德 镇 显 微 镜 时 间 性 电 冰 箱 时 装 店 电信局
电 传 机 明 信 片 晶 体 管 螺 丝 钉 蝶 恋 花 时 刻 表 日 记 本 电话机
电 讯 稿 电 话 间 中 草 药 吃 苦 头 中 联 部 贵 阳 市 跑 龙 套 中顾委
中 南 海 吹 鼓 手 吃 老 本 呈 现 出 只 不 过 吃 一 堑 中 下 层 中青年
中 小 型 中 小 学 中 学 生 咖 啡 因 中 距 离 中 国 话 中 山 陵 吹风机
中 山 装 跑 买 卖 唯 心 论 哈 密 瓜 中 宣 部 哈 尔 滨 吐 鲁 番 中外文
吹 牛 皮 中 西 医 中 秋 节 吃 得 开 中 短 波 路 透 社 唯 物 论 中间派

中美洲 中立国 口头禅 吃闲饭 中间商 中间人 口头语 中低档
中低级 中纪委 中组部 贵州省 中高档 中文版 中文系 中高级
加工厂 轻工业 男子汉 国际法 国际性 边防军 男孩儿 国际歌
国防部 驾驶员 驾驶证 黑龙江 国有化 男朋友 连云港 团支书
边境证 四环素 四环路 办事员 办事处 圆珠笔 加班费 加速度
四步舞 团党委 加油站 胃溃疡 团小组 四川省 团中央 四边形
逻辑性 男同志 国内外 甲骨文 国民党 辅导员 图书馆 回忆录
国宾馆 黑社会 略多于 轻金属 软包装 圆白菜 转折点 圆括号
圆舞曲 贺年片 恩格斯 思想上 思想性 思想家 黑板报 国务院
田径赛 国务卿 四季歌 黑种人 车船费 团总支 轻音乐 四合院
加拿大 办公厅 四人帮 黑体字 团体赛 办公室 软件包 团体操
办公楼 田纪云 鸭绿江 连续剧 团组织 国庆节 略高于 转户口
连衣裙 团市委 国库券 车旅费 山东省 周期性 贮藏室 迪斯科
贮存器 见面礼 同志们 财政厅 邮政局 由不得 财政部 风湿病
风景区 邮电局 同盟军 邮电所 邮电部 周恩来 见习期 购买力
峨眉山 见习生 同性恋 内燃机 贝多芬 山西省 内科学 败血病
内务部 周总理 邮递员 同位素 内分泌 几何学 同乡会 同义词
改革者 改革派 局限性 履历表 尼龙袜 避孕药 发脾气 心脏病
惯用语 书刊号 必需品 避雷针 发动机 发起人 发刊词 心理学
民政局 恨不得 司法厅 发源地 司法局 书法家 司法部 展览厅
发明者 发电量 展览品 心电图 发明家 展览馆 发电机 发明奖
展览会 书呆子 收购价 习惯于 发展史 收发室 慢性病 导火线
以色列 必然性 展销会 蛋白质 发报机 收报人 书报费 尽可能
飞机场 必要性 发行量 飞行员 司务长 发行人 慰问电 慰问品
慰问团 收音机 慰问信 发病率 收录机 司令员 发货票 司令部
收信人 必修课 民主党 发言权 书记处 发言人 精确度 炊事班
数不清 炊事员 数理化 数目字 数学系 数学课 火电厂 数量级
火车头 火车站 煤炭部 爆炸性 精神病 数据库 业务员 粮食局
农艺师 农工商 实际上 实验田 实验室 寄存器 突破性 实用性
突击队 农副业 军事家 窝囊废 军政府 农具厂 农学院 初学者
穷光蛋 密电码 窝里斗 寒暑假 实力派 实习期 家属区 突发性
家属楼 实习生 冠心病 实业界 农业局 实业家 写字台 礼宾司
军乐队 穷折腾 礼拜天 实质上 之所以 审批权 字根表 农机具
农机站 农科院 家务事 安徽省 寄生虫 宇航局 军衔制 农产品

审判员 审判官 审判长 福建省 军分区 宣传队 宣传画 宣传品
宣传员 社会性 宋体字 农作物 宣传科 宣传部 社会化 神经质
守纪律 神经病 审计署 空调机 福州市 多功能 金黄色 金戒指
危险期 危险品 危险性 针对性 迎春花 争夺战 多面手 犹太人
鱼肝油 金霉素 外地人 多元化 象形字 负责制 外事处 负责任
负责人 外来货 外来语 留学生 多学科 外汇券 贸易额 杀虫剂
铁路局 银川市 外国籍 外国佬 外国人 外国货 外国语 金刚石
印刷品 急性病 印刷体 金字塔 迎宾馆 外祖父 邹家华 外祖母
钓鱼台 铁饭碗 急刹车 犯错误 乌托邦 多年来 金质奖 多样性
锦标赛 多样化 独生子 外向型 印第安 独生女 儿童节 解剖学
饲养员 免疫力 外交官 铁道兵 包装箱 外交部 铁道部 逛商店
儿媳妇 猪八戒 销售点 销售量 销售员 逛公园 销售网 独创性
饮食业 销售额 饮食店 针织品 乌纱帽 钢结构 解放区 多方面
印度洋 解放军 解放初 解放后 留言簿 外语系 解放前 多方位
印度人 解说词 手工艺 打基础 兵工厂 抗菌素 手工业 后勤部
反革命 拉萨市 反对派 找对象 兵马俑 所在地 所有制 打砸抢
所有权 扩大化 的确良 年月日 反过来 反动派 指示器 白求恩
指示灯 按规定 指南针 拉圾箱 反封建 托运费 排球队 看不起
年平均 接下来 执政党 排球赛 摆事实 近两年 接班人 挑战者
指战员 热水器 哲学家 哲学系 热水瓶 反浪费 热电厂 摄影师
打电报 摄影机 手电筒 热电站 打电话 舞蹈家 后遗症 挂号信
挂号费 热力学 年轻人 年轻化 近几年 指导员 所以然 抚恤金
批发商 批发价 反民主 打火机 失业率 近视眼 打官司 打字机
气象台 持久战 托儿所 打印机 拘留证 控制台 打扑克 乒乓球
近年来 指挥员 打招呼 指挥官 手提包 打手势 拖拉机 手指头
指挥部 摄制组 看样子 手术台 技术员 技术性 手术室 手榴弹
拉丁文 执行者 热处理 年利润 报务员 报告团 气管炎 接待室
后备军 招待所 所得税 接待站 制造商 招待会 报告会 撰稿人
抛物线 投递员 投资额 扩音机 拉关系 打交道 年产值 探亲假
热门货 反作用 反贪污 操作员 指令性 牛仔裤 打保票 搜集人
接线员 年终奖 反比例 反应堆 热衷于 找麻烦 批评家 邀请赛
换言之 打主意 反义词 松花江 核工业 林荫道 本世纪 橘子汁
相联系 相对性 可能性 相对论 核大国 权威性 核垄断 校友会
本地区 机动性 本专业 核裁军 标志着 西班牙 李瑞环 核武器

要不得核战争相当于杨尚昆想当然本学科核电站查号台
木器厂歌唱家机器人核辐射相思病核发电核导弹核爆炸
林业部检察院检察厅检字法检察员检察署档案室检察官
档案袋西宁市西安市李铁映根据地歌舞团核技术本年度
核反应本报讯根本上检查站机械化檀香山可行性可靠性
棉毛衫本科生机务段李先念本系统相适应西半球相关性
机关报机关枪检疫站西北部桥头堡本单位标准化覆盖率
木偶戏棉织品西红柿核弹头相结合核试验杭州市季节性
重工业穆斯林向阳花自卫队各阶层各院校很能够千百万
第三者片面性私有制私有权科威特血压计长春市各县区
适用于各地区很需要科教片奥运会自动化行政区条形码
自来水物理学第一流处理品智囊团特殊性篮球赛微型机
长一智航天部系列化第一线管理费毛泽东自治区科学院
冬小麦选举法特派员科学界微波炉科学家选举权各学科
选举人生活费各省市长沙市自治州利润率长时期千里马
微电脑微电机重量级委员长委员会等距离生力军自由式
自由泳自由化自由诗自民党自发性秘书室很必要秘书长
秘书处秘书科自己人自以为各民族待业者很容易复写纸
先锋队自留地等外品自然界签名册重金属自然数复印机
复印件知名度委托书很可能版权法积极性重要性生物学
私生活牺牲品乘务员自行车生物界税务局各行业各处室
怎么样微生物生物系怎么着特等奖筹委会筹备会德智体
微积分靠得住筹备组特效药德意志生产者生产力物资局
自尊心向前看各部委各总部各单位各部分生产线生产率
处女地复杂性筹建处物价表生命力物价局自信心我们的
算什么生命线血细胞系统性等比例自豪感各方面各市县
各市地短训班自变量知识界知识性程序包自主权笔记本
翻译片适应症备忘录长方体知识化毛主席重庆市闭幕式
新世界总工会闭幕词交际花凝聚力美联社交际舞交通警
站台票交通部普通话半成品准确性意大利总面积总成绩
准确度立脚点曾用名亲爱的半月谈养老院站起来总动员
北朝鲜养老金半封建新天地养殖场差一点差不多前不久
问事处着眼点差点儿总目标交流电闪光灯奖学金交流会
新时期闪电战病虫害阅览室交易额交易所交易会立足点

新中国交响曲商品粮交响乐产品税意味着商品化总路线
养路费总罢工新加坡半边天新四军装甲兵新风尚意见书
新风气意见簿新局面决心书阑尾炎总收入半导体总书记
商业区塑料布商业网商业局商业部塑料袋兼容性盗窃案
盗窃犯新社会装饰品音乐家誊印社冲锋枪冶金部音乐会
阅兵式装卸队交换台交接班新气象总指挥交换机新技术
间接税总投资辩护人站柜台商标法北极星美术界资本家
单板机资本论单身汉门牌号总务科关系户疗养院北半球
北冰洋北美洲总产量北斗星新产品新闻界判决书新闻社
立交桥新闻片新闻系总产值疯人院立体声总代表总领事
总人口总公司总人数新华社产供销总费用总经理总编辑
新颖性新纪录总统府单方面意识到辩证法总方针交谊舞
立方根门市部门诊部立方体北京人新变化郑州市北京市
好莱坞群英会女孩子女青年忍不住那当然巡洋舰那时候
如果说巡逻队好办法女同胞女同志建军节好容易录像带
录像机杂技团录相带好样的建筑队那么样建筑物灵敏度
录音带录音机妇女节婚姻法妇女界姊妹篇杂货铺退休金
姚依林录像片退休费女强人建设者女主人全世界储蓄所
人世间保险金分阶段化验室华盛顿假面具传达室公有制
化肥厂作用于信用卡作用力信用社使用权伤脑筋合肥市
使用率促进派优越性八进制全过程修理工代表团代表性
值班室领事馆分理处人事科愈来愈代理人合理化体温表
含水量分水岭化学家贪污犯化学系保温瓶传染病公里数
供电站集中营合唱团全中国八路军信号弹食品店俄罗斯
停车场侵略者全国性候车室侵略军代办处传输线合同工
合同法集邮册合同制领导者领导权人民币追悼会借书证
全民族企业界企业家分数线公安厅保守党保守派侦察员
八宝山传家宝侦察兵公安处公安部全社会仿宋体食宿费
含金量伏尔加偶然性供销社供销科俱乐部代销店代名词
伊拉克今年内公检法售票员候机室合格证人造革人生观
叙利亚优生学信息量休息日公务员创造性人造棉什么样
候选人人造丝全系统信息论仅次于化妆品伤病员健美操
集装箱分辨率仪仗队焦化厂售货员做作业公使馆售货摊
保健操集体舞集体制集体化伙食费催化剂个体户售货亭

介绍人 介绍信 众议院 会议厅 体育场 会计师 众议员 舆论界
会计室 体育馆 修订本 登记处 做文章 俗话说 继承法 继承权
继承人 维也纳 绝对值 绝对化 强有力 编者按 结束语 红眼病
终点站 统战部 经济学 继电器 编辑室 编辑部 绘图仪 练习薄
练习题 练习曲 练习本 毕业生 幼儿园 经贸部 经销部 红外线
经手人 幻想曲 红楼梦 结核病 维生素 纯利润 比利时 纪律性
纪录片 纪念碑 纪念日 纪念品 红领巾 比例尺 纵坐标 综合症
维修组 纺织厂 红细胞 组织上 纺织品 红绿灯 缝纫机 组织部
经纬度 统计表 统计学 统计图 统计局 广东省 调节器 记工员
文工团 文艺界 计划内 计划性 计划外 文艺报 计划处 调节税
诸葛亮 讲卫生 高难度 市面上 变压器 请愿书 方面军 高压锅
座右铭 放大镜 误码率 应用于 盲肠炎 主动脉 文教界 主动性
方块字 望远镜 主动权 房地产 启示录 记者证 变速器 说不得
盲目性 文具盒 文具店 高水平 文学界 文学家 文汇报 高消费
应当说 译电员 这里边 说明书 放映机 度量衡 变电站 这时候
证明人 证明信 就是说 调味品 市中心 高中生 废品率 市辖区
高加索 主力军 为四化 衣帽间 高蛋白 订书机 应届生 高层次
高精尖 毫米波 计数器 议定书 高密度 试金石 永久性 变色镜
高气压 读后感 高质量 方括号 摩托车 译制片 高年级 方框图
高材生 高标准 许可证 高血压 庄稼地 庄稼汉 庄稼活 话务员
畜牧业 毫微米 旅行社 义务兵 计算所 计算机 这么样 方向盘
广告牌 毫微秒 房管科 说得好 高利贷 庄稼人 放射线 房租费
高利率 高效能 高姿态 畜产品 高产田 房产科 高效益 广交会
夜总会 记录本 记录片 高分子 方便面 计分表 文件夹 访华团
豪华车 文化界 记分册 文化宫 文化馆 这会儿 文件柜 为什么
唐人街 文化部 文件袋 主人翁 高强度 设计院 主席台 设计者
设计师 评论员 主席团 评论家 主旋律 论文集 京广线 语文课
广州市

反侵权盗版声明